中国区域环境保护丛书

天津环境保护丛书

天津环境管理

《天津环境保护丛书》编委会 编著

中国环境出版社·北京

图书在版编目（CIP）数据

天津环境管理/《天津环境保护丛书》编委会编著.
—北京：中国环境出版社，2013.3 (2013.10重印)
（中国区域环境保护丛书. 天津环境保护丛书）
ISBN 978-7-5111-1313-9

Ⅰ. ①天… Ⅱ. ①天… Ⅲ. ①区域环境管理—
研究—天津市 Ⅳ. ①X321.221.02

中国版本图书馆 CIP 数据核字（2013）第 027472 号

出 版 人	王新程
责任编辑	韩 睿 张维娣 李恩军
责任校对	唐丽虹
封面设计	彭 杉

出版发行　中国环境出版社
　　　　　（100062 北京市东城区广渠门内大街 16 号）
　　　　　网　　址：http://www.cesp.com.cn
　　　　　电子邮箱：bjgl@cesp.com.cn
　　　　　联系电话：010-67112765（编辑管理部）
　　　　　发行热线：010-67125803，010-67113405（传真）

印　　刷	北京中科印刷有限公司
经　　销	各地新华书店
版　　次	2013 年 5 月第 1 版
印　　次	2013 年 10 月第 2 次印刷
开　　本	787×960　1/16
印　　张	24.25
字　　数	320 千字
定　　价	60.00 元

《中国区域环境保护丛书》

总编委会

《中国区域环境保护丛书》

总编委会办公室

顾　　问　刘志荣
主　　任　王新程
常务副主任　阚宝光
副 主 任　李东浩　周　煜　吴振峰

《天津环境保护丛书》

编委会

《天津环境管理》

主　编　李金明

副主编　张　涛

编　辑　张　莉　李相颖

主要编写人员（按姓氏笔画排序）

马　丽	王　莹	王怀硕	冯本利
朱　洁	朱洪波	朱艳芳	朱敬之
任效良	刘　洁	齐长清	杜守力
邢美楠	孙霭萌	李　瑜	李志军
李相颖	杨　靖	张　莉	张　珺
张丽红	陈津鹤	尚秋霞	周　莹
赵　欣	赵　杰	赵　杰	赵湘茹
赵喜梅	俞　皓	袁　敏	贾国敬
贾津宏	徐晓阳	黄　炜	鲁德福
谢先举	魏恩棋		

总序

继承历史，不断创新，努力探索中国环保新道路

环境保护事业在中国伴随着改革开放的进程已经走过了 30 多年的历史，这 30 多年来，几代环保人经过艰苦卓绝的探索、奋斗，使我国的环境保护事业从无到有，从小到大，从弱到强，从默默无闻到进入国家经济政治社会生活的主干线、主战场和大舞台，我们的环保人创造了属于自己的辉煌历史。

毛泽东说过，"看历史，就会看到前途"，"马克思主义者是善于学习历史的"。从过去的 30 几年，我们能切实感受到环境保护事业的发展壮大，更切实感受到环境保护事业的美好前景和未来；作为继往开来的环保人，我们同样感受着我们这一代环保人必须承担起的历史责任。我们必须继承前辈们的优良传统，继承他们积累的丰富经验，根据新的形势、新的任务、新的要求，在探索中国环保新道路的征程中奋力前行，全面开创环境保护的新局面。

可以说，中国环境保护的历史就是不断探索中国环保新道路的历史。上个世纪 70 年代初，立足于工业化起步和局部地区环境污染有所显现的现实，我们开始探索避免走先污染后治理的环保道路。特别是改革开放 30 多年来，付出了艰辛的努力，在新道路的探索中，环

保事业不断发展，探索重点与时俱进，国家环保机构也实现了"三次跨越"。在1973年第一次全国环保会议上提出的"全面规划、合理布局、综合利用、化害为利、依靠群众、大家动手、保护环境、造福人民"的32字方针的基础上，上个世纪80年代确立了环境保护的基本国策地位，明确了"预防为主防治结合，谁污染谁治理，强化环境管理"的三大政策体系，制定了八项环境管理制度，向环境管理要效益。进入90年代后，提出由污染防治为主转向污染防治和生态保护并重；由末端治理转向源头和全过程控制，实行清洁生产，推动循环经济；由分散的点源治理转向区域流域环境综合整治和依靠产业结构调整；由浓度控制转向浓度控制与总量控制相结合，开始集中治理流域性区域性环境污染。步入"十一五"以来，我们按照历史性转变的要求，确立了全面推进、重点突破的工作思路，提出从国家宏观战略层面解决环境问题，从再生产全过程制定环境经济政策，让不堪重负的江河湖泊休养生息，努力促进环境与经济的高度融合，积极实践以保护环境优化经济增长的路子。这一系列重大决策部署和环保系统坚持不懈的努力，大大推进了探索环保新道路的历程，积累了丰富的经验。历任环保部门的老领导都是探索中国环保新道路的先行者，几代环保人都是探索中国环保新道路的实践者。

历史是宝贵的财富，继承历史才能创造未来。探索中国环保新道路必须继承几代环保人积累下来的宝贵财富。有了继承才有创新，因为每一个创新都是对过去实践经验的总结和升华。因此，学习和掌握环境保护的历史，既是我们工作的需要，也是我们作为环保人的责任。

《中国区域环境保护丛书》（以下简称《丛书》）的编纂出版为我们了解、学习环境保护的历史提供了独特的平台。《丛书》是2008年在我国实施改革开放30周年和我国环境保护工作开创35周年之际启动的一项重大环境文化建设工程，第一次从区域环境的角度，对我国环境保护的历史进行了全面系统的总结、归纳和梳理，充分展现了30多年来我国各省市自治区环境保护工作取得的卓越成就，展现了环境保护事业不断发展壮大的历史，展现了几代环保人不懈奋斗和追求的历程。

　　要继续探索中国环保新道路，继承是基础，创新是动力。当前，积极探索中国环保新道路，已经成为环保系统的普遍共识和自觉行动。我们要努力用新的理念深化对环境保护的认识，用新的视野把握环境保护事业发展的机遇，用新的实践推动环境保护取得更大的实际成效，用新的体制机制保障环境保护的持续推进，用新的思路谋划环境保护的未来。以环境保护优化经济发展，以环境友好促进社会和谐，以环境文化丰富精神文明，为经济社会全面协调可持续发展作出更大贡献。

　　环境保护新道路是一个海纳百川、崇尚实践、高度开放的系统工程，是一个不断丰富、不断发展、不断提高的过程，在探索的道路上需要所有环保人前赴后继，永不停息。当前，新的探索已经起步，前进的路途坎坷不平。越是身处逆境，越是形势复杂，越要无所畏惧，越要勇于创新。要以海洋一样博大的胸怀，给那些勇于探索、大胆实践的地方、单位、个人，创造更加宽松的环境，提供施展才华的舞台，让他们轻装上阵、纵横驰骋。要继承30多年来探索环境保护新道路实践的伟大成果，借鉴人类社会一切保护环境的有益经验，站在新的历史起点上，大胆实践，不断创新，将中国环境保护新道路的探索推向一个新的阶段！

环境保护部部长

《中国区域环境保护丛书》总编委会主任

二〇一一年六月

前言

　　环境与发展，是当今世界共同关注的重大问题。建设生态文明，实现持续发展，已成为全社会紧迫而艰巨的任务。尤其在中国这样一个发展中大国，由于发达国家二三百年工业化过程中产生的环境问题在中国三十多年的快速发展中集中出现，使得保护环境和科学发展不仅成为社会各界关注的焦点、人民群众关心的热点，也是促进社会和谐的关键点。

　　环境是重要的发展资源，党中央、国务院历来高度重视环境保护。进入 21 世纪，党的十六大把增强可持续发展能力、改善环境作为全面建设小康社会的目标之一；十六届三中全会、四中全会、五中全会先后提出要树立和落实科学发展观，构建社会主义和谐社会，加快建设资源节约型、环境友好型社会；党的十七大更把建设生态文明首次写入政治报告，作为新的战略任务和行动纲领昭示天下，标志着党和国家发展理念的升华及对发展与环境关系认识的飞跃，也标志着我国在探索环境保护新道路的征程上步入了新的阶段。

　　天津市位于我国华北平原东北部，北枕燕山，东视渤海，地处海河五大支流汇流处。市域面积 11 916.9 平方千米，疆域周长约 1 290.8 千米，海岸线长 153 千米，陆界长 1 137.48 千米。对内腹地辽阔，辐射华北、东北、西北 13 个省市自治区，对外面向东北亚，是中国北方最大的沿海开放城市。多年来，在环境保护部的关心和指导下，在市委、市政府的支持、领导和全市人民的共同努力下，天津市环境保护工作按照市委"站在高起点、抢占制高点、达到高水平"的要求，积极探索天津环保新道路，坚持以环境保护优化经济增长，以创建国家环境保护模范城市、污染减排、生态市建设、市容环境综合整治和大气环境、水环境、声环境专项整治等工作为抓手，推进循环经济，促进节能减排，倡导环境文化，建设生态文明，使天津初步走上了"在发展中保护，在保护中发展"的发展道路，基本形成了"经济发展高增长、资源消耗低增长、环境污染负增长"的发展模式，生态环境保护和建设取得了显著成效，城市环境质量得到明显提升，环境面貌发生了巨大变化，环境保护整体水平有了很大提高，为天津经济社会的科学发展、和谐发展、率先发展提供了环境保障。

《天津环境保护丛书》正是对天津环境保护事业发展历程的一次回顾、整理和记录。这项历史工程是在环境保护部的统一部署和指导下完成的，是《中国区域环境保护丛书》的一个组成部分。其编纂工作由丛书编委会组织各有关单位，特别是天津市环保系统的新、老同志，历时两载，在广泛查阅资料、深入调查研究、反复核实校正的基础上共同完成的。编者希望本丛书能成为一套有史料价值、有借鉴功用、有天津特色的文献资料。

《天津环境保护丛书》分为《天津环境管理》《天津环境污染防治》《天津生态环境保护》《天津环境科学研究》以及《天津环境发展规划》五个分册，从不同侧面，较全面地反映了天津市的环境特点和环境质量状况，重点反映了改革开放以来天津市环境保护工作的发展历程、重大举措和所取得的重要成就，较系统地介绍了天津市环境保护的做法和经验。《天津环境保护丛书》是天津市环境保护事业开创以来首次编辑出版的兼具知识性、学术性和史料性的综合性书籍，期望它能帮助读者和使用者更加系统地认识和了解天津的环境状况及环保工作，并为今后的工作和决策提供参考。

　　借此《天津环境保护丛书》编成付梓之际，希望天津市广大环保工作者以史为鉴，继承创新，一如既往地努力推进天津市环境保护事业，矢志不渝地开拓天津环境保护新道路，为创造天津更加美好的明天作出新的贡献！

严定中

二〇一二年一月

编者的话

天津环境保护起步较早，天津市历届市委、市政府十分重视环境保护，做了大量卓有成效的工作。经过持续不断的努力，天津市生态环境不断改善，资源有效利用不断提高，环境保护工作在促进人与自然和谐，推动天津生产发展、生活富裕、生态良好方面都起到了积极的作用。特别是党的十一届三中全会以来，伴随着我国改革开放的不断深入和环境保护事业发展步伐的加快，天津市环境保护经历了四个阶段：1978—1988年，为探索环境管理模式阶段；1989—1995年，为强化制度建设阶段；1996—2005年，为创新环境保护战略阶段；2006年至今，进入落实科学发展新阶段。在各个历史阶段，天津市委、市政府按照保护环境的基本国策和可持续发展战略，在发展经济的同时，大力加强环境保护工作，探索了一条具有天津特色的环境保护新道路。

为了全面、详尽、真实地记录、反映天津市环境管理工作的历程，总结成功经验，为政府决策提供依据，天津市环境保护局决定全面开展《天津环境保护》丛书编纂工作，并且审订了《天津环境管理》分册编写大纲。

《天津环境管理》得到天津市环境保护局各处室、天津市环境保护科学研究院、天津市环境监测中心、天津市环境监察总队、天津市环境保护科技信息中心、天津市环境应急与事故调查中心以及天津市人大常委会城乡建设环境保护办公室、天津市妇女联合会、共青团天津市委员会、天津自然博物馆、天津市少年儿童图书馆、天津市蓟县中上元古界国家自然保护区、天津市环境科学学会、天津绿色之友、天津市生态道德教育促进会、环渤海节能减排促进会等单位和组织的大力支持与积极配合。参与编写的人员本着严谨、负责、实事求是的态度，搜集了大量资料，经过艰苦努力，编纂了《天津环境管理》分册。全书共分七章。第一章为绪论，主要介绍天津市环境管理工作历程；第二章至第七章，分别从环境管理体制和机构、环境法制管理、环境管理制度、环境信息管理、环境国际交流与合作、环境宣传教育与公众参与等方面介绍天津市环境管理工作的发展历程及成效。

　　鉴于编纂时间有限，资料内容繁多，错漏之处在所难免，敬请读者批评指正。

二〇一二年一月

目录

第一章 绪 论

    天津市环境保护起步较早,天津市历届市委、市政府十分重视环境保护,做了大量卓有成效的工作。经过持续不断的努力,天津市生态环境不断改善,资源有效利用率不断提高,环境保护工作在促进人与自然和谐,推动天津市生产发展、生活富裕、生态良好方面都起到了积极的作用。特别是党的十一届三中全会以来,随着我国环境保护事业改革创新步伐的加快,天津市环境保护事业也迈上了新的征程。改革开放以来的天津市环境保护经历了四个阶段:一是 1978—1988 年,为探索环境管理模式阶段,天津市形成了初步的环境保护政策体系和行政管理体制;二是 1989—1995 年,为强化制度建设阶段,完成了天津环境保护由经验型管理逐步向制度化管理的转变;三是 1996—2005 年,为创新环境保护战略阶段,实现了天津环境保护由污染防治向参与经济社会发展综合管理的拓展;四是 2006 年至今,为落实科学发展阶段,天津环境保护进入了"三个历史性转变"的新时期。在各个历史阶段,天津市委、市政府按照保护环境的基本国策和可持续发展战略,在发展经济的同时,大力加强环境保护工作,制定并实施了"八五"、"九五"、"十五"、"十一五"环境管理目标战略,探索出了一条具有天津特色的环境保护新道路。经过多年的不懈努力,天津市生态环境保护和建设取得了显著成效,城市环境质量得到明显改善,环境面貌发生了翻天覆地的变化,环境保护整体水平有了很大提高,为天津经济社会科学发展、和谐发展、率先发展提供了环境保障。

第一节　环境管理历程

1978 年，党的十一届三中全会的召开，实现了全党工作重点的历史性转变，开创了改革开放和集中力量进行社会主义现代化建设的历史新时期，我国的环境保护事业也进入了一个改革创新的时期。改革开放以来，天津市环境保护大致经历了以下四个阶段。

一、探索环境管理模式阶段

1978—1988 年，为天津市探索环境管理模式阶段，形成了初步的环境保护政策体系和行政管理体制。

1978 年 3 月，第五届全国人民代表大会（以下简称"全国人大"）第一次会议通过的《中华人民共和国宪法》规定："国家保护环境和自然资源，防治污染和其他公害。"1979 年，我国的第一部环境保护基本法——《中华人民共和国环境保护法（试行）》颁布实施，有效地解决了地方政府的角色定位问题，弥补了地方政府在环境管理和监督方面的职能缺位，我国环境保护工作开始走上法制化轨道。1980 年，天津市环境保护局正式成立，成为天津市人民政府直属机构，并提出了"全面规划，综合治理，改善环境，美化津城"的方针。1983 年 12 月，国务院召开第二次全国环境保护会议，明确提出："保护环境是一项基本国策。"天津市开始把环境保护列为城乡人民办实事的重要内容，推动了环境保护的发展。

二、强化制度建设阶段

1989—1995 年，为天津市强化环境保护制度建设阶段，天津环境保护由经验型管理逐步向制度化管理转变。

1989 年 4 月，国务院召开第三次全国环境保护会议，明确提出要努力开拓有中国特色的环境保护道路，确定了八项有中国特色的环境管理制度（环境影响评价制度、"三同时"制度、排污收费制度、排污申报登记制度、排污许可证制度、限期治理制度、环境目标责任制度、城市环境综合整治定量考核制度）。按照会议要求，天津市集中主要精力，狠抓了城市环境综合整治定量考核和环境保护目标责任制。市政府召开了天津市第七次环境保护会议，市长与 18 个区（县）长签订了环境保护目标责任书，把责任落实到基层。同期，天津市试行了水污染物排放总量控制和排污许可证制度，初步形成了水污染综合防治系统。此外，市政府先后批准颁布了《天津市放射性同位素与射线装置辐射防护管理办法》《天津市机动车排放污染物管理暂行办法》《天津市关于划定引滦水源保护区的报告》《天津市海域水质区划调整方案》等规章，天津市逐步走上了环境保护的法制化轨道。

三、创新环境保护战略阶段

1996—2005 年，为天津市创新环境保护战略阶段，天津市环境保护由污染防治向参与经济社会发展综合管理拓展。

1996 年 7 月，国务院召开了第四次全国环境保护会议，提出了保护环境就是保护生产力，发布了《国务院关于环境保护若干问题的决定》。为此，"九五"期间，天津市确定了"抢抓机遇、开拓创新、全面上水平"的工作基调，把环境保护列入国民经济和社会发展计划。"十五"期间，天津市在制订环境保护计划时，进一步明确了天津"一二三四五六"的环境保护工作总体思路：要建立"一种新的发展模式"，即以经济建设为中心，努力建立经济发展高增长、资源消耗低增长、环境污染负增长的发展模式；实现"两个目标"，即实现环境质量达标和生态环境改善两个总体目标；坚持"三个并重"，即污染防治与生态保护并重，强制性执法守法与自觉性环境保护行为并重，消耗一次资源的动脉产业与回收再利用为主的静脉产业并重；促进"四个转变"，即经济增长方式、产业结构、城市布局和环境管理方式的转变；实施"五个规划"，即组织实施《海河流域天津市水污染防治规划》《天津市大气污染防治规划》《天津市自然保护区发展规划》《渤海天津碧海行动计划》和《天津市生态环境建设规划》；完成"六大工程"，即完成蓝天工程、碧水工程、安静工程、生态环境保护工程、工业污染防治工程和创建环保模范城市细胞工程。

2002年1月，国务院召开了第五次全国环境保护会议，提出了环境保护是政府的一项重要职能，要按照社会主义市场经济的要求，动员全社会的力量做好这项工作。同年，在深入贯彻落实好会议精神的同时，天津市政府确定了创建国家环境保护模范城市（以下简称"创模"）的工作目标。经过全市上下的共同努力，天津市于2005年通过了创建国家环境保护模范城市考核。

四、落实科学发展阶段

2006年至今，为天津市落实科学发展阶段，天津环境保护进入了"三个历史性转变"新时期。

2006年4月，第六次全国环境保护会议召开并提出了环境保护的"三个转变"：一是从重经济增长轻环境保护转变为保护环境与经济增长并重；二是从环境保护滞后于经济发展转变为环境保护和经济发展同步；三是从主要用行政办法保护环境转变为综合运用法律、经济、技术和必要的行政办法解决环境问题。2006年5月，国务院发布了《国务院关于推进天津滨海新区开发开放问题的意见》，明确了天津滨海新区开发开放正式纳入国家发展战略，并批准天津滨海新区为我国综合配套改革试验区，标志着天津市以建设资源节约型、环境友好型体制机制改革进入综合配套。为深入贯彻《国务院关于落实科学发展观　加强环境保护的决定》，落实好第六次全国环境保护工作会议精神，2006年9月天津市政府召开了天津市第九次环境保护会议，发布了《天津市人民政府关于加强环境保护优化经济增长的决定》，提出了完善政策法规和标准体系、加大环保执法力度、进一步增加环保投入、推动环保科技创新、全面推进环保监管能力建设、健全公众参与环境保护机制等一系列创新环境管理体制机制的措施，为全面完成"坚决落实主要污染物总量削减指标、进一步改善城市环境质量、在滨海新区率先建立环境优化经济增长发展模式、加快生态城市建设步伐、大力发展循环经济、着力解决突出的环境问题"六大任务提供了保障。

第二节　环境管理目标和战略

党的十一届三中全会以来，天津市委、市政府坚决贯彻保护环境的基本国策和可持续发展战略，在发展经济的同时，高度重视环境保护工作，制定并实施了一系列环境管理目标战略，探索出了一条具有天津特色的环境保护新道路。

一、"八五"期间天津市环境管理目标和战略

从"八五"开始，天津市正式将环境质量控制计划、污染治理计划和自然保护计划三大类 42 项指标，纳入国民经济和社会发展综合指标体系，采取同步规划、同步实施、同步发展的政策措施，统筹经济建设、城乡建设和环境建设。

二、"九五"期间天津市环境管理目标和战略

"九五"期间，第八届全国人大第四次会议审议通过了《中华人民共和国国民经济和社会发展"九五"计划和 2010 年远景目标纲要》，把实施可持续发展作为现代化建设的一项重大战略，使可持续发展战略在我国经济建设和社会发展过程中得以实施。在此期间，我国环境保护事

业得到了进一步加强，环境保护事业进入了快速发展时期。1996 年，国务院发布了《关于环境保护若干问题的决定》，实施了《污染物排放总量控制计划》和《跨世纪绿色工程规划》，大力推进了"一控双达标"（控制主要污染物排放总量，工业污染源达标和重点城市的环境质量按功能区达标）工作。此时，天津正处于经济增长速度加快、城市建设步伐加大的时期，环境保护面临着巨大压力。天津市各系统认真贯彻落实国务院《关于环境保护若干问题的决定》，不断加强环境保护执法监督和污染综合治理力度，提高全民环境意识，按照"全面规划，综合治理，改善环境，美化津城"的方针，本着"一切为了人民，一切依靠人民"的基本思路，紧紧围绕"建立环境保护工作新秩序，开创环境保护工作新局面"的奋斗目标，以城市环境综合整治定量考核为重点，促治理、促管理、促达标，使环境质量进一步改善，环境管理进一步加强，全面完成了"九五"时期的"一控双达标"目标任务，提前一年基本实现工业污染源达标排放。

三、"十五"期间天津市环境管理目标和战略

"十五"期间，党中央提出了树立科学发展观、构建和谐社会的重大战略思想。为落实科学发展观，国家颁布了一系列的环境保护法律、环境保护行政法规、环境保护部门规章和规范性文件。天津市提出了以创建国家环境保护模范城市为载体，建立"一种新的发展模式"，努力实现"两个目标"，坚持"三个并重"，促进"四个转变"，实施"五个规划"，完成"六大工程"的总体思路。经过五年的不懈努力和扎实工作，特别是通过创建国家环境保护模范城市工作的推动，天津市城市环境质量和生态环境明显改善；污染防治与生态保护并重，强制性执法、守法行为与自觉性环境保护行为并重，消耗一次性资源的动脉产业与回收再利用为主的静脉产业并重的机制逐步建立，经济增长方式、结构调整、城市布局和环境管理发生了明显的转变；《海河流域天

津市水污染防治规划》《天津市大气污染综合防治规划》《天津市自然保护区发展建设规划》《渤海天津碧海行动计划》《天津市生态环境建设规划》《天津市固体废物污染防治规划》顺利实施；蓝天工程、碧水工程、安静工程、生态环境保护工程、工业污染防治工程和创建环保模范城市细胞工程"六大工程"，建成了一批支持循环经济的产业链接项目。经济发展高增长、资源消耗低增长、环境污染负增长的发展模式基本形成。

四、"十一五"期间天津市环境管理目标和战略

"十一五"期间，国家进一步加大环境保护力度，制定了建设资源节约型、环境友好型社会，大力发展循环经济，加大自然生态和环境保护力度，强化资源管理等一系列政策，建立了节能降耗、污染减排的统计、监测、考核体系和制度。为把环境保护融入经济社会发展的各个领域，加快资源节约型、环境友好型社会建设，天津市坚持污染防治与生态保护并重，城市环境保护与农村环境保护并重，强制性环境保护与自觉性环境保护并重，明确提出了"十一五"环境保护发展思路：巩固"一个成果"，即巩固和发展创建国家环境保护模范城市成果，全面建设生态城市；突出"两个重点"，即突出和加强滨海新区等区域性环境保护与生态建设，突出节能减排工作，抓好重点领域、重点行业和重点企业的节能减排，确保完成节能减排的硬性指标；完成"四大任务"，即一是深化"六大工程"，进一步改善城市环境质量，二是加快循环经济发展，建设资源节约型、环境友好型城市，三是推动生态城市建设，构建生态城市基础，四是健全应急系统和长效机制，保障环境安全。五年来，天津市环境保护工作紧紧围绕市委"一二三四五六"奋斗目标和"十一五"环境保护发展思路，以提高发展质量和效益为指导，以天津速度、天津效益为引领，坚持"高水平规划、高质量建设、高效能管理"，2008—2010 年，连续 3 年累计奋战 600 天进行市容环境综合整

治，巩固提高创建国家环境保护模范城市成果，实施生态市建设的第一轮三年行动计划，加快生态宜居城市建设，以水环境专项治理和燃煤设施烟气脱硫工程为抓手，全面推进污染减排，使环境保护整体水平有了较大提高，环境质量得到一定程度改善，超额完成了天津污染减排任务。

第三节　环境管理举措和成效

经过多年的不懈努力，天津市环境管理工作取得了明显成效，环境管理水平不断提高，天津市初步形成了经济发展高增长、资源消耗低增长、环境污染负增长的发展模式。

一、健全机构设置，完善法制建设

自 1980 年正式成立天津市环境保护局以来，天津市围绕环境保护工作，狠抓环保机构、人员队伍和法制建设。截至 2010 年，全市环保系统主要包括天津市环境保护局、16 个区县环境保护局和天津市环境保护监察总队、天津市环境保护科学研究院、天津市环境监测中心、天津市环境保护宣传教育中心、天津市环境保护技术开发中心、天津市环境科学技术信息中心等 12 个直属单位，形成了比较系统的环境管理和监测网络。在认真贯彻国家有关环境保护法律法规的同时，结合天津环境保护工作实际，先后制定了一批地方环境保护相关法规，使地方环境保护法规和制度从部分到全面，从单一到配套，不断完善。先后颁布和实施了《天津市环境保护条例》《天津市引滦水源污染防治管理条例》和《天津市大气污染防治条例》，并根据环境管理和污染防治情况制定了《天津市海域环境保护管理办法》《天津市建设项目环境管理办法》《天津市噪声污染防治管理办法》《天津市危险废物污染环境防治办法》《天津市有毒化学品污染环境防治办法》等政府规章，基本做到了天津环境保护工作有法可依、有章可循。

二、增加环境投入，加强基础设施建设

为推进地区环境质量的不断改善，天津市加大了对环保设施建设的投入，基础设施建设得到了快速发展。20 世纪 80 年代，兴建了国内规模最大的城市引水设施——引滦入津工程，保障了城市工业用水和居民生活用水；建设了当时国内规模最大的城市污水处理厂——纪庄子污水处理厂，减轻了水污染，也为城市发展开辟了第二水源；建设了两座煤制气厂，基本普及了市区民用清洁能源。"十五"期间，狠抓了污水处理、垃圾处理、危险废物处理等基础设施建设。投资 26.9 亿元，建成了 9 个污水处理厂，污水处理能力达到 162.3 万吨/日；投资 1.35 亿元，建成了具有国际先进水平的危险废物处理处置中心——天津市危险废物处理处置中心，年处理能力 3.7 万吨；投资 15.1 亿元，建设了双口垃圾卫生填埋场、潘楼垃圾中转站、汉沽垃圾填埋场、大港垃圾填埋场、徐庄子垃圾中转站、大韩庄垃圾卫生填埋场、双港垃圾焚烧厂。"十一五"期间，进一步加大了环境基础设施建设。截至 2010 年，全市污水处理能力达到 205.85 万吨/日，污水处理率达到 85%；生活垃圾无害化处理设施总能力达到 8 851.5 吨/日，年处理能力 308.5 万吨，无害化垃圾处理率达到 93.02%。

三、开展创模和生态市建设活动，提升天津环境质量和管理水平

2001 年，天津市委、市政府作出了创建国家环境保护模范城市的决定。经过三年的努力，影响人民群众生产生活的一批环境问题得到有效解决，全市垃圾处理、污水处理能力大幅度提高，环境空气质量、城市景观河道水质得到了明显改善，城市绿化率进一步增加。到 2004 年年底，创建国家环境保护模范城市的 27 项指标全部达到国家考核要求。

2006年1月18日和5月29日国家环境保护总局对天津市成功创建"国家环境保护模范城市"分别举行了命名和授牌仪式。天津市成为全国直辖市中率先建成的国家环境保护模范城市。随后，天津市又作出了创建生态城市的重大战略决策，"生态城市"被列入了国务院关于《天津市城市总体规划》批复的天津城市定位之一。2007年年初，天津市政府成立了以市长为组长、各有关部门主要负责同志参加的天津市生态市建设领导小组，全面启动了天津市生态市建设工作。编制了《天津生态市建设规划纲要》，实施了生态市建设第一轮三年行动计划，生态市建设成效显著；颁布实施《天津市城市管理规定》，截至2010年，连续3年累计奋战600天，大规模综合整治市容环境，新建、提升绿地1.42亿平方米，植树造林71.7万亩；建立了创建生态区县的良好机制，创建文明生态村297个，2011年西青区在天津市率先完成了创建国家生态区任务，获得环境保护部国家生态区命名。

四、严格环境准入，优化产业结构调整

为了更好地统筹经济发展与资源配置、生态环境保护的关系，天津市前瞻性地提出了滨海新区龙头带动、中心城区全面提升、各区县加快发展"三个层面协调发展"，示范工业园区、农业产业园区和农民居住社区"三区建设全面发展"的联动机制，形成了全市多点支撑、多元发展、多极增长的崭新局面。坚持"高水平是财富、低水平是包袱"的理念，严格执行建设项目环境影响评价和"三同时"制度。注重用高新技术改造传统产业，追求技术水平最高、付出成本最低、环境污染最小，实现了用先进水平的组合构成天津的经济总量。在工业结构调整中，以淘汰高能耗、低产出、重污染的生产工艺为重点，对国有老工业企业进行升级换代，形成以电子信息、汽车、化工、冶金、医药、新能源及环保六大支柱产业为代表的优势产业。在第三产业结构调整中，以海河综合开发改造为契机，加快发展现代服务业，对海河沿岸企业进行拆迁重

组，建设金融、旅游、商贸、文化、休闲和现代城市生态景观设施，形成了独具特色的服务型经济带、文化带和景观带。在农业结构调整中，注重由传统农业向沿海都市型农业转变，着力推进绿色无公害农产品基地建设，大力发展设施农业、有机农业和观光休闲农业，使传统农业污染明显减少。

五、发展循环经济，促进增长方式转变

自 2002 年起，天津市进一步在城乡建设中推广循环经济，在区县经济发展中强化循环经济，在产品生产、流通和消费环节促进循环经济，循环经济已经由传统型的废物综合利用为主，提升到再循环、再制造为主的阶段，为实现资源利用效率大幅度提高、废物最终处置量大幅度减少、建成资源节约型环境友好型城市的目标奠定了坚实基础。在大力发展循环经济中，注重发挥循环经济带来的经济效益、社会效益和环境效益。以钢渣、碱渣、粉煤灰治理为代表的工业固体废物综合利用取得重要突破，50 多万吨钢渣、240 多万吨粉煤灰全部得到综合利用，把近百年堆存的 2 400 万立方米碱渣建成占地 33 万平方米的紫云公园，成为国内唯一利用工业废料建设的环保型公园。以开辟非常规水源为重点的水资源循环利用初具规模，建成了纪庄子 5 万吨/日和天津经济技术开发区 3 万吨/日再生水工程，完成了再生水回用工程 19 项，2004 年全市 600 多万平方米住宅实现再生水入户，约 6 000 万吨再生水用于生态环境。以推广使用可再生能源为重点的新能源开发利用工作不断取得新进展，在改燃清洁能源的同时，广泛利用太阳能、沼气、地热等新能源，太阳能洗浴、供暖已初具规模，沼气已得到广泛推广。

六、强化污染防治，高标准完成减排任务

在大气环境保护方面：以推进火电机组烟气脱硫为重点，有效控制燃煤污染；组织开展油气污染治理和老旧公交车、出租车的更新淘汰；

加快产业结构调整和淘汰落后产能，有效控制了工业污染；落实扬尘执法责任制，持续开展了工地扬尘污染和运输撒漏专项执法治理活动。

在水环境保护方面：加强饮用水水源保护，实施引滦、引黄水质保护工程，饮用水水源地水质达标率连续多年保持 100%；完成了市区河道综合治理；实施海河综合开发改造，实现了由单纯的水利建设向资源水利、生态水利的转变。

在固体废物污染防治方面：加快了生活垃圾无害化处理设施建设，推动了生活垃圾资源化；建设了天津子牙环保产业园，解决了近 400 家个体经营第七类废物拆解加工所产生的"村村点火，户户冒烟"问题，对第七类废物进行集中拆解和深加工，并逐步成为拆解、加工国内废机电设备产品、废家用电器和电子产品废物的基地。

"十五"以来，天津市坚持淘汰落后生产能力，加强重点行业、重点企业的污染减排工作和重点工程建设，圆满完成了"十五"减排任务。"十一五"期间，集中实施了水、气污染减排工程，超额完成国家下达的主要污染物减排任务。

七、加强执法监督，解决关系民生的环境问题

2004 年以来，针对天津郊区化工企业较多，生产粗放造成环境问题比较突出的状况，天津市政府确定对北辰区西堤头镇、西青区张家窝镇等 7 片小化工重点污染区域进行综合治理。集中力量，有效运用相关政策法规，加强监督管理，督促区县政府加大了环境综合治理和生态恢复工作力度，取得了明显成效，影响社会稳定和发展的突出环境问题基本得到了解决，西青区张家窝镇还被命名为全国环境优美镇。根据国家的统一部署，坚持开展全市环保执法专项行动，天津市环保、发改、经济、监察、工商、司法、安监、电力等部门每年共同制定《天津市整治违法排污企业保障群众健康环保专项行动工作方案》，在全市范围内开展整治违法排污企业，保障群众健康环保专项行动。重点对影响社会稳定和

群众反映强烈的污染问题、重点行业污染问题进行集中整治；对本地区严重影响群众生活环境污染问题、违法排污、违反建设项目环境保护规定和威胁饮用水水源安全的污染和隐患等问题进行了全面的自查自纠；集中开展了重点行业整治、饮用水水源安全和整治工业园区环境违法等专项检查行动。同时，认真办理好人大代表、政协委员的建议和提案，及时处理群众来信来访和12369环保举报热线反映的环境问题。近年来，因环境问题造成的集体访、进京访明显下降。根据环境保护部对全国各省市自治区环保信访量的通报，在全国 31 个省区市中，天津市始终保持在信访量较低水平。

第二章　环境管理体制和机构

环境管理体制是指环境管理系统的结构和组成方式。具体地说，环境管理体制是规定中央、地方、部门、企业在环境保护方面的管理范围、权限职责、利益及其相互关系的准则，它的核心是管理机构的设置。各管理机构职权的分配以及各机构间的相互协调，直接影响到管理的效率和效能，在整个环境管理中起着决定性作用。我国环境管理机构的设置，经过了从部门分管到国家统管两个阶段：1973年，国务院及各省、自治区、直辖市成立了环境保护工作领导小组；1988年，国家环境保护局正式成立，1998年，升格为国家环境保护总局，为国务院直属机构，省、自治区、直辖市及地、市、县、区环境保护行政主管部门相应成立，实行双重领导；2008年，国家环境保护总局升格为环境保护部。

天津市环境保护机构建制始于20世纪60年代。随着经济社会的发展，各级政府对环境保护更加重视，环境保护工作进一步加强，天津市环境管理体制不断健全，环境管理机构不断完善。1980年9月，天津市人民政府环境保护办公室正式更名为天津市环境保护局，作为天津市环境管理行政主管部门，内设8个处室，行政编制65名。1997年3月，经中共天津市委员会、天津市人民政府批准，天津市环境保护局内设18个职能处室，行政编制155名。经过2000年机构改革，天津市环境保护局内设职能处室15个，行政编制100名，工勤编制5名。2009年，在天津市实施新一轮机构改革中，经天津市委、市政府批准，天津市环境保护局行政编制为 109 名。截至 2011 年，天津市环境保护局行政编制共 119 名，工勤编制共 7 名；直属事业单位 12 个，编制共 696 名，其中天津市环境监察总队为参照公务员法管理的事业单位，编制 71 名。

第一节 环境管理行政主管机构

一、天津市环境保护主管机构

1. 历史沿革

1964 年，根据国务院总理周恩来关于"北京、天津、上海对工业'三废'污染要进行摸底调查"的指示，天津市人民委员会决定由市建设、计划、科技、农业以及市政、卫生等部门组成"三废"调查组，对全市污染状况进行摸底调查。

1965 年，天津市人民委员会决定在"三废"调查组的基础上成立"三废"办公室，归口由天津市建设管理委员会领导。此后"三废"办公室机构屡经变化，先是于 1966 年将"三废"工作划归天津市环境卫生局，成立"三废"管理处；1968 年，天津市环境卫生局撤销，"三废"管理业务划归天津市生产指挥部，成立天津市生产指挥部综合利用办公室；1973 年，将综合利用办公室合并于天津市科技局，在局内设综合利用组。

1974 年，天津市革命委员会将天津市科技局综合利用业务划归天津市计委，成立治理"三废"办公室。同年 11 月，天津市革命委员会第十五次办公会议决定，将天津市计委治理"三废"办公室更名为"天津市革命委员会环境保护办公室"，人员编制 30 名。

1978 年 4 月，中共天津市委员会决定将天津市革命委员会环境保护办公室改为局级单位待遇，由天津市建委代管，人员编制 48 名。1979

年 11 月，中共天津市委员会同意天津市革命委员会环境保护办公室内设 6 个处，分别为：秘书处、计划处、管理处、水源保护处、大气保护处和科研监测处。

1980 年 8 月，天津市革命委员会环境保护办公室更名为天津市人民政府环境保护办公室。同年 9 月，天津市人民政府决定将天津市人民政府环境保护办公室改为天津市环境保护局。天津市环境保护局内设办公室、人事处、调查研究室、大气保护处、水质保护处、科学技术处、管理处、计划财务处 8 个处室，行政编制 65 名。

1997 年 3 月，经中共天津市委员会、天津市人民政府批准，天津市环境保护局内设 18 个职能处室，分别为：办公室、人事处（党组办公室）、综合计划处（天津市环境综合整治办公室）、开发管理处、水环境保护处、大气环境保护处、物理污染及有毒化学品管理处（天津市工业废弃物管理办公室）、自然生态保护处、海洋环境保护处、引滦水资源水质保护办公室、外事外经处、法制处、宣传教育处、科技标准监测处、财务处（审计处）、政策研究室、环境统计信息管理处、纪检组（监察室）。行政编制 155 名，其中，局长 1 名、副局长 4 名、纪检组长 1 名、总工程师 1 名（副局级）、正副处长 49 名、工勤人员 6 名。

2000 年 10 月，经中共天津市委员会、天津市人民政府批准，天津市环境保护局内设 15 个职能处（室），分别为：办公室、政策法规处、开发管理处、水环境保护处（海洋环境保护处、天津市引滦水资源水质保护办公室）、大气环境保护处、固体废物及物理污染管理处（天津市工业废弃物管理办公室）、核安全与辐射环境管理处、自然生态保护处、环境监理处、综合处（天津市环境综合整治办公室）、计划财务处（审计处）、宣传教育处、科技标准监测处、人事处、国际合作处。行政编制 97 名，其中，局长 1 名、副局长 4 名、纪检组长 1 名、总工程师 1 名、正副处长 38 名。同年 12 月，天津市机构编制委员会为天津市环境保护局增加老干部工作人员行政编制 3 名，工勤事业编制 5 名。

2009 年，天津市实施新一轮机构改革，经中共天津市委员会、天津市人民政府批准，天津市环境保护局行政编制 107 名（含老干部工作人员编制 3 名），其中，局长 1 名、副局长 5 名、总工程师 1 名、处级领导职数 17 正 24 副。同年 9 月，天津市机构编制委员会为天津市纪委、天津市监察局派驻天津市环境保护局纪检监察机构下达行政编制 4 名，其中，纪检组组长 1 名，纪检组副组长、监察室主任 1 名。

2．主要职责

根据 2009 年 9 月中共天津市委办公厅《关于印发〈天津市环境保护局主要职责内设机构和人员编制规定〉的通知》规定，天津市环境保护局主要职责为：

（1）贯彻执行有关环境保护的法律、法规和方针政策；起草地方性法规、规章草案和政策、规划，并组织实施；组织编制环境功能区划；组织制定环境保护地方性标准和技术规范；组织拟订并监督实施重点区域、流域污染防治规划和饮用水水源地环境保护规划；参与拟订重点海域污染防治规划。

（2）负责重大环境问题的统筹协调和监督管理，牵头协调重大环境污染事故和生态破坏事件的调查处理，参与突发事件的应急处置，协调解决区域间环境污染纠纷；指导、协调和监督海洋环境保护工作。

（3）承担落实天津市减排目标的责任，组织制订主要污染物排放总量控制计划并监督实施；负责环境监察和环境保护行政稽查，组织开展环境保护执法检查；负责限期治理、排污申报登记、排污许可证和排污费征收等制度的实施；组织落实天津市总量减排指标，督察天津市污染物减排任务完成情况；实施环境保护目标责任制、总量减排考核并公布考核结果；组织协调推动国家环境保护模范城市各项指标落实的工作。

（4）负责提出环境保护领域固定资产投资规模和方向、财政性专项资金安排的意见，参与指导和推动循环经济和环保产业发展，参与应对气候变化工作。

（5）承担从源头上预防、控制环境污染和环境破坏的责任，受天津市政府委托对重大经济和技术政策、发展规划以及重大经济开发计划进行环境影响评价；对涉及环境保护的法规草案提出有关环境影响方面的意见；按规定审批开发建设区域、建设项目环境影响评价文件。

（6）负责天津市环境污染防治的监督管理，制定大气、水体、土壤、噪声、光、恶臭、固体废物、化学品和机动车等污染防治制度并组织实施；会同有关部门监督管理饮用水水源地环境保护工作；组织指导城镇和农村的环境综合整治工作。

（7）指导、协调、监督生态保护工作，拟订生态保护规划，组织开展生态环境质量状况评估工作；监督对生态环境有影响的自然资源开发利用活动、重要生态环境建设和生态破坏恢复工作；指导、协调、监督各种类型的自然保护区、风景名胜区、森林公园的环境保护工作；协调和监督野生动植物保护、湿地环境保护、荒漠化防治工作；协调指导农村生态环境保护，监督生物技术环境安全。

（8）负责核安全和辐射安全的监督管理，拟定天津市有关政策、规划、标准，参与核事故应急处理；负责辐射环境事故应急处理工作；负责监督管理放射源安全、电磁辐射、核技术应用、伴有放射性矿产资源开发利用中的污染防治；对辐射环境和放射性废弃物进行监督管理。

（9）负责天津市环境监测、统计和信息发布工作，制定环境监测制度和规范，组织实施环境质量监测和污染源监督性监测；组织对环境质量状况进行调查评估和预测预警；组织建设和管理环境监测网和环境信息网工作；统一发布环境综合性报告和重大环境信息。

（10）开展环境保护科技工作，组织环境保护重大科学研究和技术工程示范；推动环境技术管理体系建设。

（11）组织开展环境保护方面的国际合作交流工作，协调有关环境保护国际条约在天津市的履约工作，参与处理天津市有关涉外环境保护事务。

（12）组织、指导和协调环境保护宣传教育工作，制定并组织实施环境保护宣传教育纲要，开展生态文明建设和环境友好型社会建设的有关宣传教育工作，推动社会公众和社会组织参与环境保护。

（13）负责对区县环境保护工作进行监督、检查和业务指导；指导社区环境建设。

（14）承办天津市委、市政府交办的其他事项。

3．内设机构及职能

天津市环境保护局现有办公室、人事处（党组办公室）、生态城市建设办公室、财务计划处（审计处）、总量控制处、水环境保护处、大气环境保护处、固体废物及物理污染管理处、自然生态保护处、开发管理处、科技标准处、国际合作处、法制处、研究室、排污权交易办公室、监察室（纪检组）、机关党委、老干部处（工会）18 个内设机构，其职能如下：

（1）办公室。负责局系统政务工作的组织、协调与督办。协助局领导组织协调局机关日常工作，协调局领导公务活动。拟订机关行政管理规章制度并监督执行。负责机要、秘书、档案、政务值班、文电处理、政务信息与政府信息公开、电子政务及有关会议组织工作。负责承办人大、政协建议提案、议案、意见和环境信访工作。拟订局年度工作计划，起草年度工作总结和综合性工作报告，撰写《中国环境年鉴》和《天津年鉴》稿件。负责局机关财务、固定资产、办公自动化、职工医保等管理工作。

（2）人事处（党组办公室）。负责局系统党建、党务和思想政治工作。拟订局党组年度计划。负责局系统的统战、民族、侨务、保密、国家安全和对台工作。负责局系统精神文明建设。指导共青团、妇委会工作。负责局党组会议的准备、记录、文档管理等会务工作和其他日常工作。指导环保系统行业精神文明建设和思想政治工作研究。

负责局系统人事干部调配和管理。负责局机关国家公务员录用、考核、晋升、任免与奖惩工作。负责局系统机构、编制、劳动工资、福利保险、职称评定等工作。指导环保系统机构改革与人事管理工作。协助局党组对区县环境保护局领导干部实行双重管理。组织开展区县党政领导班子环境保护政绩考核工作。归口管理环保系统人才队伍建设、干部培训、职（执）业资格工作和证书审核发放。

（3）生态城市建设办公室。负责天津市生态城市建设领导小组办公室日常工作。负责生态市建设的组织协调工作，推动实施生态市建设行动计划。负责全市性重大环境工程的协调推动工作。承担巩固创模成果相关项目协调推动工作。组织编制天津市环境保护规划和计划。参与制订天津市经济和社会发展规划、国土规划、城市总体规划。审核城市总体、区域、城镇和专项规划中环境保护内容。参与编制天津市可持续发展纲要。承担城市环境综合整治定量考核等其他综合性业务工作的推动落实，负责业务信息的汇总分析。

（4）财务计划处（审计处）。负责局系统财务计划管理工作。拟定局系统部门预算和专项经费管理办法并监督执行。组织局系统环境监管能力建设项目的实施。会同天津市财政局负责市级环境保护专项资金和中央环保专项资金及减排专项资金项目管理。负责引滦水质保护专项资金项目管理。负责局系统基本建设项目立项、下达投资计划和竣工验收工作。负责局系统固定资产管理。负责局系统政府采购的监督管理。负责局系统内部审计和局属单位领导干部任期经济责任审计工作。组织制订和实施内部审计年度计划。组织修订审核内部审计工作管理办法及制度。负责局系统经营性实体的监督管理工作。归口管理天津市环境保护局机关后勤服务中心业务工作。

（5）总量控制处。负责落实污染减排目标责任。组织贯彻有关主要污染物排放总量控制和环境统计的法律、法规和规章。拟订天津市主要污染物总量控制计划和年度减排方案并监督实施。负责污染减排项目工程落实、推动和监督。建立和组织实施总量减排责任制考核制度。组织开展主要污染物总量削减的核查工作。承担环境保护统计工作，负责环境统计信息管理，组织编制环境统计年报。

（6）水环境保护处。负责水环境保护工作和水污染防治监督管理。组织贯彻有关水污染防治、水和海洋环境保护方面的法律、法规和规章。组织拟订天津市水污染防治和水环境保护的政策、法规、规章、标准及水环境与近岸海域功能区划并监督实施。组织拟订水污染防治和水环境保护规划、计划并监督实施。负责指导、协调和监督全市海洋环境保护工作。监督管理海岸工程、陆上污染源、拆船等海洋环境污染防治工作。组织拟订水排污许可证制度并监督实施。负责对排污单位水污染防治工作的监督管理。组织开展水环境形势分析。

（7）大气环境保护处。负责大气环境保护工作和大气污染防治监督管理。组织贯彻有关大气环境保护、大气和机动车尾气污染防治方面的法律、法规和规章。组织拟订天津市大气环境保护、大气和机动车尾气污染防治的政策、法规、规章、标准及大气环境功能区划并监督实施。组织拟订大气环境保护和大气污染防治规划、计划并监督实施。负责新定型车辆发动机和车辆的环保形式核准，建立在用车以及油品监督管理制度。参与制订能源发展规划、计划。组织拟订大气排污许可证制度并监督实施。负责对排污单位大气污染防治工作的监督管理。组织开展大气环境形势分析。

（8）固体废物及物理污染管理处。负责固体废物和噪声污染防治监督管理。组织贯彻有关噪声、振动、固体废物、化学品环境管理及城区土地污染防治方面的法律、法规和规章。组织拟订天津市噪声、振动、固体废物、危险化学品废弃物管理及城区土地污染防治的政策、法规、规章和标准并监督实施。组织拟订噪声、振动、固体废物、危险化学品废弃物管理及城区土地污染防治规划、计划并监督实施。负责进口废物审核、危险化学品废弃物经营许可证审批。负责对产生噪声、振动、固体废物及危险化学品废弃物单位污染防治工作的监督管理。归口管理天津市固体废物及有毒化学品管理中心的业务工作。

（9）自然生态保护处。负责自然生态和农村环境保护的监督管理工作。组织贯彻自然生态和农村环境保护法律、法规和规章。组织拟订天津市自然生态和农村环境保护法律、法规、规章、标准并监督实施。组织拟定天津市自然生态和农村环境保护规划、计划并监督实施。综合管理自然保护区，组织开展地方自然保护区评审工作。会同相关部门开展生物多样性保护、生物物种资源和生物安全管理工作。负责生物技术环境安全监督管理工作。组织协调农村环境保护工作。组织编制农村环境综合整治规划并指导推动。组织指导农村生态示范建设和生态农业建设。负责农村土壤污染防治监督管理。归口管理天津市蓟县中上元古界国家自然保护区管理处的业务工作。

（10）开发管理处。负责组织开展规划环境影响评价和项目环境影响评价。组织贯彻有关环境影响评价法律、法规和规章。拟订天津市环境影响评价政策、法规、规章并监督实施。参与制定产业调整、发展的政策和规划，组织对重大发展规划以及重大经济开发计划和重要产业进行环境影响评价。组织有关部门和专家对规划环境影响评价进行技术审查。组织建设项目环境影响评价文件审批和竣工环境保护验收。负责天津市环境影响评价"专家库"的管理。组织开展局系统行政许可服务中心窗口的工作。指导区县建设项目环境保护管理工作。归口管理天津市环境工程评估中心业务工作。

（11）科技标准处。负责环境保护科学技术发展。组织贯彻有关环境保护科技政策。组织拟定天津市环境保护科技政策、规划、计划并监督实施。组织环境保护科技研究和攻关，组织环境保护技术工程示范和最佳实用技术推广应用。负责环境标准管理和地方环境标准的制定和修订。负责建立天津市环境标准体系。组织实施环境保护设施运营单位资质认可制度。参与指导和推动循环经济、清洁生产与环保产业发展等相关工作。指导直属单位的科技工作。推动环境技术管理体系建设。归口管理天津市环境保护科学研究院、天津市环境保护科技信息中心、天津市环境科学学会业务工作。

（12）国际合作处。负责环境保护国际合作与交流。组织贯彻国际环境合作法律、法规和规章。负责拟订天津市环境保护国际合作交流的规划、计划并组织实施。拟订局外事工作的规章制度并监督执行。负责环境保护国际履约活动的对外联系工作。组织开展环境保护国际合作信息交流。负责局系统的外事管理工作。负责办理局系统人员因公出国（境）的审批手续。

（13）法制处。负责建立、健全天津市环境保护方面的法规、规章等基本制度。指导和监督环境保护依法行政。负责拟订和修订天津市综合性环境保护法规、规章、规范性文件。组织协调天津市环境保护单项法规、规章、规范性文件的拟订和修订，并负责审核、备案和上报。负责拟订天津市环境保护法制工作规划和年度计划，并组织实施。参与天津市相关法规、规章的立法工作。组织行政处罚听证、行政复议、行政应诉工作。对区县环境保护局法制工作进行指导和监督。

（14）研究室。负责组织开展环境保护政策研究。参与制定天津市环境保护相关的经济、产业政策。拟订环境保护调研规划与计划，并组织实施。组织开展综合性环境政策调查研究、重大环境保护措施和对策调研，提出政策建议方案。指导和督促区县环境政策研究和环境保护调研工作。

（15）排污权交易办公室。参与主要污染物排放权交易监督管理工作。负责主要污染物排放权交易企业的资格、交易量以及交易的环境保护审查。

（16）监察室（纪检组）。负责组织协调局系统党风廉政建设和反腐败工作，指导推动全市环保系统行风建设，承担局党风廉政建设领导小组日常工作。对党员领导干部行使权力进行监督，检查、处理党员和检查对象违反党纪、政纪、党的民主集中制和侵犯党员民主权利的行为，受理党员的控告和申诉，保障党员的权利。负责局系统行政监察工作，参与对行政机关和监察对象违反环境保护法律、法规行为的查处工作。接待、调查和处理有关纪检监察方面的来信来访。

（17）机关党委。负责局机关党务工作。

（18）老干部处（工会）。负责机关（离）退休老干部管理工作。负责局系统工会工作。

二、天津市环境保护局滨海新区分局

1. 历史沿革

为推进滨海新区开发开放，更好地发挥天津市有关部门在滨海新区建设中的职能作用，2006年7月，经中共天津市委员会批准，天津市环境保护局滨海新区分局正式成立，为天津市环境保护局的派出机构，规格为副局级。业务工作受天津市环境保护局和滨海新区管理委员会双重领导。同年8月，天津市机构编制委员会下发《关于天津市环境保护局滨海新区分局主要职责、内设机构和人员编制的批复》，确定天津市环境保护局滨海新区分局设局长1名，由天津市环境保护局副局长兼任；为天津市环境保护局滨海新区分局核定行政编制8名，其中副局长（正处级）1名、处长2名，下设综合处、监管处2个职能处，规格为正处级。2007年2月，经天津市机构编制委员会批准，为天津市环境保护局滨海新区分局核定工勤事业编制1名。

天津市滨海新区环境保护和市容市政管理局成立后，2011年8月，经天津市机构编制委员会批准，撤销天津市环境保护局滨海新区分局。

2. 主要职责

贯彻执行国家、天津市有关环境保护的方针、政策和法律、法规，对滨海新区环境保护工作实施统一管理和监督检查。组织拟订滨海新区环境保护规划和计划并监督实施；负责滨海新区内的规划环境影响评价和建设项目环境保护管理工作。组织、指导、协调和监督滨海新区的生态保护及污染控制工作。组织、指导和协调滨海新区环境监察工作。组织、指导和协调滨海新区环保科技和环境监测工作。组织、指导和协调滨海新区环境保护宣传教育工作。受天津市环境保护局委托，对滨海新区内各行政区、功能区环境保护主管部门的业务工作实施领导，建立滨海新区统一的环境保护统计、信息系统。完成天津市环境保护局、天津市滨海新区管理委员会交办的其他事项。

第二节 环境监察机构

一、环境监察概述

环境监察是一种具体的、直接的、微观的环境保护执法行为，是环境保护行政部门实施统一监督、强化执法的主要途径之一，是我国社会主义市场经济条件下实施环境监督管理的重要举措。环境监察具有"委托、直接、强制、及时、公正"的特点。环境监察的主要任务，是在各级人民政府环境保护部门的领导下，依法对辖区内的污染源排放污染物情况和对海洋及生态破坏事件实施现场监督、检查，并参与处理。其核心是日常监督执法。环境监察受环境保护行政主管部门领导，在环境行政主管部门所管辖的辖区内进行，通常情况下同级之间不能够直接越区执法。

二、天津市环境监察机构历史沿革

天津市环境监察机构的发展是伴随着改革开放的步伐而发展，从单一的征收排污费职能发展到今天具有多项职责的环境保护现场执法职能。

20 世纪 80 年代初，经天津市编制委员会批准，天津市成立了市、区县两级排污费征收机构，为事业编制单位，编制为 68 名。其中，天津市排污收费监理站，编制为 20 名；各区县（18 个）分别成立排污收费监理组，各编制 2～4 名不等。其职责是征收排污费。鉴于排污费征收工作的开展和区县人员编制太少，影响开展工作的实际情况，1986 年天津市环境保护局向天津市编制委员会提交了《关于充实区、县征收排污费监理人员的报告》。当年 6 月天津市编制委员会下达了《关于充实区、县排污收费监理人员编制的通知》，天津市排污收费监理站增加编制 4 名，各区县排污收费监理组各增加编制 1 名，全市总编制达到 90 名。随后按照有关要求接收军队转业干部，有政策性增编。

1994 年，为理顺关系，适应工作需要，天津市环境保护局根据国家环境保护局精神，向天津市机构编制委员会提交了《关于天津市征收排污费监理机构更改名称的报告》，经批准，天津市排污收费监理站更名为天津市环境监理处，各区县排污收费监理组统一更名为环境监理所。

1997 年，天津市政府机构改革，并实施国家公务员制度。天津市环境保护局及时向天津市推行国家公务员制度办公室提出了《关于天津市环保局环境监理人员纳入国家公务员序列管理的请示》。1998 年，天津市人事局批复，天津市环境监理处列入国家公务员制度实施范围（依照管理）。

2000 年，为加强环境保护执法队伍建设，规范执法行为，经天津市机构编制委员会批准，天津市环境监理处更名为天津市环境监理总队，人员编制增至 50 名。

2002 年，天津市机构编制委员会批准各区县及天津经济技术开发区、天津港保税区、天津新技术产业园区环境监理队伍增编，总编制由原来的 69 名增至 266 名，增编 197 名。同年年底，全市环境监理机构统一将天津市环境监理总队更名为天津市环境监察总队；各区县环境监理所更名为环境监察支队，环保执法队伍切实得到了加强。

2003 年，天津市人事局批复，各区（县）环境监察支队列入依照国家公务员制度管理范围。

三、天津市环境监察机构主要职责

天津市市、区县两级环境监察机构的主要职责是：

（1）依据政府主管环境保护部门的委托依法对辖区内单位或个人执行环境保护法律、法规的情况进行现场监督、检查，并按规定进行处理。

（2）负责排污费的征收工作。

（3）负责对生态破坏事件的调查，并参与处理。

（4）参与环境污染事故的调查，并参与处理。

（5）负责受理 12369 环保举报热线工作。

第三节　环境监测机构

一、环境监测概述

环境监测是指运用物理、化学、生物等现代科学技术方法，间断地或连续地对环境化学污染物及物理和生物污染等因素进行现场的监测和测定，作出正确的环境质量评价。随着工业和科学的发展，环境监测的内容也由对工业污染源的监测，逐步发展到对大环境的监测，即监测对象不仅是影响环境质量的污染因子，还包括对生物、生态变化的监测。对环境污染物的监测往往不只是测定其成分和含量，而且需要进行形态、结构和分布规律的监测。对物理污染因素（如噪声、振动、热、光、电磁辐射和放射性等）和生物污染因素，也应进行监测。只有这样，才能全面地、确切地说明环境污染对人群、生物的生存和生态平衡的影响程度，从而作出正确的环境质量评价。环境监测的目的是准确、及时、全面地反映环境质量现状及发展趋势，为环境管理、污染源控制、环境规划等提供科学依据。根据《全国环境监测管理条例》，环境监测任务主要包括：一是对环境中各项要素进行经常性监测，及时、准确、系统地掌握和评价环境质量状况及发展趋势；二是对污染源排污状况实施现场监督、监测与检查，及时、准确地掌握污染源排污状况及变化趋势；三是开展环境监测科学研究，预测环境变化趋势，并提出污染防治对策与建议；四是开展环境监测技术服务，为经济建设、城乡建设和环境建设提供科学依据；五是为政府部门执行各项环境法规、标准、全面开展环境管理工作提供准确、可靠的监测数据和资料。

二、天津市环境监测机构

1. 天津市环境监测机构历史沿革

天津市环境监测机构始建于 1976 年 5 月，原为天津市环境保护监测站，与天津市卫生防疫站合署办公，受天津市政府环境保护办公室和天津市卫生局双重领导。20 世纪 80 年代初国家颁布的《全国环境监测管理条例》，明确了环境监测站的性质、职责与任务。为适应国家的要求和天津市环境保护事业发展的需要，1980 年，天津市环境保护监测站同天津市卫生防疫站分署办公，先后隶属于天津市政府环境保护办公室、天津市环境保护局。1984 年正式更名为天津市环境保护监测中心站，天津市环境保护局设立了监测处，同天津市环境监测中心站建成站处合一的管理体制。1989 年 10 月天津市编制委员会正式批准，天津市环境保护监测中心站更名为天津市环境监测中心，成为天津市环境监测系统的技术中心、信息中心、网络中心和人员培训中心，对全市环境监测系统和各级环境监测网络成员单位发挥业务指导功能。

1976—1983 年，天津市 18 个区县相继建立了区县级环境保护监测站，全市初步形成了一支环境监测专业队伍。随着天津经济技术开发区的崛起，1990 年成立了天津经济技术开发区环境保护监测站。

截至目前，天津市环境监测系统在天津市环境环保护局的领导下形成了以天津市环境监测中心为龙头，区县环境监测站为网络成员的环境监测体系，同时积极吸纳各行业、各专业性监测网络成员，使天津环境监测网覆盖全市各个层面（见图2-1），为天津市环境保护局实施环境监督管理提供技术支持、技术监督和技术服务。

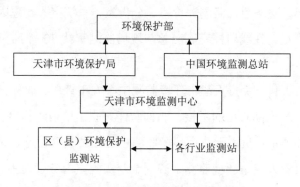

图 2-1　天津市环境监测体系框图

2. 天津市环境监测中心主要职责

根据《全国环境监测条例》，天津市环境监测中心是天津市环境监测的技术中心、数据信息中心、网络中心和培训中心，其主要职责是：

（1）负责对天津市生态环境和污染源排放进行监测，及时、系统地收集、汇总、管理全市环境监测数据，编写环境质量与污染源排污状况报告，为环境管理和决策提供技术支持、技术监督和技术服务。

（2）制订全市环境监测规划和计划，并组织实施与执行；对各区县环境监测站及全市环境监测网络进行技术指导，开展全市环境监测的质量保证工作。

（3）承担国家级、天津市级审批建设项目竣工环境保护验收监测，承担全市重大污染事故调查和污染纠纷仲裁监测，承担天津市突发性污染事故应急监测。

（4）开展环境科学研究、环境监测新技术的研发；并接受社会需要的环境监测业务，为社会提供不同类型的环境监测技术服务。

3. 天津市环境监测中心内设机构及职能

天津市环境监测中心内设人事科、办公室、综合计划室、质量管理室、业务部、财务科、监测评价室、分析室、系统室、物理因素室、交通污染监测室、在线监控室、应急与现场监测室共 13 个科室，其职能如下：

（1）人事科：负责天津市环境监测中心人事管理、职称评定和劳资工作，负责对干部职工的考核、职称聘任、职工培训与科室管理等。

（2）办公室：负责天津市环境监测中心办公基础设施建设、后勤保障工作；负责天津市环境监测中心安全及实验室内务管理等。

（3）综合计划室：负责组织各类常规监测报告（包括环境监测周报、月报、季报、年报等）的编制，制订年度科研及监测计划等。

（4）质量管理室：负责制订天津市环境监测中心质量控制计划、中心实验室间比对，承担监测质量的监督检查与管理，组织新监测项目、非标准方法的评审、仪器设备的定期送检以及持证上岗考核的申报、监测信息资源的管理，负责跟踪收集新颁布标准、规范、技术规定等。

（5）业务部：负责天津市环境监测中心业务受理，合同签订、合同评审、合同管理，下达监测任务单等。

（6）财务科：负责编制天津市环境监测中心年度资金预算、年度决算报告，配合国家财务审计，加强财务档案管理，负责职工工资发放与资金管理等。

（7）监测评价室：负责制定环境质量监测、污染源监督性监测、生态环境监测，负责全市环境质量及污染源监测数据的收集、审核、汇总、统计和分析，建立环境质量和污染源数据库，编制各类监测报告。

（8）分析室：承担监测分析任务，质量保证/质量控制任务，承担环境监测纠纷技术仲裁和突发性事故的应急监测分析等。

（9）系统室：负责空气环境、水质自动监测系统的建设、安装、调试、维护、运行管理；负责天津市环境监测中心信息系统网络建设、信息资源的计算机标准页面开发、维护等。

（10）物理因素室：承担噪声、振动、电磁辐射等物理环境质量监测及污染源监测。

（11）交通污染监测室：承担交通污染监测和汽车排气污染物检测。

（12）在线监控室：负责天津市在线监控网络的组建和运行管理，在线监测设备的验收管理等。

（13）应急与现场监测室：负责突发性污染事故的现场应急监测、监测报告的编制，应急监测预案编制，水、气、土壤、生态、废水、废气、固体废弃物等环境质量和污染源的现场监测等。

三、中国环境监测总站近岸海域环境监测渤海西站

1. 成立背景

1994 年，中国环境监测总站和沿海 11 个省、自治区、直辖市的 65 个环境监测站组成了全国近岸海域环境监测网，为环境管理工作提供了技术支持。由于沿海各地的近岸海域环境监测工作发展不平衡，监测力量相对分散，各海区没有形成环境监测工作的技术与管理区域中心，难以适应我国海洋环境管理发展的需要。因此，为进一步发挥全国近岸海域环境监测网的作用，提高我国近岸海域环境监测能力和水平，2002 年 5 月，中国环境监测总站依据国家环境保护总局相关要求，决定在舟山、天津、厦门、大连等地成立国家近岸海域环境监测中心站和分站，以逐步提高近岸海域环境监测的能力和水平，并进一步完善近岸海洋监测网络，使海洋环境监测更加规范化、制度化。

2003 年 3 月 27 日，旨在保护渤海及海河流域水环境的环渤海地区

第一个国家级水环境监测站——中国环境监测总站渤海近岸海域环境监测西站在天津挂牌成立,以天津市环境监测中心为依托,承担渤海近岸海域(主要指天津市、河北省近岸海域)环境监测组织、协调和监测工作,为渤海海洋环境管理提供科学依据和技术支持。其成员单位包括:天津市环境监测中心、河北省环境监测中心、秦皇岛市环境保护监测站、唐山市环境监测中心站、沧州市环境监测站、天津市塘沽区环境监测站。

2. 主要职责

渤海环境监测西站的主要任务是组织开展渤海西部海域的近岸海域环境监测工作,包括:

(1)负责组织开展渤海西部海域环境质量监测、事故应急监测和入海污染源调查工作,并具体承担跨省、市海域环境质量监测工作。

(2)参与组织编制并实施《渤海碧海行动计划》的监测计划。

(3)负责渤海西部近岸海域环境质量报告书、污染源状况报告及监测工作简报、快报的编报工作。

(4)参与海洋环境标准、技术规范、监测方法的研究、制定和验证工作。

(5)承担天津市近岸海域环境质量例行监测工作。

第四节 其他环境保护机构

一、天津市环境保护科学研究院(天津市环境规划院)

1. 历史沿革

1975年9月,经天津市革命委员会批准,天津市环境保护研究所正式成立。1997 年 2 月，更名为天津市环境保护科学研究院。2011 年 4 月，经天津市机构编制委员会批准，天津市环境保护科学研究院加挂天津市环境规划院牌子，等级规格相当于处级。天津市环境保护科学研究院（天津市环境规划院）核定编制 203 名。

2. 主要职责

从事环境科学技术研究和应用开发；承担各类环境保护规划、污染物排放总量控制计划编制及规划环境影响评价工作；开展环境保护规划技术、污染物排放总量核算及环境管理政策的研究工作。

二、天津市辐射环境管理所（天津市环境保护局核安全与辐射环境管理处）

1. 历史沿革

1989 年 11 月，经天津市编制委员会批准，天津市放射性废物管理所正式成立，等级规格为副处级。1998 年 9 月，更名为天津市辐射环境管理所。2002 年 11 月，等级规格调整为处级。天津市辐射环境管理所核定编制 31 名。

2. 主要职责

为防治辐射污染提供环境监管保障。开展辐射项目环境影响评价、"三同时"环境管理制度执行情况检查、环境现场监督检查、环境监测、放射性废物管理、事故应急响应、辐射污染防治宣传教育、管理人员培训及相关社会服务。

三、天津市环境保护宣传教育中心（天津市环境保护局宣传教育处）

1. 历史沿革

1985 年 3 月，经天津市编制委员会批准，天津市环境保护宣传教育中心正式成立。天津市环境保护宣传教育中心核定编制 24 名。

2. 主要职责

提高全民环境意识，强化环境教育，开展全市环境保护宣传教育活动和干部培训工作。

四、天津市环境保护科技信息中心

1. 历史沿革

1991 年 12 月，经天津市编制委员会批准，天津市环境保护科技情报中心正式成立，等级规格为处级。1992 年 10 月，更名为天津市环境保护科技信息中心。天津市环境保护科技信息中心核定编制 32 名。

2. 主要职责

为天津市环境保护决策管理、科技监测、技术开发管理提供信息依托、信息服务、信息研究；承接环保信息研究课题，开展环保信息咨询服务、信息传递。编辑出版环保信息期刊，快速报道国内外环科领域新技术、新成果、新动态；不断建设现代化环保信息网络，开展现代化信息网。

五、天津市蓟县中上元古界国家自然保护区管理处（天津市蓟县中上元古界国家地质公园管理处）

1. 历史沿革

1985 年 7 月，经天津市人民政府批准，天津市蓟县中上元古界国家自然保护区管理所正式成立，与蓟县环境保护局合署办公。1989 年 3 月，天津市蓟县中上元古界国家自然保护区管理所与蓟县环境保护局分署办公，等级规格为副处级。1991 年 4 月，更名为天津市蓟县中上元古界国家自然保护区管理处。2002 年 9 月，经天津市机构编制委员会批准，加挂天津市蓟县中上元古界国家地质公园管理处牌子，等级规格调整为处级。天津市蓟县中上元古界国家自然保护区管理处（天津市蓟县中上元古界国家地质公园管理处）核定编制 14 名。

2. 主要职责

负责天津市蓟县中上元古界国家自然保护区（天津市蓟县中上元古界国家地质公园）的统一管理和保护工作；贯彻执行国家有关自然保护区的法律、法规和方针、政策；制订并实施自然保护区的建设规划；开展地质科研，组织自然环境和自然资源的调查和监测工作；开展自然保护和资源管护宣传教育工作，组织地质旅游和现场教学活动。

六、天津市固体废物及有毒化学品管理中心

1. 历史沿革

2001 年 12 月，经天津市机构编制委员会批准，天津市固体废物及有毒化学品管理中心正式成立。天津市固体废物及有毒化学品管理中心核定编制 10 名。

2. 主要职责

宣传、贯彻国家和地方有关固体废物及有毒化学品管理的法规、政策和标准；受天津市环境保护局委托对危险废物进行监督管理；实施工业固体废物综合利用和处置；开展固体废物及有毒化学品污染调查；承担固体废物及有毒化学品污染防治和技术开发研究及咨询服务；承担进口废物的风险评估工作。

七、天津市环境保护技术开发中心（天津市环境影响评价中心）

1. 历史沿革

1983 年 2 月，经天津市基本建设委员会批准，天津市环境保护服务公司正式成立，等级规格为处级。1990 年 4 月，更名为天津市环境保护技术开发中心。1999 年 4 月，经天津市机构编制委员会批准，加挂天津市环境影响评价中心牌子。天津市环境保护技术开发中心（天津市环境影响评价中心）核定编制 34 名。

2. 主要职责

开展环境保护服务、技术咨询工作，推动天津市环境保护工作的开展。组织有关单位和部门承担建设项目的环境影响评价工作。

八、天津市环境保护地热中心

1. 历史沿革

1990 年 12 月，经天津市编制委员会批准，天津市环境保护局地热站正式成立。1994 年 7 月，核定等级规格为处级。1998 年 3 月，更名为天津市环境保护地热中心。天津市环境保护地热中心核定编制25 名。

2. 主要职责

合理开采和利用地热资源，提供应用示范和技术服务。负责本系统地热资源应用和电力设施的运行管理和维护。

九、天津市环境保护局机关服务中心

1. 历史沿革

2001 年 1 月，经天津市机构编制委员会批准，天津市环境保护局机关服务中心正式成立，等级规格为处级。天津市环境保护局机关服务中心核定编制 30 名。

2. 主要职责

负责天津市环境保护局机关的接待、会议服务和文印工作；负责局机关大院内的物业管理工作；负责局机关车辆的使用、维修、管理工作；承担天津市环境保护局安全保卫、办公用品管理等有关事务性工作。

十、天津市环境工程评估中心

1. 历史沿革

2002 年 8 月，经天津市机构编制委员会批准，天津市环境工程评估中心正式成立。2004 年，等级规格调整为处级。天津市环境工程评估中心核定编制 10 名。

2．主要职责

开展环境影响评估工作；受天津市环境保护局委托，对环境影响评价机构进行业务指导，对从事环境影响评价工作的人员进行技术培训和考核；开展环境影响评价相关的技术政策与咨询；承担天津市环境保护局交办的其他工作。

十一、天津市治理工业污染基金管理办公室

1．历史沿革

1992 年 8 月，经天津市机构编制委员会批准，天津市治理工业污染基金管理办公室正式成立，等级规格为处级。天津市治理工业污染基金管理办公室核定编制 18 名。2010 年 3 月，经天津市机构编制委员会批准，撤销天津市治理工业污染基金管理办公室。

2．主要职责

拟定基金年度总体方案；进行项目管理和技术、财务评估；负责基金的资金支付和回收等。

十二、天津市环境应急与事故调查中心

1．历史沿革

2008 年 5 月，经天津市机构编制委员会批准，天津市环境应急与事故调查中心正式成立，与天津市环境监察总队一个机构两块牌子。

2．主要职责

负责制订和修订天津市重大、较大突发环境污染事故和生态破坏事

件（以下简称"环境污染事故"）的应急预案；负责环境污染事故的应急值班和接警工作，提出启动环境应急预案的建议，上报天津市政府应急办公室，组织协调天津市环境保护局系统有关部门和单位的应急行动；配合主管部门，负责天津市环境污染事故的现场分析，提出限制环境影响的措施；负责天津市环境污染事故的后期环境调查研究工作；负责环境污染事故的信息编印通报工作；组织开展环境安全调查研究，收集整理和研究天津市辖区内环境安全情况资料；组织开展环境安全检查，督促指导环境安全重点企业拟制、完善应急预案，落实环境安全措施；组织开展环境应急培训、演练和能力建设等工作；参与环境污染事故的环境影响评估工作；配合环境保护部开展重、特大突发环境事件的后期环境调查工作；承担天津市环境保护局交办的其他工作。

第三章 环境法制管理

环境保护是我国的一项基本国策。加强环境保护法制建设和法制管理不仅是依法治国的重要组成部分，更是"可持续发展能力不断增强，生态环境得到改善，资源利用效益显著提高，促进人与自然和谐，推动整个社会走上生产发展、生活富裕、生态良好的文明发展道路"的必然途径。目前国家已制定环境保护法律 9 部，环境相关法律 20 多部，环境行政法规 40 多部，环境保护部门规章 80 多件。

天津市地方环境立法工作起步较早。在 20 世纪 80 年代初就出台了有关噪声管制和防止海河污染方面的地方法规。进入 90 年代，在天津市委、市人大、市政府的高度重视下，环境立法工作发展迅速，《天津市环境保护条例》以及《天津市环境噪声污染防治管理办法》《天津市危险废物污染环境防治办法》《天津市有毒化学品污染环境管理办法》等一系列地方法规、规章的颁布实施，为天津环境保护工作提供了基础保障。在 2002—2004 年创建国家环境保护模范城市期间，天津市环境立法工作取得突破性进展，及时出台了《天津市大气污染防治条例》，把《天津市境内引滦水源保护区污染防治管理规定》升格为《天津市引滦水源污染防治管理条例》。对《天津市环境保护条例》《天津市水污染防治管理办法》《天津市环境噪声污染防治管理办法》等地方法规及政府规章进行了修订，为环境保护工作依法行政提供了依据。此后，天津市又相继颁布了《天津市清洁生产促进条例》《天津市电磁辐射环境保护管理办法》《天津市关闭严重污染小化工企业暂行办法》等地方法规、规章，填补了立法空白，适应了环境保护工作不断发展变化的要求，逐步形成了具有区域特色的地方性环境法规体系框架，为加强环境执法力度，改善区域环境质量提供了法律保障。

第一节　环境法制建设

一、环境法概述

1. 环境法概念

环境法是国家制定或认可的，并由国家强制保证执行的关于保护环境和自然资源、防治污染和其他公害的法律规范的总称。环境法的保护对象是一个国家管辖范围内的人的生存环境，主要是自然环境，包括土地、大气、水、森林、草原、矿藏、野生动植物、自然保护区、自然历史遗迹、风景游览区和各种自然景观等；也包括人们用劳动创造的生存环境，即人为环境，如运河、水库、人造林木、名胜古迹、城市及其他居民点等。

2. 环境法作用

环境法的作用是通过调整人们（包括组织）在生产、生活及其他活动中所产生的同保护和改善环境有关的各种社会关系，协调社会经济发展与环境保护的关系，把人类活动对环境的污染与破坏限制在最小限度内，维护生态平衡，达到人类社会同自然的协调发展。环境法所调整的社会关系可分为两类：一类是同保护、合理开发和利用自然资源有关的各种社会关系；另一类是同防治工业废气、废水、固体废物、放射性物质、恶臭物质、有毒化学物质、生活垃圾等有害物质和废弃物对环境的污染，以及同防治噪声、振动、电磁辐射、地面沉降等公害有关的各种社会关系。环境法是自然资源合理利用的法律保证，是防治污染和其他公害、保护环境的法律武器，是保护人民健康、促进社会经济发展的法律手段，是国家维护环境权益的重要工具。同时，环境法还有助于促进环境保护的国际交流和合作，开展国际性的环境保护活动。

3．中国环境保护法体系

中国环境保护法体系构成如下：

（1）《中华人民共和国宪法》（以下简称"《宪法》"）中有关环境保护的规定。《宪法》第二十六条规定："国家保护和改善生活环境、生态环境，防治污染和其他公害"；第九条规定："国家保障自然资源的合理利用，保护珍贵的动物和植物。禁止任何组织或者个人用任何手段侵占或者破坏自然资源"等。《宪法》中的这些规定是环境立法的依据和指导原则。

（2）环境保护基本法，即《中华人民共和国环境保护法》，它是制定其他环境保护单行法规的依据。

（3）环境保护单行法律，如《中华人民共和国大气污染防治法》《中华人民共和国水污染防治法》《中华人民共和国海洋环境保护法》《中华人民共和国森林法》《中华人民共和国土地管理法》等。

（4）环境保护行政法规，如国务院《关于环境保护工作的决定》、国务院《征收排污费暂行办法》、国务院《中华人民共和国海洋倾废管理条例》等。

（5）环境保护地方性法规，如《天津市环境保护条例》《天津市引滦水源污染防治管理条例》。

（6）环境保护部门规章，如国家环境保护总局《电子废物污染环境防治管理办法》《废弃危险化学品污染环境防治办法》等。

（7）环境保护地方政府规章，如《天津市建设项目环境保护管理办法》等。

（8）环境保护标准，包括环境质量标准、污染物排放标准、环境保护基础标准和环境保护方法标准等。

此外，我国其他法律（如《刑法》、《民法》、《经济法》等）以及我国参加的国际条约或承认的国际协定有关环境保护的条款，也属国家环境保护法体系的组成部分。

二、天津市地方环境立法

1. 天津市地方环境立法历程

天津市地方环境立法工作起步较早，在20世纪80年代初就出台了有关噪声管制和防止海河污染方面的地方法规，即《天津市噪声管制暂行条例》《天津市境内海河水系水源保护暂行条例》。

进入20世纪90年代，天津市的环境立法发展十分迅速。1994年，天津市第十二届人民代表大会常务委员会第十二次会议通过《天津市环境保护条例》，为天津环境保护工作提供了基础保障。之后，为适应环境保护工作不断发展的需要，又陆续颁布了《天津市环境噪声污染防治管理办法》《天津市危险废物污染环境防治办法》以及《天津市有毒化学品污染环境管理办法》等一系列地方规章。

2002—2004年，天津市创建国家环境保护模范城市期间，环境立法工作取得突破性进展。根据创模工作的需要，主要围绕蓝天工程、碧水工程和安静工程，在遵循填补立法空白、管理制度和政府规章升格以及维护法制统一及时修订法规规章的原则基础上，天津市加快立法进度、提高立法质量。一是超常规运作，及时出台了《天津市大气污染防治条例》，将创建无燃煤区、基本无燃煤区作为法定制度，规定了具体的管理程序、方法和法律责任，同时规定了实施总量控制和配套的排放许可证管理的程序和方法，以及违反总量控制、排放许可证管理的法律责任，为天津市实施蓝天工程提供了强有力的法律支持，大大促进了天津市创建基本无燃煤区和实施小型燃煤设施改燃并网工作,对环境空气质量的明显改善起到了重要作用。二是根据环境保护实际工作的需要,把《天津市境内引滦水源保护区污染防治管理规定》升格为《天津市引滦水源污染防治管理条例》,提高了法律效力。三是依据法制统一的原则,对《天津市环境保护条例》《天津市水污染防治管理办法》《天津市环境噪声污染防治管理办法》等地方法规及政府规章进行了修订,为环保工作依法行政提供了依据。

此后,天津市又相继制定颁布了《天津市清洁生产促进条例》《天津市电磁辐射环境保护管理办法》以及《天津市关闭严重污染小化工企业暂行办法》等地方法规、规章,填补了立法空白,适应了环境保护工作不断发展变化的要求。

经过长期努力,天津市已基本形成了具有天津区域特色的地方性环境法规体系框架,为强化环境执法力度,改善区域环境质量提供了法律保障(见表3-1)。

表3-1 天津市地方环境保护法规

序号	法规	颁布情况	修订情况	备注
1	《天津市境内海河水系水源保护暂行条例》	1981年天津市第九届人民代表大会常务委员会第八次会议批准		废止。《中华人民共和国水污染防治法》发布及相应地方性规章出台
2	《天津市对外排放污染物实行超标收费和罚款暂行办法》	1981年天津市第九届人民代表大会常务委员会第八次会议批准		废止。国务院《征收排污费暂行办法》发布
3	《天津市噪声管制暂行条例》	1981年天津市第九届人民代表大会常务委员会第八次会议批准		废止。《中华人民共和国环境噪声污染防治法》发布

序号	法规	颁布情况	修订情况	备注
4	《天津市环境保护条例》	1994年天津市第十二届人民代表大会常务委员会第十二次会议通过	2004 年经天津市第十四届人民代表大会常务委员会第三十二次会议修订	有效
5	《天津市引滦水源污染防治管理条例》	2002 年 4 月 18 日天津市第十三届人民代表大会常务委员会第三十二次会议通过		有效
6	《天津市大气污染防治条例》	2002 年 7 月 18 日天津市第十三届人民代表大会常务委员会第三十四次会议通过	2004 年 11 月 12 日天津市第十四届人民代表大会常务委员会第十五次会议修订	有效
7	《天津市清洁生产促进条例》	2008 年 9 月 10 日天津市第十五届人民代表大会常务委员会第四次会议通过		有效

表 3-2　天津市政府环境保护规章

序号	法规	颁布情况	修订情况	备注
1	《天津市征收排污费办法》	1984 年 10 月 31 日天津市人民政府发布	1997 年 12 月 31 日津政发[1997]112 号修订发布	废止
2	《天津市乡镇街道企业环境保护管理办法》	天津市人民政府津政发[1985]140 号		废止
3	《天津市机动车排放污染物管理办法》	1990 年 2 月 1 日天津市人民政府发布	1998 年 1 月 7 日天津市人民政府令第 132 号修订发布	废止

序号	法规	颁布情况	修订情况	备注
4	《天津市境内引滦水源保护区污染防治管理规定》	天津市人民政府令[1992]第53号		废止
5	《天津市放射性废物管理办法》	1992年8月4日天津市人民政府津政函第75号	1998年6月1日津政发第46号修订发布，2004年6月30日天津市人民政府令第60号公布	有效
6	《天津市防止拆船污染环境管理实施办法》	1993年8月7日天津市人民政府令第7号发布		有效
7	《天津市防治废气粉尘和恶臭监督管理办法》	1994年4月8日天津市人民政府令第19号发布	1997年1月7日天津市人民政府令第104号修订发布）	废止
8	《天津市防治烟尘污染管理办法》	1994年5月18日天津市人民政府令第20号		废止
9	《天津市防止水污染管理办法》	1994年7月28日天津市人民政府令第25号		废止
10	《天津市建设项目环境保护管理办法》	1995年天津市人民政府令第46号发布	2000年7月21日天津市人民政府令第28号修订发布，2004年6月30日天津市人民政府令第58号公布	有效
11	《天津市海域环境保护管理办法》	1996年1月9日天津市人民政府令第54号		有效
12	《天津市环境噪声污染防治管理办法》	1996年1月9日天津市人民政府令第55号	2003年8月15日天津市人民政府令第6号公布	有效
13	《天津市机动车排放污染物管理办法》	天津市人民政府令[1998]第132号		废止
14	《天津市有毒化学品污染环境管理办法》	1999年7月16日天津市人民政府令第13号		废止

序号	法规	颁布情况	修订情况	备注
15	《天津市危险废物污染环境防治办法》	1999年12月15日天津市人民政府令17号		废止
16	《天津市超薄塑料袋和一次性发泡塑料餐具管理办法》	2000年7月12日天津市人民政府令26号		废止
17	《天津市引黄济津保水护水管理办法》	2002年10月11日天津市人民政府令第62号公布		有效
18	《天津市水污染防治管理办法》	2004年1月7日天津市人民政府令第14号公布	2004年6月30日天津市人民政府令第67号修订公布	有效
19	《天津市关闭严重污染小化工企业暂行办法》	2005年11月14日天津市人民政府令第94号公布		有效
20	《天津市电磁辐射环境保护管理办法》	2005年11月24日天津市人民政府令第96号公布		有效

2. 天津市地方环境立法现状

目前，天津市现行地方环境保护法规有4件，即《天津市环境保护条例》《天津市引滦水源污染防治管理条例》《天津市大气污染防治条例》和《天津市清洁生产促进条例》。

现行地方政府规章有9件，即《天津市防止拆船污染环境管理实施办法》《天津市海域环境保护管理办法》《天津市引黄济津保水护水管理办法》《天津市环境噪声污染防治管理办法》《天津市建设项目环境保护管理办法》《天津市水污染防治管理办法》《天津市放射性废物管理办法》《天津市电磁辐射环境保护管理办法》《天津市关闭严重污染小化工企业暂行办法》。

为进一步完善环境法规体系，加强环境立法工作，根据工作需要，天津市继续开展以下环境立法工作。

（1）结合天津市环境保护工作实际，加快对《天津市环境保护条例》的修订工作。《天津市环境保护条例》是天津市第十二届人民代表大会常务委员会第十二次会议通过的，2004 年经天津市第十四届人民代表大会常务委员会第三十二次会议修订，至今已有 7 年时间。《天津市环境保护条例》作为天津市第一部综合性的地方性环境保护法规，对规范天津市环境保护工作起到了重要的作用，并为天津市环境立法提供了重要依据。但随着环境保护工作形势的发展，《天津市环境保护条例》呈现出一些明显的不适应性，加快修改《天津市环境保护条例》迫在眉睫。

（2）加快《天津市环境宣传教育条例》等地方法规的相关立法工作，完善天津市环境法规体系。近年来，天津市的环境宣传教育工作不断发展，在创建国家环境保护模范城市、污染减排以及生态市建设等工作中发挥了重要作用，公众的环境意识得到了明显提升。但天津市目前的环境教育宣传性重于教育性，环境教育制度的规范化和法制化还远未实现。社会公众和企业的环境教育基本体现在一些公益活动上，导致市民接受环境教育不全面、不深入，在一定程度上制约了天津环境保护工作的深入发展。为了进一步完善天津市环境法规体系，填补立法空白，加强环境宣传教育工作，天津市已将《天津市环境教育条例》列入 2010 年立法调研计划项目，列为天津市人大常委会 2011 年立法预备项目。

三、天津市环境执法监督情况

天津市环境保护局在规范环境执法行为，强化角色意识、责任意识、机遇意识、服务意识的同时，不断加强环境保护行政执法监督工作。通过建立、完善行政监督制度和机制，强化了对行政行为的监督，为依法行政、严格执法提供了有力保障。

1. 实行行政执法主体和行政执法人员资格制度

天津市环境保护局坚持实行执法持证上岗制度，要求全市环保行政执法人员执法必须持有天津市人民政府统一印制、颁发的《天津市行政执法证》，并定期注册登记。为此，天津市环境保护局不定期地开展了一系列培训、考试，对于培训考试合格的人员，配合发放执法证件；对于培训考试不合格的人员，不颁发或不予注册执法证件。

2．建立和完善相应执法程序

天津市环境保护局完成了《建设项目环境保护管理程序》《环境保护行政执法监督程序》《环境保护行政处罚审议程序》《排污收费程序》《排污申报登记管理程序》的制定，并对《环境保护执法文书》进行了不断地修订完善。有关环保执法程序的建立和完善，以及相关法律文书的应用，都从执法程序上保证了环境执法工作规范有效。

3．加强执法责任制度建设

天津市环境保护局制定了《天津市环境保护行政执法工作管理办法》《天津市环境保护行政处罚实施办法》《天津市环境保护错案和执法过错责任追究办法（试行）》《天津市环保局行政执法评议考核制度（试行）》等一系列相关规定，实行了执法责任制，从根本上规范了环境保护行政执法工作，理顺了执法运作程序。特别是建立了天津市环境保护局法制委员会审议制度，研究、议定重大的环保法律问题，为环保依法行政、严格执法提供了制度保障。

4．建立监督机制

为加强对全市环保系统行政处罚行为监督，天津市环境保护局一直坚持开展行政执法案卷评查工作，检查的形式主要为"以卷查案，以案规范和推动执法工作"。通过检查，明确了行政处罚程序与法律文书制作要求，进一步强调处罚证据在行政复议和行政诉讼中的作用，提高了全市环保系统行政处罚案卷的制作水平。

5．加强对环保执法行为的外部监督

自觉接受人大代表监督，通过建立定期汇报工作制度、聘请社会监督员制度，请进来、走出去征求群众意见、听取群众评议，公开办公制度和建设项目环境影响评价公示制度等。对环保部门及其工作人员履行职责和遵纪守法等情况实施监督；组织明查暗访活动，对执法人员依法行政情况进行深入调查，摸清存在的问题，进行针对性的整改，并探索建立长效管理机制的途径。

6．为公众参与环境保护监督创造条件

为了更好地解决环境污染扰民问题，天津市环境保护局于 2001 年开通了 12369 环保举报热线，成为群众反映环境污染问题和监督环境执法工作的一条有效途径。自开通以来，坚持 24 小时专人接听热线电话，对群众举报的环境违法问题，执法人员及时进行查处，解决了大量影响群众生活的噪声、异味、烟尘等污染扰民问题。

第二节　环境监察

一、环境监察概述

1．环境监察概念

环境监察是一种具体的、直接的、微观的环境保护执法行为，是环境保护行政部门实施统一监督、强化执法的主要途径之一，是我国社会主义市场经济条件下实施环境监督管理的重要举措。环境监察突出日常、现场、监督、处理，其特点是委托、直接、强制、及时、公正。

2．环境监察类型

（1）按时间可分为：事前监察、事中监察和事后监察。

（2）按环境监察活动范围可分为：一般监察与重点监察。

（3）按环境监察目的可分为：守法监察与执法监察。

3．环境监察主要任务

环境监察的主要任务是在各级人民政府环境保护部门的领导下，依法对辖区内污染源排放污染物情况和对海洋及生态破坏事件实施现场监督、检查，并参与处理。

环境监察的核心是日常监督执法。环境监察受环境保护行政主管部门领导，在环境行政主管部门所管辖的辖区内进行，通常情况下同级之间不能够直接越区执法。

二、天津市环境监察工作情况

1．"十五"时期天津市环境监察工作情况

"十五"期间，天津市环境监察系统坚持以邓小平理论和"三个代表"重要思想为指导，牢固树立公仆意识，以人为本，执法为民，依法行政，落实科学发展观。全市环境监察工作以巩固"九五"达标成果为重点，以持续改善环境质量为目标，强化现场执法，加强排污收费，健全监督体系，规范监理行为，完善现场监控手段，提高快速反应能力。市、区县两级环境监察机构多管齐下，对相关化工、钢铁、电镀、农药企业加强检查监管，积极开展环境现场检查和环境稽查工作，查出了一批典型污染问题。2004年，天津市环境保护局协调相关区县政府、区县环境保护局，对重点污染地区开展综合整治工作，天津市环境监察总队派专门工作组入驻相关区县，连续两年持续进行执法监督，完成了对北

辰区西堤头镇等天津市 7 个重点小型化工污染地区的综合整治执法工作，为天津市创建国家环境保护模范城市奠定了坚实基础，为"十五"环境保护目标的全面实现提供了坚强有力的保证，实现了环境监察工作的历史性进步。

在处理信访投诉和办理提案方面，全市环境监察系统认真完成国家环境保护总局、天津市政府交办的信访投诉和人大、政协提案的办理工作。2002 年，12369 环保举报热线开通后，组织市、区县两级环境监察机构克服人员、经费、设备等方面困难，初步形成了值班网络，基本达到人员、车辆到位的要求，在当时条件下，最大程度上解决了市民举报的环境问题。"十五"期间，12369 环保举报热线累计接听环保举报投诉54 979 件，办理率达 100%，办结率达 97%。

在排污费征收方面，2003 年，国务院颁布了《排污费征收使用管理条例》，天津市对此进行了广泛宣传，完成了总量收费的前期准备工作，对主要污染因子、主要污染行业总量收费进行了测算，明确了每年 12月为排污申报登记制度宣传月，确立了申报登记一票否决制，实现了全市排污申报登记工作联网，做到了排污申报登记及污染源的动态管理。"十五"期间，全市累计收缴排污费 6.99 亿元。

在制度建设方面，对排污收费和环境行政处罚实行"五公开"的工作原则，即公开法律、法规和政策；公开工作制度、规章和规范；公开处罚依据、程序和结果；公开机构、工作人员的职权和职责；公开机构工作守则、廉政准则和工作纪律。在全市环境监察系统内开展了"五讲一树"主题活动，即讲顾全大局、讲服务企业群众、讲求真务实、讲团结进取、讲廉洁奉公，树立良好形象。在严肃执法的同时，注重文明、规范、廉洁执法，从未发生任何违纪问题。天津市环境监察总队内部工作周例会制度，建立和完善了《案件审议集体决议》《案卷管理规范》《行政执法案件结案暂行办法》等环境监察制度 14 项规定；编制了《环境监察实用手册》等大量材料供全市环境监察工作使用。全市环境监察工作逐步形成了"巡察有情况、审查有意见、审议有结论、交接有手续、执行有结果、宣传有效果"的格局。

2."十一五"时期天津市环境监察工作情况

"十一五"期间，天津市环境监察系统坚定不移地把利用环境监察手段，调整优化经济结构作为工作重点，坚持"以人为本、环保为民"的工作理念，尽职尽责、克难攻艰，完成了包括执法检查、排污申报登记、污染源普查数据动态更新调查、环境应急、网络及12369热线信访受理解决、生态检查、天津市重大会议活动环境空气质量保障等方面工作，为促进天津市经济结构调整、提升城市环境质量、完成减排任务作出了贡献。

（1）扎实开展环境执法，多方面组织专项整治行动。全市两级环境监察机构坚持加强各项环境监察的执法工作。天津市环境监察总队每季度、区县环境监察支队每月对全市各国控重点源进行监督性检查，严格监管重点大型排污企业；以深入开展整治违法排污企业、保障群众健康环保专项行动为抓手，先后组织开展了"两高一资"行业、一类污染物、产能过剩、污水处理厂、电厂脱硫、工业园区、医疗机构、危险废物、城市供热企业、集中处置单位、中小型企业等一系列专项执法检查，依法查处了一批环境违法企业；持续做好每年中、高考期间夜间违法施工工地统一检查，保障了中、高考的顺利进行。"十一五"期间，天津市市级环境监察机构共出动执法人员 1 万余人次，检查排污单位 3 000余家。

（2）按时完成排污申报登记，严格征收排污费。"十一五"期间，全市共收缴排污费11.34余亿元，较"十五"期间增加了62.2%，2006—2010 年连年获得国家级排污申报核定一等奖，处于全国排污申报登记工作领先水平；制定了天津市排污费征收办法，并指导相关区县环境保护局对各发电企业进行核定，扩大了排污收费范围；制定了电力企业二氧化硫、电力企业煤场尘等多项征收排污费相关办法，并对社会公开，做到了收费透明、公开、公正、科学；全面开展排污费稽查工作，提高了对重点行业、重点排污单位的核定水平。

（3）加强环境应急建设，健全应急管理体系。天津市不断加强全过程环境应急管理体系建设，建立了环境监察、环境应急监测、辐射应急监测、危险废物处置4个环境应急专业机构；开展隐患排查、预案管理、培训演练等工作，初步建立了应急预案、指挥协调、应急处置、风险防范4大体系；加大了在环境应急方面的人力、物力投入，初步搭建了市、区县两级风险防控架构；与天津市安全生产监督管理局签订了应急联动工作机制协议；编制下发了《环境应急管理文件汇编》等多项环境应急规范性文件。

（4）发挥窗口作用，认真解决群众诉求。"十一五"期间，环境污染举报受理中心通过12369专线电话、环境保护部网络交办、天津政务网《政民零距离》投诉和天津人民广播电台行风坐标直播4个途径共受理群众举报63 181件次。举报案件全部交办完毕，处理率达100%，办结率达98%以上，有效地化解了因环境污染引发的越级访、集体访和进京访。

（5）抓住机遇，顺势而上，加大生态监察力度。"十一五"期间，天津市环境监察总队协同指导静海县、武清区两个试点地区完善了生态环境监察工作机制；组织全市有农业的区县环境保护局及农业部门有关负责人召开了工作联席会议，开展畜禽养殖业执法检查相关工作，排查了主要分布在天津市武清区、宁河县等10个区县内的共计396家畜禽养殖场，查出了未办理环评审批手续的45家，无畜禽粪便、废水综合利用或无害化处理设施的54家，无防渗漏、溢流、雨水等措施的34家，未依法履行排污申报登记手续的42家，基本摸清了各自辖区内畜禽养殖场本底情况；进行了天津市17个重点示范小城镇加快落实配套环保设施建设调查工作，发现了包括部分已入驻的示范城镇污水处理设施未同时建成、导致产生的生活污水无排放去向造成污染、部分示范城镇建设项目竣工后未及时申请建设项目环保设施竣工验收等问题。

（6）做好普查、动态更新调查，为环境监管提供基础数据。天津市各级环境监察机构抽调人员全力以赴做好第一次全国污染源普查工作，先后完成普查前期准备、普查试点、普查监测、宣传和培训、清查摸底、普查表格入户填报、数据录入、质量核查、数据审核和汇总分析、普查成果发布等准备试点、全面普查和总结发布三阶段工作，获得工业、生活、集中式污染治理设施、农业等各类污染源 1.12 亿个，并按照国家污染源普查档案整理要求，对污染源普查工作中产生的文件资料、录音录像资料、照片资料系统进行了档案整理，开发了污染源普查信息平台，使天津市此次污染源普查基础工作扎实有效，保障了全市污染源普查工作顺利通过国家污染源普查办公室的验收。

三、天津市环境保护专项行动

1. 2006 年天津市环境保护专项行动

在天津市环保专项行动领导小组的统一指挥下，各区县政府按照全市工作方案的要求，从 2006 年 6 月中旬开始组织各职能部门，重点对威胁饮用水水源安全的污染和隐患问题、工业园区的环境违法问题、建设项目违法问题进行了集中整治；对本地区严重影响群众生活环境污染问题、违法排污、违反建设项目环境保护规定和干扰阻挠环保执法的"土政策"等问题进行了全面自查自纠；集中开展了对饮用水水源、工业园区、建设项目、2004—2005 年挂牌督办的环境违法案件清理、小化工整治和建材市场秩序专项整治 6 个专项检查活动。在此基础上，确定了一批环境违法挂牌督办企业，明确了查处重点、整治措施和责任部门。天津市环境保护局、天津市监察局联合对省级挂牌督办的 3 个重点污染治理问题的企业进行了检查,督促其落实整改措施,并要求相关区县政府负责对需要关闭、停产的企业一律按期完成关闭、停产。在整个专项检查行动中,全市(含各区县)共出动执法人员 12 200 余人次,检查排污单位 8 686 家,立案查处环境违法企业 206 家。一批污染严重、损害群众健康的突出环境违法问题,依法得到严肃查处。

同时,天津市继续深入开展了小化工专项整治工作,坚决执行市政府《关于对小型化工企业污染实行综合治理的通知》《关于综合治理北辰区西堤头镇化工污染问题的决定》和《天津市关闭严重污染小化工企业暂行办法》,持续加大对北辰区西堤头镇等 7 个重点污染区域的违法排污和扰民企业的执法检查和处理力度。经过综合治理后,7 个重点污染区域内影响社会稳定和发展的突出环境问题基本得到解决。

2. 2007 年天津市环境保护专项行动

自 2007 年 5 月上旬开始,各区县政府组织各职能部门,重点对影响社会稳定和群众反映强烈的污染问题、重点行业污染问题进行集中整治;对本地区严重影响群众生活的环境污染问题、违法排污、违反建设项目环境保护规定和威胁饮用水水源安全的污染和隐患等问题进行了全面自查自纠。同时,严格按照国家的整体部署,在全市范围内集中开展了重点行业整治、饮用水水源安全和整治工业园区环境违法 3 个专项检查行动。

在整个专项检查行动中,全市(含各区县)共出动执法人员 24 000 余人次,检查排污单位 11 014 家次,立案查处环境违法企业 460 家。一批污染严重、损害群众健康的突出环境违法问题,依法得到严肃查处,取得了明显的阶段性成果。在查处环境违法行为的过程中,坚持联合办案,特别是环保、监察部门不断深化联合查处环境保护违法违纪案件的 5 项制度,加大联合监督执法力度,并确定了 10 件省级挂牌督办环境问题,3 件地市级挂牌督办环境问题。天津市监察局、天津市环境保护局联合对 10 件省级挂牌督办件进行了重点检查，督促落实整改措施。2007 年年底，全部挂牌督办的环境违法问题按要求完成了整改。

3．2008 年天津市环境保护专项行动

自 2008 年 7 月上旬开始，各区县政府组织各职能部门，重点对 2005 年以来天津市挂牌督办的典型环境违法案件和突出环境问题整治措施落实情况、2006 年以来饮用水水源保护区专项整治各项措施落实情况和 2007 年开展的造纸行业专项整治各项措施落实情况开展了后督察，检查了被取缔关闭的企业或生产线停电、停水、设备拆除等措施的落实情况。同时，严格按照国家的整体部署，在全市范围内集中开展了城镇污水处理厂、生活废弃物填埋场等重点行业和水污染企业专项整治 3 个专项检查行动。

在整个专项检查行动中，全市（含各区县）共出动执法人员 25 000 余人次，检查排污单位 13 079 家次，立案查处环境违法企业 216 家。一批污染严重、损害群众健康的突出环境违法问题，依法得到严肃查处，专项行动取得了明显的成果。在查处环境违法行为的过程中，坚持联合办案，落实协商、联合办案制度和环境违法案件移交、移送、移办制度，共同打击环境违法行为。各区县根据实际情况，合理扩大领导小组成员单位，综合各部门监管职能，合力治理环境污染问题。天津市环保、经济、监察、工商、司法、市容、安监、电力等有关部门按照国家要求，严格履行各自的监管职能，切实加大监管力度。特别是环保、监察部门不断深化联合查处环境保护违法违纪案件的 5 项制度，加大联合监督执法力度，并确定了 6 件省级挂牌督办环境问题，2 件地市级挂牌督办环境问题。天津市监察局、天津市环境保护局联合对 6 件省级挂牌督办件进行了重点检查，督促落实整改措施。截至 2008 年年底，全部挂牌督办的环境违法问题已按要求完成整改。

4．2009 年天津市环境保护专项行动

自 2009 年 4 月开始，天津市集中力量在全市范围内深入开展了整治违法排污企业保障群众健康环保专项行动，重点对饮用水水源保护区、城镇污水处理厂、垃圾填埋场、"两高一资"行业重污染企业以及钢铁、涉砷行业开展了专项检查。同时，积极采取有效措施，强化环境监管，严格治理工业企业超标排放，着力解决创模遗留问题以及群众反映强烈的重点污染问题。

在整个专项检查行动中，全市（含各区县）共出动执法人员 14 900 余人次，检查排污单位 8 912 家次，立案查处环境违法企业 154 家。一批污染严重、损害群众健康、影响社会和地区稳定的突出环境违法问题，依法得到严肃查处，专项行动取得了明显成效。

5．2010 年天津市环境保护专项行动

自 2010 年 4 月开始，天津市集中力量在全市范围内深入开展了整治违法排污企业保障群众健康环保专项行动，重点对重金属排放企业、污染减排重点行业、城镇污水处理厂、医疗机构医疗废水及医疗废物等开展了专项检查。同时，积极采取有效措施，强化环境监管，严格治理工业企业超标排放，着力解决了群众反映强烈的重点污染问题。

在整个专项检查行动中，全市（含各区县）共出动执法人员 11 900 余人次，检查排污单位 7 091 家次，立案查处环境违法企业 14 家。通过加大环境综合执法力度，着力解决危害群众健康和影响可持续发展的突出环境问题，进一步推动了污染减排任务的完成和生态市建设的深入开展，为促进天津又好又快发展创造了良好的环境。

四、天津市环境监察工作主要成效

1. 查处环境污染问题，保障区域环境质量

2001年以来，天津市两级环境监察机构积极推进"蓝天、安静、碧水"等六大环境保护工程的实施，使全市环境污染状况有所减轻，环境质量得到改善，生态环境恶化趋势得到遏制。通过深入开展环保专项行动，做到"抓大不放小"，在全市经济持续快速发展、人口规模稳步增加、能源消耗大幅增加、污染物产生量超计划增长的情况下，全面完成了排污总量减排任务，全市环境质量总体保持稳定并得到一定改善。通过环境执法，逐步淘汰了一些落后产能和高污染、高排放企业，为经济社会发展提供了良好的环境空间。

在2003年抗击"非典"的工作中，以切断疫情传播途径、保障人民身体健康和生命安全为己任，深入一线，开展对全市医疗机构医疗废水处理和废弃物焚烧装置的全面检查，对全市范围内所有的发热门诊医院、专诊医院、隔离医院做到了随时监督，随时抽查，定点蹲守，严格落实医疗废水、医疗废物处理和处置情况的日报制度，杜绝了二次污染，防止了交叉感染。

承担并完成了北京奥运会、夏季达沃斯论坛、亚欧财长会议、国家环境合作组织外籍专家考察、中日韩环境部长等会议和创建国家环境保护模范城市验收期间的环境保障任务；妥善处理了宜坤化工厂、南滨化工厂等20余起突发事件，保障了天津的环境安全。

2. 推动地区整体发展，解决群众基本诉求

天津市环境监察系统贯彻执行"一个声音，一个机遇"的工作思路，着眼于最贴近百姓生活的信访举报、环境突发事件及存在的环境安全隐患等问题，做到对信访问题及时有效地解决。全市环保举报热线实现了

时时接听、时时受理，做到了"大事不出市，矛盾不上交"。

同时，抓住滨海新区开发开放建设的历史性机遇，为进一步巩固创建国家环境保护模范城市成果，天津市环境监察总队及时扩大环境监察范围，树立服务型机构意识，对 27 家企业上市或再融资进行环保核查；协助天津市环境保护局对申请环保治理补助资金的 40 余家企业的环保守法情况提出意见，为带动区域经济又好又快发展贡献了力量。

3. 打造专业化环境监察队伍，加强执法能力建设

天津市环境监察总队于 2008 年通过了由环境保护部有关专家组成的验收委员会的严格考核验收，达到了国家标准化建设一级标准。各区县环境监察支队达到了二级标准。截至目前，新进人员全部通过天津市公务员考试招录，人员年龄、层次、专业结构不断改善。

第三节　环境普法及培训

一、天津市环境普法工作

天津市高度重视普法和依法治理工作，始终把普法和依法治理工作摆在重要议程。在落实环保依法行政、严格执法工作要求的基础上，深入开展普法和依法治理工作。

1. 建立机构，制定普法规划，明确普法任务

（1）与宣传教育部门和新闻单位建立密切联系，形成了在各级党委、人大、政府领导下，以环保、宣传、教育部门和新闻单位为主体，全市各部门和各单位积极参与、齐抓共管的环境普法机制。

（2）要求各级环保部门把向社会宣传普及环保法律知识纳入普法规划、计划，调动社会各方面力量，开展全方位的宣传活动，形成了依法

防治污染保护环境的社会氛围。

2．通过多种形式加强环境法制宣传教育

（1）通过环境管理、现场执法等日常工作，随时随地、见缝插针地向行政管理和执法相对人以及广大群众进行环境法制宣传教育，提供咨询服务。

（2）积极利用电视、广播、报纸、网络等媒体进行环保法制宣传报道，在《今晚报》《天津日报》《中国环境报》开设专版，对环境违法企业及环境违法行为进行曝光；相关领导定期走进天津人民广播电台直播间，解答听众关心的环境执法问题。

（3）利用"六·五"世界环境日以及"一二·四"法制宣传日等纪念日开展丰富多彩、形式多样的环境法制教育活动。

（4）以"环保进社区"等六进活动、"环保知识下乡"和"绿色"系列创建活动为依托，广泛开展环保法律法规宣传教育，收到了良好的效果。

3．更新观念，创新形式，增强环境普法成效

为了更好地宣传环境法律法规，天津市不断创新法制宣传教育形式、方法，完善环保社会监督员和市民监督员培训工作，通过组织环保社会监督员参与环境执法等重大活动、定期走访、召开环保社会监督员座谈会和邮寄信息简报等方式，建立与环保社会监督员经常联系和沟通的渠道，及时通报环保工作进展情况，认真听取他们的意见和建议。同时，深入开展社会监督工作的调研，做好市民监督员的培训和管理工作，充分发挥市民监督员作用，扩大环境宣传，使之真正成为环保工作的助手。

二、天津市环境法制培训

为确保环境行政执法工作合法、规范、有序地进行，天津市把全面提高行政执法人员的执法水平作为工作的重中之重，认真开展全市环保系统特别是领导干部和执法人员的法制教育培训工作。

1. 举办法律、法规专题学习班

根据天津市环境执法需要，对国家、天津市政府发布的环境保护法律、法规和规章的学习进行了详细安排和部署，举办了法律、法规专题学习班。重点开展了针对环保系统一线执法人员执法能力的培训，并将有关环保法律、法规、规章及规范性文件印成单行本下发。天津市环境法制培训工作分三级进行，一级是对新到执法岗位的人员直接进行培训，学习环境保护法律法规、执法人员行为规范及如何规范使用法律文书等基础业务知识，取得执法资质；二级是对一线执法人员进行培训，组织执法人员结合执法工作实际、针对典型案例和执法工作中的难点、热点问题，采取以案说法等研讨形式进行案例分析，讲解如何进行现场检查、如何制作检查及询问笔录、如何实施行政处罚、如何适用法律依据、如何实现查处分离、如何进行行政处罚案卷的立案归档以及环境监察机构的职责任务、执法人员的行为规范等有关规定，提高一线执法人员执法能力水平；三级是全市环保系统根据国家和地方法制工作的要求，进行系统的环保法律法规学习和培训，学习新出台、新修订的法律法规。

2. 在环保系统领导干部中普及法律知识

为进一步在环保系统领导干部中普及法律知识，促进领导干部真正学法、守法、依法行政，在全市范围内积极开展了各项法制学习，对《中华人民共和国行政许可法》《中华人民共和国环境影响评价法》《规划环境影响评价条例》等多部国家法律、法规，认真组织学习贯彻。通过举办法律、法规专题学习班和案例分析视频讲座、警示教育等多种形式的法制培训，提高了全体领导干部的综合法律素质，加强了全面推进依法行政，遵守宪法和法律的自觉性，使执法人员及时了解掌握新颁布的法律法规，做到熟练应用，并结合自身执法情况对照检查，查找依法行政中的薄弱环节，警钟长鸣。

3. 组织环境法制机构负责人和相关公务员参加环境法制培训

配合国家环境法制宣传教育的总体工作计划，组织全市环境法制机构负责人和从事环境法制工作的公务员参加国家组织的环境法制岗位培训班及其他相关培训，全面提高了环境法制工作者的法制观念、业务水平和综合素质。

第四章 环境行政管理

环境管理制度是由调整特定环境社会关系的一系列环境法律规范所组成的相对完整的规则系统。它是为实现环境法的任务和目的，根据环境法的基本原则，通过立法形成的在环境监督管理中起主要作用且具有普遍意义的法律规则和程序，是环境管理的制度化和法律化。它既不同于环境法，也不同于一般的环境法律规范，是具有适用对象特定、组成系统完整、操作性强等特点的一类特殊的环境法律规范。环境管理制度只适用于环境保护管理的某一方面，只调整在开发、利用、保护、改善环境过程中发生的某一特定部分或方面的社会关系，适用的对象、范围、程序以及所采取的措施、法律后果都是特定的、具体的，灵活性较小，可以在一定程度上避免适用法律的随意性。同时，环境管理制度通常由一系列的法律规范所组成，这些规范之间相互关联、相互补充、相互配合，共同构成一个相对完整的系统。这是区别环境管理制度与环境法律原则和措施的主要标志。

我国的环境保护制度是在环境监督管理实践中探索、借鉴和总结出来的，也是在实践中逐步得到发展完善的。国家先后制定和出台了8项基本环境管理制度，分别是"三同时"制度、环境影响评价制度、排污收费制度、环境目标责任制度、排污申报登记与排污许可证制度、污染集中控制制度和污染限期治理制度。

天津市历来十分重视各项环境管理制度，在贯彻执行相关制度的基础上，结合天津实际，勇于创新、探索，不断完善了清洁生产审核制度、危险废物转移制度、天津市 ISO 14000 环境管理体系和环境事故应急处理机制，为进一步强化天津市的环境监督管理发挥了重要作用。

第一节 环境影响评价制度

一、环境影响评价制度概述

1．环境影响评价制度概念和作用

环境影响评价，是指对规划和建设项目实施后可能造成的环境影响进行分析、预测和评估，提出预防或者减轻不良环境影响的对策和措施，进行跟踪监测的方法与制度。环境影响评价制度，是实现经济建设、城乡建设和环境建设同步发展的主要法律手段。通过环境影响评价，可以为建设项目合理选址提供依据，防止由于布局不合理给环境带来难以消除的损害；通过环境影响评价，可以调查清楚周围环境的现状，预测建设项目对环境影响的范围、程度和趋势，提出有针对性的环境保护措施；环境影响评价还可以为建设项目的环境管理提供科学依据。

2．环境影响评价制度发展历程

（1）国际环境影响评价制度发展历程。20 世纪中叶，随着经济的迅猛发展，环境污染不断扩大、生态环境日益恶化，人类对自身活动造成的环境影响越来越重视，并开始在活动之前进行环境影响评价。

1969 年，美国国会通过了《国家环境政策法》，成为世界上第一个把环境影响评价用法律固定下来并建立环境影响评价制度的国家。继美国、瑞典等 10 余个国家之后，我国于 1979 年也建立了环境影响评价制度。

与此同时，国际上成立了许多有关环境影响评价的机构，召开了一系列有关环境影响评价的会议，开展了环境影响评价的研究和交流，进一步促进了各国环境影响评价的应用与发展。1970年，世界银行设立环境与健康事务办公室，对其每一个投资项目的环境影响做出审查和评价。1974年，联合国环境规划署与加拿大联合召开了第一次环境影响评价会议。1992年，联合国环境与发展大会在里约热内卢召开，会议通过的《里约环境与发展宣言》和《21世纪议程》中都写入了有关环境影响评价的内容。

经过30年的发展，现已有100多个国家建立了环境影响评价制度。环境影响评价的内涵不断扩大，从自然环境影响评价发展到社会环境影响评价；自然环境的影响从环境污染扩展到生态影响；开展了环境风险评价；关注累积性影响并开始对环境影响进行后评估；环境影响评价从工程项目环境影响评价发展到区域开发和战略环境影响评价。环境影响评价的技术方法和程序也不断完善。

（2）我国环境影响评价制度发展历程。为了实施可持续发展战略，预防因规划和投资项目实施后对环境造成不良影响，促进经济、社会和环境协调发展，我国实行了环境影响评价制度，并制定了严格的环境影响评价管理程序。环境影响评价已成为规划和项目前期工作必不可少的内容。

我国于1973年第一次全国环境保护会议上引入了环境影响评价的概念。

1979年，颁布《中华人民共和国环境保护法（试行）》，正式确立了这一制度。

1981年，国家计划委员会、国家基本建设委员会、国家经济委员会、国务院环境保护领导小组颁布《基本建设项目环境保护管理办法》，明确把环境影响评价制度纳入基本项目审批程序。

1986年，《建设项目环境保护管理办法》对环境影响评价的范围、内容、程序、审批权限、执行主体的权利义务和保障措施等作了全面规定。

1998 年，国务院颁布了《建设项目环境保护管理条例》，作为建设项目环境管理的第一个行政法规，对环境影响评价作了全面、详细、明确的规定。

1999 年，国家环境保护总局《建设项目环境影响评价资格证书管理办法》对评价单位的资质进行了规定。

2002 年，第九届全国人民代表大会常务委员会第三十次会议通过了《中华人民共和国环境影响评价法》。

2004 年，通过建立环境影响评价工程师职业资格制度，建设项目环境影响评价从法规建设、评价方法、评价队伍以及评价对象和评价内容的拓展等方面都取得了全面进展。在强化项目环境影响评价的同时，开展了规划环境影响评价；在注重环境污染评价的同时，强化了污染防治和生态保护；在环境影响评价中引进了清洁生产、总量控制、环境风险评估等内容，并实行了公众参与；陆续颁布实施了环境影响评价导则，加强了对环境影响评价单位和人员的资质管理，实行了环境影响评价工程师职业资格制度。

3．环境影响评价适用范围

环境影响评价适用于我国领域内的工业、交通、水利、农林、商业、卫生、文教、科研、旅游、市政等对环境有影响的一切基本建设项目、技术改造项目和区域开发建设项目，其中包括中外合资、中外合作、外商独资的建设项目。关于建设项目对环境是否有影响的判定，目前的法律、法规没有明确规定，实践中通常从建设项目的大小、开发建设的性质、建设地点的环境敏感程度等方面来判定。

4．环境影响评价形式及其适用对象

环境影响评价包括环境影响报告书和环境影响报告表两种形式。环

境影响报告书适用于大中型基本建设项目和限额以上技术改造项目，以及县级或县级以上环境保护部门认为对环境有较大影响的小型基本建设项目和限额以下技术改造项目。环境影响报告表适用于小型建设项目和限额以下技术改造项目，以及经省级环境保护行政主管部门确认为对环境影响较小的大中型基本建设项目和限额以上技术改造项目。

5. 环境影响评价程序

环境影响评价程序是环境影响评价应遵循的所有步骤和应履行的手续的总称。环境影响评价一般分为评价形式筛选、环境影响评价和环境影响报告书或报告表审批三个阶段。相应地，环境影响评价程序可分为评价形式筛选程序、评价工作程序和环境影响报告书（表）审批程序。

环境影响评价形式筛选程序即确定一个开发建设项目是用环境影响报告书形式还是用环境影响报告表形式进行评价的程序，其主要依据是开发建设项目的大小及其对环境影响的大小。

环境影响评价工作程序是编制开发建设项目环境影响评价大纲和编写环境影响报告书或者填写环境影响报告表的程序。

环境影响评价报告书（表）的审批程序指环境影响评价报告书（表）送审报批的程序。环境影响报告书（表）完成后，先由技术评估部门组织专家进行技术评审，通过评审后由建设单位送开发建设项目主管部门预审查并提出预审意见，然后送有审批权的环境保护行政主管部门审批。

6. 违反环境影响评价制度的后果

凡是从事对环境有不利影响的开发建设活动的单位，都必须执行环境影响评价制度。对于环境影响报告书（表）未经批准的开发建设项目，计划部门不得审批计划任务书，土地管理部门不得办理征地手续，银行不得给予贷款，有关部门不得办理施工执照，物资部门不得供应材料、设备。环境影响报告书未经环境保护行政主管部门审查批准，擅自施工的，可以责令停止施工，补作环境影响报告书及其审批手续。

二、天津市环境影响评价制度执行情况

1．2002 年天津市环境影响评价制度执行情况

天津市通过新建项目不断提高清洁生产水平；技改、扩改项目严格落实"以新带老"措施，实现了污染物排放总量的区域削减。按照审批制度改革要求，天津市环境保护局将环境影响报告书、报告表、登记表项目的审批时限，缩短为一般项目 5 个工作日，特殊项目不超过 8 个工作日。天津市环境保护局与市工商行政管理局联合转发了《关于加强中小型建设项目环境保护管理工作有关问题的通知》，强化中小型建设项目的管理。2002 年，全市环保部门共审批建设项目 6 645 项，其中，环境影响报告书 86 项，环境影响报告表 833 项，环境影响登记表 5 726 项。

2．2003 年天津市环境影响评价制度执行情况

天津市深入开展了《中华人民共和国环境影响评价法》（以下简称《环评法》）的宣传贯彻工作。天津市环境保护局组织 8 家环评单位编制完成了《天津市海河两岸综合开发改造规划环境影响报告书》，成为《环评法》颁布实施以来，国内第一部按照规划环评技术导则要求编制的规划环境影响报告书，也推动了天津经济技术开发区西区等一批区域开发项目的规划环境影响评价工作。组织开展了为期 3 年、培育 100 家企业的"天津市建设项目环境保护百佳工程"工作。天津市环境保护局实行建设项目环保审批绿色通道，天津电视台经济频道对此进行了报道。2003 年，全市环保部门共审批建设项目 2 565 项，其中，环境影响报告书 97 项，环境影响报告表 734 项，环境影响登记表 1 734 项。

3．2004 年天津市环境影响评价制度执行情况

天津市人民政府下发了天津市贯彻《环评法》实施意见，明确要求市、区（县）人民政府、各委局、各直属单位要将规划和建设项目的环境影响评价纳入工作规划、工作程序和审批环节。天津市环境保护局下发了《天津市建设项目环境影响分级审批实施细则》，下放外资 3 000 万美元以下和内资 3 000 万元以下的一般性行业建设项目的环保审批权限，市局审批的建设项目占全市比例由原来的 5.6% 下降为 3.5%。天津市在全国率先组织对环境影响评价审查专家进行了系统培训，实现持证上岗，《中国环境报》对此次活动进行了专题报道。2004 年年内，天津市环境保护局如期完成了天津市行政许可服务中心的筹备和进驻工作。2004 年，全市环保部门共审批建设项目 1 743 项，其中，环境影响报告书 118 项，环境影响报告表 894 项，环境影响登记表 731 项。

4．2005 年天津市环境影响评价制度执行情况

天津市环保系统通过开展对违法项目的清理检查，进一步严格了建设项目环保审批，加强了对环境影响评价工作的管理。天津市环境保护局严格化工类项目的审批把关，建立了与天津市发展和改革委员会、天津市经济委员会的联审、联办制度，严格环保准入。2005 年，全市环保部门共审批建设项目 1 887 项，其中，环境影响报告书 131 项，环境影响报告表 1 017 项，环境影响登记表 739 项。

5．2006 年天津市环境影响评价制度执行情况

天津市环境保护部门积极推动天津滨海新区等重点区域及重点行业规划的环境影响评价工作，对天津港东疆港区总体规划等规划的环境影响报告书进行了审查。对《环评法》实施以来的全市所有新、扩、改建设项目开展集中检查清理。在天津市行政审批服务网建立了公众参与

平台，公告环境影响报告书受理的有关信息和环保行政主管部门对建设项目的审批或者审核结果，公示的期限为 10 个工作日。2006 年，全市环保部门共审批建设项目 2 112 项，其中，环境影响报告书 113 项，环境影响报告表 1 245 项，环境影响登记表 754 项。

6．2007 年天津市环境影响评价制度执行情况

天津市环境保护部门督促有关规划编制部门依法做好规划环境影响评价工作，对天津市高速公路网规划等规划环境影响评价进行审查，积极推动天津滨海新区等重点区域及天津市交通、城市建设、20 项重大工业、民心工程、服务业等重点行业的环境影响评价工作。在项目管理上落实限批原则，如对区域环境质量未达到要求的地区，停止审批新增该污染物的建设项目。2007 年，全市环保部门共审批建设项目 2 410 项，其中，环境影响报告书 154 项，环境影响报告表 1 609 项，环境影响登记表 647 项。

7．2008 年天津市环境影响评价制度执行情况

天津市环境保护部门组织对天津市宁河县城乡总体规划环境影响篇章等环境影响评价文件进行了审查，并推动了天津城市空间发展战略规划等规划的环境影响评价工作。为进一步提高审批效率，压缩审批时间，天津市环境保护局将建设项目环境影响报告书（表）的审批期限统一压缩到 11 个工作日。天津市政府也下发了《转发市环保局关于加强天津市建设项目环境影响评价分级审批实施意见的通知》，明确了市、区环保审批权限。2008 年，全市环保部门共审批建设项目 1 992 项，其中，环境影响报告书 211 项，环境影响报告表 1 512 项，环境影响登记表 269 项。

8．2009 年天津市环境影响评价制度执行情况

天津市开展了《规划环境影响评价条例》宣传落实工作，重点推动

做好 31 个区县示范工业园区规划环评的编制和审查工作。天津市认真执行环境保护部"四个不批、三个严格"要求，依法实行严格的环境准入制度。天津市环境保护局将各类环境影响评价文件的审批时限统一压缩至 7 个工作日内，印发了《关于做好建设项目环境影响评价文件分级审批工作的通知》，在全部与天津市发展和改革委员会同口径配套下放审批权限的同时，将 27 个环境影响轻微的行业建设项目下放给所在地环保部门审批。2009 年，全市环保部门共审批建设项目 2 562 项，其中，环境影响报告书 323 项，环境影响报告表 1 744 项，环境影响登记表 495 项。

9．2010 年天津市环境影响评价制度执行情况

天津市环境保护局下发了《关于做好规划环评工作保障天津经济健康快速发展的函》，并继续推动完成区县示范工业园区规划环评编制和审查工作。同时，开展了审批再提速工作，进一步向区县下放了环评审批权限，建立了建设项目主要污染物排放总量核准制度等 3 项加强建设项目环评管理的措施。2010 年，全市环保部门共审批建设项目 3 919 项，其中，环境影响报告书 523 项，环境影响报告表 2 368 项，环境影响登记表 1 028 项。

第二节　环境保护"三同时"制度

一、环境保护"三同时"制度概述

1．环境保护"三同时"制度概念及意义

根据《中华人民共和国环境保护法》第二十六条规定："建设项目中防治污染的措施，必须与主体工程同时设计、同时施工、同时投产使

用。防治污染的设施必须经原审批环境影响报告书的环保部门验收合格后，该建设项目方可投入生产或者使用。"这一规定在我国环境立法中通称为环境保护"三同时"制度，是在我国出台最早的一项环境管理制度。它是我国的独创，是在我国社会主义制度和建设经验的基础上提出来的，是具有中国特色并行之有效的环境管理制度。它与环境影响评价制度相辅相成，是防止新污染和破坏的两大"法宝"，是我国预防为主方针的具体化、制度化。

2. 环境保护"三同时"制度适用范围

环境保护"三同时"制度开始只适用于新建、改建和扩建的项目，后来其适用范围不断扩大。目前环境保护"三同时"制度适用于以下开发项目。

（1）新建、扩建、改建项目。新建项目指原来没有任何基础的建设项目。扩建项目指在原有建设的基础上建设的项目。改建项目指在原有设施的基础上，且不扩大原有建设规模的条件下，为了改变生产工艺、产品种类或者为了提高产量、质量而建设的项目。

（2）技术改造项目。技术改造项目指利用更新改造资金进行挖潜、革新、改造的建设项目。

（3）一切可能对环境造成污染和破坏的工程建设项目。

（4）确有经济效益的综合利用项目。1985 年，在国务院批转的国家经济委员会《关于开展资源综合利用若干问题的暂行规定》指出："对确有经济效益的综合利用项目，应当同治理环境污染一样，与主体工程同时设计、同时施工、同时投产。"

3. 环境保护"三同时"制度发展历程

1972 年 6 月，在国务院批转的《国家计委、国家建委关于官厅水库污染情况和解决意见的报告》中第一次提出了"工厂建设和三废利用工程要同时设计、同时施工、同时投产"的要求。

1973 年，在国务院批转的《关于保护和改善环境的若干规定》中规定："一切新建、扩建和改建的企业，防治污染项目，必须和主体工程同时设计、同时施工、同时投产"，"正在建设的企业没有采取防治措施的，必须补上。各级主管部门要会同环境保护和卫生等部门，认真审查设计，做好竣工验收，严格把关"。从此，环境保护"三同时"成为我国最早的环境管理制度。但起初执行环境保护"三同时"的比例还不到20%，新的污染仍不断出现。这是因为当时处于我国环境保护事业的初创阶段，人们对环境保护事业的重要性了解不深；我国经济有困难，拿不出更多的钱防治污染；有关环境保护"三同时"的法规不完善，环境管理机构不健全，监督管理不力。

1979 年，《中华人民共和国环境保护法（试行）》对环境保护"三同时"制度从法律上加以确认，第六条规定："在进行新建、改建和扩建工程时，必须提出对环境影响的报告书，经环境保护部门和其他有关部门审查批准后才能进行设计；其中，防止污染和其他公害的设施，必须与主体工程同时设计、同时施工、同时投产；各项有害物质的排放必须遵守国家规定的标准。"

随后，为确保环境保护"三同时"制度的有效执行，我国又规定了一系列的行政法规和规章。如 1981 年 5 月由国家计划委员会、国家基本建设委员会、国家经济委员会、国务院环境保护领导小组联合下发的《基本建设项目环境保护管理办法》，把环境保护"三同时"制度具体化，并纳入基本建设程序。截至 1984 年，大中型项目环境保护"三同时"执行率上升到 79%。第二次全国环境保护会议以后又颁布了《建设项目环境设计规定》，进一步强化了这一制度的功能。截至 1988 年，大中型项目环境保护"三同时"执行率已接近 100%，小型项目也接近 80%，有些地方的乡镇企业也试行了这一制度。

1989 年正式颁布实施的《中华人民共和国环境保护法》在总结实行

环境保护"三同时"制度的经验基础上，对执行环境保护"三同时"作了明确具体的规定。《中华人民共和国环境保护法》第二十六条规定："建设项目中防治污染的设施，必须与主体工程同时设计、同时施工、同时投产使用。防治污染的设施必须经原审批环境影响报告书的环境保护行政主管部门验收合格后，该建设项目方可投入生产或者使用。"针对现有污染防治设施运行率不高、不能发挥正常效益的问题，该条还规定："防治污染的设施不得擅自拆除或者闲置，确有必要拆除或者闲置的，必须征得所在地的环境保护行政主管部门同意。"

4．环境保护"三同时"制度在各建设阶段的要求

（1）建设项目的初步设计，应当按照环境保护设计规范的要求，编制环境保护篇章，并依据经批准的建设项目环境影响报告书或者环境影响报告表，在环境保护篇章中落实防治环境污染和生态破坏的措施以及环境保护设施投资概算。

（2）建设项目的主体工程完工后，需要进行试生产的，其配套建设的环境保护设施必须与主体工程同时投入试运行。

（3）建设项目试生产期间，建设单位应当对环境保护设施运行情况和建设项目对环境的影响进行监测。

（4）建设项目竣工后，建设单位应当向审批该建设项目环境影响报告书、环境影响报告表或者环境影响登记表的环境保护行政主管部门，申请该建设项目需要配套建设的环境保护设施竣工验收。

（5）分期建设、分期投入生产或者使用的建设项目，其相应的环境保护设施应当分期验收。

（6）环境保护行政主管部门应当自收到环境保护设施竣工验收申请之日起 30 日内，完成验收。

（7）建设项目需要配套建设的环境保护设施经验收合格，该建设项目方可正式投入生产或者使用。

5. 违反环境保护"三同时"制度的法律责任

环境保护"三同时"制度是我国环境管理的一项基本制度。违反这一制度时，根据不同情况，要承担相应的法律责任。如果是建设项目涉及环境保护而未经环境保护部门审批擅自施工的，除责令其停止施工，补办审批手续外，还可处以罚款；如果建设项目的防治污染设施没有建成或者没有达到国家规定的要求，投入生产或者使用的，由批准该建设项目环境影响报告书的环境保护行政主管部门责令停止生产或使用，并处以罚款；如果建设项目的环境保护设施未经验收或验收不合格而强行投入生产或使用，要追究单位和有关人员的责任；如果未经环境保护行政主管部门同意，擅自拆除或者闲置防治污染的设施，污染物排放又超过规定排放标准的，由环境保护行政主管部门责令重新安装使用，并处以罚款。

二、天津市环境保护"三同时"制度执行情况

1. 2002 年天津市环境保护"三同时"制度执行情况

天津市完成了对 1986 年以来受理的 31 570 个建设项目的环境保护检查清理工作，对违法项目进行了处罚和整改。2002 年，天津市环保部门共验收建设项目 4 464 项，环境保护"三同时"执行、合格率 100%。落实环保投资 1.6 亿元，占项目总投资额的 2%。实际新增废水处理能力 24 万吨/日，新增废气处理能力 25 万米^3/时。

2. 2003 年天津市环境保护"三同时"制度执行情况

2003 年，全市环保部门共验收建设项目 1 386 项，环境保护"三同时"执行、合格率 100%。项目总投资 92.832 亿元，其中环保投资 3.413 7 亿元，占项目总投资额的 3.7%。实际新增废水处理能力 9 894 吨/日，新增废气处理能力 153 万米^3/时。

3．2004 年天津市环境保护"三同时"制度执行情况

按照国家环境保护总局的要求，在全市范围内开展了建设项目环境保护"三同时"执行情况清查工作。对 1998 年以来的 11 310 个项目进行了清查，圆满完成了国家下达的任务目标。2004 年，全市环保部门共验收建设项目 1 121 项，环境保护"三同时"执行、合格率 100%。项目总投资 112.52 亿元，其中环保投资 4.371 亿元，占项目总投资额的 3.9%。实际新增废水处理能力 12 030.94 吨/日，新增废气处理能力 993.41 万米^3/时。

4．2005 年天津市环境保护"三同时"制度执行情况

2005 年，全市环保部门共验收建设项目 1 181 项，环境保护"三同时"执行、合格率 100%。落实环保投资 24.32 亿元，占项目总投资额的 9.6%。实际新增废水处理能力 4.95 万吨/日，新增废气处理能力 3 008.85 万米^3/时。

5．2006 年天津市环境保护"三同时"制度执行情况

按照国家环境保护总局的要求，开展了天津市建设项目环境风险排查，127 个化工石化类及其他使用、生产或生产过程中产生有毒有害物质的建设项目通过排查，增加环境风险防范投资约 47 641.44 万元。2006 年，全市环保部门共验收建设项目 1 073 项，环境保护"三同时"执行、合格率 100%。落实环保投资 7.92 亿元，占项目总投资额的 2.88%。

6．2007 年天津市环境保护"三同时"制度执行情况

天津市环境保护局下发了《关于加强建设项目竣工环境保护验收工作的通知》，要求各区县环保局加强环境保护"三同时"的检查、管理，规范验收监测和调查，新增了试生产前的现场检查程序等。2007 年，全

市环保部门共验收建设项目 1 165 项，环境保护"三同时"执行、合格率 100%。落实环保投资 24.66 亿元，占项目总投资额的 6.02%。实际新增废水处理能力 5.97 万吨/日，新增废气处理能力 14 706.9 万米³/时。

7. 2008 年天津市环境保护"三同时"制度执行情况

2008 年，全市环保部门共验收建设项目 893 项，环境保护"三同时"执行、合格率 100%。落实环保投资 15.98 亿元，占项目总投资额的 4.26%。

8. 2009 年天津市环境保护"三同时"制度执行情况

2009 年，全市环保部门共验收建设项目 1 144 项，落实环保投资 28.84 亿元，占项目总投资额的 0.6%。

9. 2010 年天津市环境保护"三同时"制度执行情况

按照国家和天津市的要求，天津市环保系统开展了工程建设领域突出环境保护问题的专项治理工作，完成了对天津市工程建设领域突出环境保护问题专项治理领导小组下达排查的 4 352 个项目中存在环保违法问题项目的清查和整改。2010 年，全市环保部门共验收建设项目 979 项，落实环保投资 27.5 亿元，占项目总投资额的 3.2%。

第三节　规划环境影响评价

一、规划环境影响评价概述

1. 规划环境影响评价概念

规划环境影响评价是指在规划编制阶段，对规划实施可能造成的环境影响进行分析、预测和评价，并提出预防或者减轻不良环境影响的对策和措施的过程。

规划环境影响评价制度，是指根据《中华人民共和国环境影响评价法》（以下简称《环评法》），对规划实施后可能造成的环境影响进行分析、预测和评估，提出预防或减轻不良环境影响的对策和措施，进行跟踪监测的方法与制度。

2．规划环境影响评价内涵

规划环境影响评价是战略环境影响评价的重要组成部分。战略环境影响评价分为法规、政策、规划环境影响评价，由于我国《环评法》中只规定了规划环境影响评价，因此只能将规划环境影响评价作为战略环境影响评价与综合决策的落脚点，推进规划环境影响评价就是推进战略环境影响评价。规划环境影响评价是在政策法规制定之后、项目实施之前，对有关规划的资源环境可承载能力进行科学评价，进行分析预测，采取预防或者补救措施。规划环境影响评价实现了环境影响评价从末端到源头、从微观到宏观、从枝节到主干、从操作到决策的历史性转变和飞跃，是环境保护参与宏观决策的最佳切入点。

3．规划环境影响评价范围

依据《环评法》和《规划环境影响评价条例》，目前规划环境影响评价的主要范围可以概括为"一地、三域、十专项"。即土地利用的有关规划；区域、流域、海域的建设、开发利用规划；工业、农业、畜牧业、林业、能源、水利、交通、城市建设、旅游、自然资源开发的有关专项规划。

此外，环境保护部《关于加强产业园区规划环境影响评价有关工作的通知》规定，国务院及市人民政府批准设立的经济技术开发区、高新技术开发区、保税区、出口加工区等开发区以及区县人民政府批准设立的各类产业集聚区、工业园区等产业园区，在新建、改造、升级时均应依法开展规划环境影响评价工作，编制开发建设规划的环境影响报告书。

二、天津市规划环境影响评价开展情况

2003 年《环评法》实施以来，天津市认真组织了规划环境影响评价的法律宣传、推动和贯彻落实工作，积极探索规划环境影响评价的管理方法，依法对各类应进行环境影响评价的规划组织了严格的环境影响评价审查，在实践规划环境影响评价制度、参与综合决策方面取得了一定的成效。

1. 天津市对规划环境影响评价的宣传和推动情况

天津市委、市政府高度重视《环评法》的落实工作，在《环评法》颁布后，迅速组织开展了各种形式、多个层次的宣传和推动工作，为《环评法》在天津的顺利贯彻执行奠定了良好基础。

在《环评法》实施前，为向社会广泛宣传其重要意义和相关规定，从 2003 年 6 月起，天津市环境保护局与《今晚报》共同举办了为期 3个月的"环评法论坛"专栏，邀请了天津市人大、市政府、市政协及国家、地方环保部门有关专家和学者，从环境管理、执法监督以及与人民群众日常生活密切相关的环境问题入手，就规划环境影响评价、项目环境影响评价等专题进行了深入评论，结合各种实例宣讲《环评法》。同时，天津市环境保护局还会同市人大、市政府有关部门组织实施了《环评法》动员报告会，邀请全国人大常委会、国家环保部门资深专家作专题报告，全市各有关委办局负责同志和有关人大代表参加了会议。

为保证《环评法》的严格执行，2004 年 2 月，天津市政府下发了《批转市环保局关于贯彻〈中华人民共和国环境影响评价法〉实施意见的通知》，其中规定："各区县人民政府和市有关部门要高度重视贯彻落实《环

评法》工作，切实加强对这项工作的组织领导，把编制规划环境影响评价和建设项目环境影响评价纳入工作规划、工作程序和审批环节。""规划编制机关或部门要组织做好规划草案的环境影响评价编制、报审以及环境影响的跟踪评价工作。规划审批机关或部门应当将有关环境影响的篇章或者说明，以及专项规划环境影响报告书结论和审查意见作为决策的重要依据。""各区县人民政府和市有关部门组织编制的规划，应按照规划环境影响评价范围名录确定的评价范围执行。""规划审批机关或部门在审批专项规划草案，并作出决策前，应由市环境保护行政主管部门会同其他部门召集有关部门代表和专家（在天津市环境影响评价专家库中随机抽取）组成审查小组，对环境影响报告书进行审查并提出书面审查意见。"

2．天津市规划环境影响评价开展情况及成效

《环评法》颁布实施以来，天津市积极探索以规划环境影响评价为切入点，参与综合决策的途径，使决策层从全局和发展的源头上注重环境影响、控制污染、保护生态环境，及时采取措施，减少后患，取得了初步成效。

（1）在全国率先开展规划环境影响评价实践。

①实施海河两岸综合开发改造规划环境影响评价主要工作

海河两岸综合开发改造是天津市委提出的五大战略举措之一，是一项涉及面广、规模庞大、技术复杂的大型城市建设改造工程，对于带动天津经济结构和城市布局调整，促进经济健康发展，满足人民日益增长的追求高文化品位的要求具有重要意义，直接影响着天津经济的发展。为此，针对天津市海河两岸综合开发改造进行规划环境影响评价意义重大、影响深远。

2003 年年初，天津市环境保护局组织召开了"天津市 2003 年环境影响评价年会暨海河两岸综合开发战略环境影响评价研讨会"，并牵头组织开展了《海河两岸综合开发改造规划环境影响报告书》编制工作。经过参与编制的各单位的共同努力，历经半年多的时间，天津市完成了规划环境影响评价的编制和组织评审。《中国环境报》曾以《海河综合开发不忘环保　天津首次进行规划环评》为题对此进行了专题报道。

2003 年 11 月，天津市邀请国家和地方专家，由天津市环境保护局主持召开了《天津市海河两岸综合开发改造规划环境影响报告书》审查会。专家对海河两岸综合开发改造规划环境影响评价给予了较高的评价，认为《天津市海河两岸综合开发改造规划环境影响报告书》有一定的深度，在编制过程中，坚持可持续发展的原则，从区域环境整体和大生态观念出发，提出的区域环境规划与环境工程对策措施具有较强的可行性和可操作性，起到了规划环境影响评价的作用，可作为综合决策的依据，会最终实现从决策的源头控制污染的目的。同时，这是《中华人民共和国环境影响评价法》颁布实施以来，国内第一部按照规划环境影响评价技术导则要求编制的规划环境影响报告书。这部报告书的编制完成，为在全国开展规划环境影响评价工作积累了经验，提供了范例，起到了表率作用。

此外，根据《天津市海河两岸综合开发改造规划环境影响报告书》的结论和专家意见，由报告书课题组针对海河两岸综合开发改造区域的环境保护和生态建设提出了《海河两岸综合开发改造环境保护规划》。《海河两岸综合开发改造环境保护规划》的提出，将环境保护工作纳入了海河经济发展主渠道，为政府从决策的源头防止环境污染和生态破坏提供了科学依据，有利于促进海河两岸综合开发区域创建生态示范区，促进了该区域的招商引资和海河经济的健康、快速、可持续发展。

②海河两岸综合开发改造规划环境影响评价工作经验。一是进一步提高了参与综合决策的相关部门的环境保护意识。天津市环境保护局借助开展规划环境影响评价工作，大力宣传贯彻《环评法》，进一步提高了人大、政协、城建、规划等参与综合决策的相关部门的环境保护意识，

使他们更加清楚地认识到环境保护参与综合决策的重要性和必要性，更加支持环境保护工作，促进天津生态城市建设。

二是探索规划环境影响评价管理工作，造就了一支规划环境影响评价队伍。面对规划环境影响评价工作在国内无先例、无可借鉴资料的现实情况，规划环境影响评价管理工作是十分必要和重要的。天津市环境保护部门迎难而上，制订实施计划，边干、边研究、边探索，主动承担了组织、导向、协调等各项工作，整合了天津市环境影响评价队伍，确定了天津市环境科学研究院为牵头单位，联合南开大学等7家实力较强的环境影响评价队伍，配备了一支50多人的技术队伍，不仅圆满完成了海河规划环境影响评价的重要任务，而且打造了一支能打硬仗的规划环境影响评价队伍，为天津市未来规划环境影响评价工作夯实了基础。

三是在规划环境影响评价中勇于探索、敢于创新。在海河两岸综合开发改造规划环境影响评价中，为把规划环境影响评价做出特色，在公众参与、城市热岛、海河水循环系统、噪声和城市生态等方面的专题工作中进行了深入的探索研究，为规划的编制和实施提出了具有前瞻性、建设性、创新性的意见。

四是建立了公众参与和专家咨询相结合的模式。公众参与是规划环境影响评价工作中的重要工作之一，规划环境影响评价中公众参与工作必须高起步。为此，天津市环境保护局组织开展了生态、水、大气、噪声、固体废物和社会经济6个专题论证会，让社会公众进行参与，分别邀请了国家和地方不同领域、不同专业、多学科、层次较高、造诣较深的专家和各界人士参加讨论。特别是对规划环境影响评价工作中不确定的问题深入讨论，有利于吸取各方经验，集中各方智慧，博采众家之长，为丰富完善规划环境影响评价工作起到了不可低估的作用。

（2）依法组织天津市各类规划环境影响评价审查工作。为保证规划环境影响评价制度得到有效落实，从发展、建设的源头做好参与宏观决策和优化经济增长工作，天津市环境保护局积极督促有关规划编制部门依法做好规划环境影响评价工作。通过指导规划环境影响评价的早期介入，形成了与规划编制工作的互动，并在审查中从环境保护的角度提出了对规划的调整意见，为科学规划、科学决策提供了依据。截至 2010 年，依据《环评法》及《规划环境影响评价条例》的规定，天津市各级环保部门已会同有关部门代表和专家，对海河两岸综合开发改造规划、天津市城市供热规划、空客 A320 系列飞机总装线及配套产业用地控制性详细规划、部分区县总体规划及各类工业园区规划等 100 多个规划的环境影响报告书或环境影响篇章进行了审查。

（3）建立规划环境影响评价的技术支持和服务队伍。为推动规划环境影响评价工作的深入开展，经天津市环境保护局推荐和原国家环境保护总局的审核、遴选，天津市现有天津市环境保护科学研究院、天津市环境影响评价中心、南开大学等 9 个单位被原国家环境保护总局推荐为规划环境影响评价编制单位，可以为规划编制部门提供环境影响评价方面的技术支持和服务。同时，初步建立了天津市环境影响评价专家库，目前已选入 150 余名城市建设、环境规划与管理、社会经济等方面的专家，为天津市规划环境影响评价审查的科学性提供了有力支撑。

（4）以天津滨海新区为突破启动开展战略环境影响评价工作，探索环境管理参与决策的新途径。战略环境影响评价有两大功能，第一个功能是战略环境影响评价是站在更高的层面上，对每个规划间的不协调性进行弥补，且在战略环境影响评价中，开发的总体规模、总体结构、总体发展速度、资源环境协调性等要素之间的动态平衡关系得以体现，甚至在总体开发过程中需要保留多少生态用地，在进行战略环境影响评价时都应该确定下来。第二个功能是进行战略环境影响评价便于和决策者沟通，就长期发展过程中的环境问题向决策者提出建议，尽早规避环境风险。

党的十六届五中全会作出了把天津滨海新区纳入国家发展总体战略的决策。作为全国综合配套改革的试验区，天津滨海新区正处于新一轮开发开放建设的热潮，面临前所未有的机遇和挑战。按照中央"建设高度开放、社会和谐、环境友好的现代化经济新区"的要求，开展战略环境影响评价，探索、创新发展模式，建设生态文明，从源头避免或减缓发展中可能遇到的资源环境问题具有非常重要的意义。

2007年7月，全国政协委员视察团来滨海新区视察时，提出滨海新区应尽快开展战略环境影响评价工作的建议。9月，天津市政府同意天津市环境保护局提交的《关于对开展滨海新区发展战略环境影响评价意见建议有关问题的报告》。11月，国家环境保护总局复函天津市关于开展滨海新区战略环境影响评价工作报告，指出"天津滨海新区作为我国的综合配套改革试验区，开展战略环评工作对于贯彻落实党的十七大精神，促进生产力的合理布局、资源的优化配置及产业结构的优化调整具有重要意义"，并表示"将大力支持天津滨海新区的战略环评工作"。2008年5月，为积极推动滨海新区战略环境影响评价工作的全面开展，天津市政府组织成立了滨海新区发展战略环境影响评价领导小组，市长黄兴国、环保部副部长潘岳担任天津滨海新区战略环境影响评价领导小组的组长。

滨海新区战略环境影响评价以资源环境承载力分析、环境容量与总量控制分析、主体功能区定位和环境政策、循环经济评价以及基于节能减排目标的产业发展和战略分析为重点，从环境保护和区域资源永续利用角度，论述了区域发展战略的环境合理性和可行性；从可持续发展的高度，提出了滨海新区生态建设和环境保护的基本框架；结合节能减排指标分析，提出了滨海新区经济结构调整、产业结构优化升级的发展方向；确定了滨海新区开发建设的环境管理与污染控制的新思路和新方法。《滨海新区发展战略环境影响评价阶段成果》成为《天津滨海新区城市空间发展战略研究（2008—2020年）》的重要附件，为滨海新区城市空间发展战略的修改与完善提供了重要的依据和参考；同时，天津市政府还将滨海新区战略环境影响评价纳入《天津滨海新区综合配套改革试验总体方案三年实施计划（2008—2010 年）》中，将开展滨海新区战略环境影响评价，作为建立完善环境与发展综合决策机制的重要途径之一。

3．天津市规划环境影响评价有关文件要求

（1）天津市环境保护局 2009 年 7 月印发《关于做好区县示范工业园区规划环境影响评价工作的函》，要求各有关区县政府按照国家的规划环境影响评价要求，督促本辖区内的示范工业园区及其他开发区、工业园区依法做好园区规划的环境影响评价及报审工作，确保园区建设的顺利开展。

（2）天津市环境保护局 2010 年 2 月印发《关于做好规划环评工作保障天津经济健康快速发展的函》，请市各有关部门、各区县政府、各功能区管委会按照国家和天津市有关要求，落实规划环境影响评价法律、法规，做好"十二五"各规划、工业园区规划等相关规划的环评、补充环评及报审工作。

第四节　排污申报登记制度

一、排污申报登记制度概述

1．排污申报登记概念

排污申报登记是指向环境中排放污染物的单位和个体工商户（以下简称"排污者"），按照国家环境保护行政主管部门的规定，向所在地县级以上环境保护行政主管部门的环境监察机构申报登记在正常作业条件下排放污染物的种类、数量、浓度（强度）和与排污情况有关的生产、经营、治污设施等情况，以及排放污染物有重大改变时及时进行申报的

一项环境管理制度。排污申报登记制度作为环境保护一项基本的管理制度,《中华人民共和国环境保护法》《中华人民共和国水污染防治法》《中华人民共和国大气污染防治法》《中华人民共和国固体废物污染环境防治法》和《中华人民共和国噪声污染防治法》《排污费征收使用管理条例》等,对排污申报登记的内容及其法律责任都作了明确的规定。

2. 我国排污申报登记制度发展历程

1982 年,国务院发布的《征收排污费暂行办法》首次提出了排污申报登记的概念。

1984 年的《中华人民共和国水污染防治法》、1987 年的《中华人民共和国大气污染防治法》及《中华人民共和国环境保护法》授权环境保护部门负责排污申报登记工作。

1992 年,国家环境保护局根据法律授权,制定了《排放污染物申报登记管理规定》,它体现了排污申报登记的法律化。

2003 年,国务院《排污费征收使用管理条例》对排污申报制度作了更具体的规定。

3. 排污申报登记范围及时限要求

(1)排污申报登记范围。辖区内所有排放废水、废气、固体废物、噪声的企业、事业、党政群机关、社会团体、部队、个体工商户等一切排污者都应按规定履行排污申报登记手续。不同的单位填报不同类型的申报表:一般工业企业填写《排放污染物申报登记统计表(试行)》;小型企业、第三产业、畜禽养殖业、机关、事业单位、个体工商户等填写《排放污染物申报登记简表(试行)》;建筑施工单位填写《建筑施工单位排放污染物申报登记表(试行)》;城镇污水处理厂及其他社会营运的集中污水处理厂填写《污水处理厂排放污染物申报登记统计表(试行)》;垃圾处理厂、危险废物集中处理厂填写《固体废物专业处置单位排放污染物申报统计表（试行）》；排放污染物发生变化的单位填写《排放污染物月变更申报登记表》。

（2）排污申报登记时限要求。排污单位应在每年 1 月 15 日前申报正常生产和作业情况下的排污情况；建设项目应在项目试生产前 3 个月内向环境监察机构办理申报手续；建制镇以上规划范围内的建筑施工单位必须在开工前 15 日内办理排污申报登记手续；当排放污染物的种类、数量、浓度、强度、排放去向、排放方式等作出重大变更或调整时，应在变更和调整前 15 日内履行变更手续；当排污情况发生重大变化时，应在改变后 3 日内履行变更手续。

4．排污申报登记制度特点及意义

排污申报登记是各级政府环境管理决策的重要基础依据、是环保部门实施各项环境管理制度的基础。排污申报登记有以下特性：全面性、统一性、规范性、真实性、基础性和强制性，这些特性保证了申报登记的数据对于了解排污单位的基本情况、掌握区域环境污染状况、制订环境污染防治规划都具有十分重要的意义，同时排污申报登记也是环保部门核定污染物排放量、排污费征收的基础，为排污许可证及总量控制、现场监督检查、污染事故报告提供最基础最全面的依据。

二、天津市排污申报登记制度执行情况

天津市自 1995 年起全面开展了排污申报登记工作，成立了排污申报登记领导小组，下设专门办公室，天津市环境保护局制定下发了《天津市排放污染物申报登记实施办法》，在新闻媒体上发布了"天津市环境保护局关于实施排放污染物申报登记的通告"，要求凡在天津市辖区内直接或间接向环境排放废水、废气、粉尘、恶臭、噪声和产生固体废物（不包括建筑垃圾、生活垃圾）的单位（包括工业企业、第三产业、个体工商户、畜禽养殖场、机关事业单位、建筑施工单位、污水处理单

位、固体废物专业处置单位），必须于每年 1 月 1 日至 15 日到所在地区县环境保护局办理排放污染物申报登记手续，领取排污申报登记注册证。凡在规定期限内未办理申报登记手续的，将依据有关法律、法规予以处理。据统计，1995 年全年有 10 662 家排污单位办理了申报登记手续，在此基础上建立了排污申报登记档案和数据库，为环境管理部门的各项管理、执法提供了数据支持。

为进一步巩固和完善排污申报登记制度，实现对污染源统一的动态管理，1996—2002 年，天津市环境保护局每年做好未进行排污申报登记的新、老污染源履行排污申报登记手续，对辖区内重点污染源进行年审；将全市 COD、烟尘、二氧化硫排放量的 80%列为相应重点源，加上排放危险固体废物 100 吨以上的单位、粉尘排放 10 吨以上的单位，以及所有排放重金属、工艺废气的单位，组成每年需年审的重点源名单。为保证申报质量，多次组织报表审核和现场检查，对当年的申报数据进行分析，完成分析报告。

2003 年 7 月 1 日开始实行的《排污费征收使用管理条例》对排污申报登记制度作了更加具体的规定，规范了环境监察部门对排污申报登记数据的核定程序、方法、依据。为了适应新的排污收费制度，严格按照《排污费征收使用管理条例》及其配套规章规定的法定程序开展排污申报、审核、核定和排污费征收工作，准确掌握国家有关排污申报核定与排污费征收的法规、规章和工作程序，天津市环境保护局根据《排污费征收使用管理条例》及国家环境保护总局《关于排污费征收核定有关工作的通知》和《关于排污费征收核定有关问题的通知》的要求，下发了《关于做好排污申报登记工作的通知》，对天津市各区县环境保护局的排污申报登记工作提出了具体要求，在环境监察部门成立排污申报登记专门机构，设置专用电话，由专人负责受理排污申报登记工作。规定了天津市申报登记时限、审核时限、填报对象、填报类别，确立了申报登记的一票否决制度，即在各项环境保护评比、考核、认证中，对未履行排污申报登记手续的排污单位，不得评为优秀、先进或给予认证；对排污申报登记制度贯彻不力的区县环境保护局，不能在环保系统组织的各项环保业务考核、评比中评为优秀。天津市环境监察总队负责对各区县的排污申报登记工作进行考核，对工作成绩突出的，予以表彰；对执行不力的，予以通报批评。

"十五"以来，天津市按照"全面申报、准确核定、足额征收"的原则，分门别类、突出重点、稳步推进地开展了统一审核工作，充分利用监测数据以及工商、技术监督、水务、能源、电力、统计等部门的相关资料和数据对排污单位填报的申报数据进行审核。对重点污染源的基本情况、用水量及能源的使用量、生产工艺情况、污染物产生和排放情况要求逐一审核，结合排污单位现场检查进行核定。同时，持续开展排污申报、审核、核定有关的法规及实际操作的培训，培养了一批掌握相关法律、法规、规范、标准和各种工艺技术及污染物排放特点的业务骨干。

为健全天津市排污申报管理制度，近年来天津市环境保护局从报表填报、档案管理、数据上报、污染物核定、排污费征收等方面进一步规范了排污申报登记工作。

一是按照《关于排污费征收核定有关问题的通知》要求，在环境保护部五种《排放污染物申报登记统计表（试行）》基础上，结合天津实际，制定下发了《天津市餐饮、娱乐等服务行业排污申报登记简表（试行）》《畜禽养殖场排放污染物申报登记表（试行）》，编制了《申报登记有关代码汇编》，使排污单位方便填报；新增了《小型企业排放污染物申报登记表（试行）》，主要用于生产不规律的小型乡镇企业，满足了按月申报污染物排放情况的需求。

二是针对小型排污者难以监测的申报核定及收费问题，制定了《天津市餐饮、娱乐等服务行业排污量核算暂行办法》。

三是陆续下发了《关于〈新建、扩建、改建项目办理排污申报登记手续时间的请示〉的复函》《关于加强排污费征收管理的通知》《关于印发天津市排污申报核定与排污费征收报告制度及汇审计分办法的通知》《关于加强天津市国家重点监控企业排污申报工作的通知》等相关文件，全面使用"排污费征收管理系统"软件进行排污申报核定和排污费征收，按照天津市排污申报核定与排污费征收报告制度及时上报排污申报核定工作报表（季报、年报）与排污费征收工作报表（季报、年报），并对上报情况进行汇审考核。通过每年常规申报、结合专项执法行动和污染源普查促进申报，以及对国家重点监控企业进行专项申报等措施，扩大了天津市排污申报登记范围，提高了申报质量。

四是采用自查、互查和上级对下级直接核查等方式开展排污申报核定的核查，督促了企业如实申报，促进了科学、公正核定，保证了数据的全面合理。对弄虚作假等严重问题，除进行通报批评、责令限期改正外，还要按规定由上级直接核定排污量并征收排污费。

第五节　排污许可证制度

一、排污许可证制度概述

1. 排污许可证制度概念

排污许可证制度是指凡是需要向环境排放各种污染物的单位或个人，都必须事先向环境保护部门办理申领排污许可证手续，经环境保护部门批准获得排污许可证后方能向环境排放污染物的制度。它以改善环境质量为目标，以污染物总量控制为基础，规定排污单位许可排放什么污染物，许可污染物排放量和排放去向等，是一项具有法律效力的环境管理制度。

2. 排污许可证制度实施目的和意义

排污许可的实施，是排污申报登记的延伸和结果，获准污染物的排放许可，也是排污单位履行排污申报登记制度之后所拟达到的最终目的。实施排污许可证制度的意义在于。

（1）有利于环境保护目标的实现。排污许可证制度基于排污总量控制技术，综合考虑环境保护目标，使污染源直接与环境治理挂钩，按照环境保护目标的要求，确定污染源排放负荷，并采取相应的排污控制措施，使排入环境的污染物总量不超过环境的自净能力，可以有效地保证环境目标的实现。

（2）能有效控制新污染的产生。总量控制是按照环境容量来确定污染物排放量，根据这一要求，将排污权优化分配到各有关单位。新增项目增加排污量，必须削减原排放污染物的总量，以维持进入环境的污染物总量不变。这使得企业治理目标明确，职责分明，在促进老污染源改造的同时有效地控制了新污染源的产生。

3. 排污许可证制度必要性

排污许可证制度是为了强化环境管理而提出来的，其必要性主要体现在以下几个方面。

（1）实施排污许可证制度是实施排污总量控制的需要。虽然部分污染源排放出的污染物在浓度上已经达到国家或地方规定的排放标准，但随着我国经济的快速发展，污染物的总量仍在不断增加，环境质量仍在恶化，以往单纯依靠浓度控制的做法，已不能够从根本上解决环境质量恶化的问题。只有在实行排污浓度控制的基础上，对一些重点的污染源实施排放总量控制，才能从总体上有效地控制污染，保护环境质量。因此，排污许可证制度是实施总量控制的具体体现。

（2）实施排污许可证制度是污染治理与环境质量目标相结合的需

要。以往衡量污染治理是否合格的排放标准是浓度标准，不管污染源的大小、排放的是什么污染物，污染物的位置和所排放的总量多少，只要求达到浓度排放标准，很少考虑污染物排放密度和环境质量所承受的能力。实行排污许可证制度，则力求从污染物总量控制出发，注重于整个区域环境质量的改善，针对不同地区、不同的环境质量要求，确定不同污染源削减不同污染物的排放量，将污染治理与环境质量目标的实现紧密地结合起来。这样，治理资金投入方向明确，工作重点清楚，有利于环境质量目标的实现。

（3）实施排污许可证制度是区域污染治理总费用最小的需要。污染治理必须以改善环境质量为前提，而浓度控制追求"一刀切"的排放标准，势必造成某些污染源的过度治理，搞"小而全"，增大了对治理设施的投资和运行费用。总量控制基础上的排污许可证制度，与环境质量目标和污染物排放总量相联系，就有可能集中财力、物力和技术、管理力量，抓住重点，首先治理对环境质量举足轻重的主要污染大户或比较容易治理的污染源，用较小的代价去最大限度地削减污染物。

4. 排污许可证的分类

排污许可证分两种：一种是对不超出排污总量控制指标和限制条件的排污单位发放排放许可证；另一种是对超出排污总量控制指标的排污单位，发放临时排放许可证，并限期削减排放量。跨越省、自治区、直辖市界区的排污单位、特殊性质的排污单位、特大型建设项目的排放许可证和临时排放许可证需报国务院环境保护行政主管部门审查核准污染物排放量。不论是排放许可证还是临时排放许可证，在使用有效期内均具有法律效力，受法律保护。

5. 我国排污许可证制度发展历程

排污许可证制度是我国的一项重要的环境管理制度。继 1987 年国家环境保护局在上海、杭州等 18 个城市进行了排污许可证制度试点后，1989 年在第三次全国环保会议上，排污许可证制度作为环境管理的一项新制度被提了出来。鉴于排污许可证制度是以污染物总量控制为基础的，从 1996 年开始，国家正式把污染物排放总量控制政策列入"九五"期间的环境保护考核目标，并将总量控制指标分解到各省市自治区，各省市自治区再层层分解，最终分到各排污单位。污染物排放许可证制度的实施给环境监测和环境管理都提出了更高的要求。

二、天津市水污染物排放许可证管理

1.《天津市水污染物排放许可证管理办法（试行）》制定背景

实施主要水污染物总量控制和发放许可证是加大对全市水污染源监管力度，有效改善地表水环境和近岸海域水质，促进产业结构调整、优化经济增长的一项有效措施。

实施总量控制制度和排污许可证制度在《中华人民共和国水污染防治法》和《中华人民共和国水污染防治法实施细则》中有明确规定。1988 年，国家环境保护局发布了《水污染物排放许可证管理暂行办法》，在一定时期内，对指导天津发放水污染物排放许可证工作发挥了作用。但随着天津水环境保护工作新形势的发展和"十一五"环境保护工作任务的新变化，《中华人民共和国水污染防治法》《中华人民共和国水污染防治法实施细则》以及原国家环境保护局《水污染物排放许可证管理暂行办法》在水污染源管理方面出现欠缺或不完善之处。因此，2006 年，根据上述国家法律、法规、规章的规定，天津市环境保护局结合实际，编制了《天津市水污染物排放许可证管理办法（试行）》，使其具有更强的可操作性，更好地指导天津市水污染物排放许可证发放工作。

2. 天津市水污染物排放许可证适用范围和分类

（1）适用范围。天津市水污染物排放许可证适用于天津市行政区域内直接或间接向水体排放污染物的企业、事业单位、其他组织和个体经营者（以下简称排污单位）。

（2）分类。按照国家有关法律、法规规定，天津市对水污染物排放行为实行水污染物排放许可证管理制度。水污染物排放许可证分为《天津市水污染物排放许可证》和《天津市水污染物临时排放许可证》。

3. 天津市水污染物排放许可证内容和期限

（1）水污染物排放许可证内容。

①排污单位名称、地址、法定代表人、经济性质、行业类别；

②排污单位排污口数量，排放去向，排放的废水总量，允许排放的主要污染物种类、浓度、总量；

③废水排放执行标准；

④有效期限；

⑤发证机关、发证日期和证书编号。

（2）水污染物排放许可证期限。《天津市水污染物排放许可证》有效期限为 2 年，《天津市水污染物排放临时许可证》有效期限最长不超过 1 年。

4. 申请天津市水污染物排放许可证的条件

申请《天津市水污染物排放许可证》的排污单位，应当具备下列条件：

（1）依法履行排污申报登记手续；

（2）符合重点水污染物排放总量控制的要求。

符合第 1 项规定条件，但不符合第 2 项规定条件的排污单位，只能申请《天津市水污染物临时排放许可证》。

5．申请天津市水污染物排放许可证的程序

（1）领取《天津市水污染物排放许可证申请表》

天津市环境保护局公布应领取水污染物排放许可证的排污单位范围、期限等内容。在规定期限内，排污单位按照有关要求向天津市环境保护局或区县环境保护局领取《天津市水污染物排放许可证申请表》。

（2）提交申请材料

在规定期限内，排污单位向有审批权的环境保护部门提交下列材料，同时申请单位须对其提交的申请材料的真实性、完整性负责。

①填写好的《天津市水污染物排放许可证申请表》2份；

②经县级以上环境保护部门核定的排污申报登记材料复印件1份；

③有环境监测资质的机构出具的上一年度的环境监测报告（重点水污染源、重点行业的排污单位的监测报告至少每季度1次）复印件1份；

④上一年度的全年废水排放总量证明材料（已安装流量计的以流量计计量为准，无流量计的，按废水排放总量=用水量×90%估算，特殊行业另加说明；用水量材料包括天津市节约用水办公室下达的用水指标及自来水、地下水收费单据等）复印件1份；

⑤由天津市环境保护局审批的水污染物排放许可证，排污单位应提供所在区县环境保护局的预审意见原件1份；

⑥法律、法规、规章规定的其他材料。

（3）审批发证。

①审批。市或区县环境保护局自收到排污单位上报的全部申请材料后20个工作日内，对排污单位提交的申请材料进行核查，并可以对其进行现场核查，按照规定作出批准或者不批准发放水污染物排放许可证的决定：符合"依法履行排污申报登记手续、符合重点水污染物排放总量控制的要求"的，发放《天津市水污染物排放许可证》；符合"依法履行排污申报登记手续"的，发放《天津市水污染物临时排放许可证》；

不符合"依法履行排污申报登记手续"的，不予发放许可证。

②发证。市或区县环境保护局将批准的《天津市水污染物排放许可证》或《天津市水污染物临时排放许可证》发放给排污单位。

（4）区县环境保护局应当将其批准的水污染物排放许可证情况上报天津市环境保护局。区县环境保护局在进行上报时，应于每月 10 日以前依照天津市环境保护局规定的内容报送上 1 个月的情况，同时将上 1 个月审批的所有水污染物排放许可证申请表 1 份报送天津市环境保护局。

（5）每月 10 日以前，天津市环境保护局将其上 1 个月审批的水污染物排放许可证申请表 1 份分别发送到相应区县环境保护局。

6．违反《天津市水污染物排放许可证管理办法（试行）》的法律责任

（1）违反规定排放污染物的，依据《天津市水污染防治管理办法》第 8 条第 3 款规定，由环境保护部门责令限期改正，并可处 5 万元以下罚款，情节严重的，可由发放其许可证的环境保护部门吊销其《天津市水污染物排放许可证》或《天津市水污染物临时排放许可证》。

（2）对无证排放污染物的，依据《天津市水污染防治管理办法》第 8 条第 3 款规定，由环境保护部门责令其限期补办有关手续，并可处 5 万元以下罚款。

（3）《天津市水污染物排放许可证》有效期满，未按规定申请换证的；《天津市水污染物临时排放许可证》有效期满，仍没有达到《天津市水污染物排放许可证管理办法（试行）》第 8 条规定的条件，或没有按规定换发《天津市水污染物排放许可证》的；法律、法规规定的应当注销水污染物排放许可证的其他情形的排污单位，由发放许可证的机关注销其水污染物排放许可证。

第六节　排污收费制度

一、排污收费制度概述

1．排污收费制度的概念及意义

排污收费制度也称征收排污费制度，是指向环境排放污染物以及向环境排放污染物超过国家或地方污染物排放标准的排污者，按照污染物的种类、数量和浓度，根据排污收费标准向环境保护主管部门设立的收费机关缴纳一定的治理污染或恢复环境破坏费用的法律制度。排污收费制度是我国环境管理的一项基本制度，是促进污染防治的一项重要经济政策。实行排污收费制度，开辟了一条可靠的环境保护资金渠道，促进了污染治理，使污染防治责任与排污者的经济利益直接挂钩，实现了经济效益、社会效益和环境效益的统一。排污收费制度实施以来，不仅促进了企业加强经营管理和综合利用，降低了物耗、能耗，减少了污染排放，更成为了环境保护行政执法的有效手段，对提高各级政府环境保护监督管理能力，促进环境保护事业的发展发挥了重要作用。

2．我国排污收费制度发展历程

1972 年，经济合作与发展组织（OECD）环境委员会提出污染者必须承担削减污染措施的费用，即"污染者负担原则"（以下简称"PPP原则"）。在 PPP 原则指导下，OECD 成员国在环境管理中逐步采用了一系列环境经济手段，主要有环境收费、押金制度、排污交易、强制刺激等。

借鉴发达国家经验，我国于 1978 年年底首次提出施行"排放污染物收费制度"，1979 年颁布的《中华人民共和国环境保护法（试行）》正式把排污收费制度确立为环境管理制度。1982 年 7 月国务院颁布的《征收排污费暂行办法》和 1988 年国务院颁布的《污染源治理专项资金有偿使用暂行办法》，标志着我国排污收费制度的正式建立。

我国排污收费制度经历了提出和试行（1979—1981 年）、建立与实施（1982—1987 年）、发展和改革完善（1988 年至今）3 个历史阶段。经过 30 多年的发展，我国排污收费法律、法规、政策、制度和执行体系基本形成。在法律上，《中华人民共和国环境保护法》等 5 部法律对此作出了明确规定。国务院于 2002 年 1 月颁布了《排污费征收使用管理条例》，于 2003 年 7 月 1 日正式实施。国家环境保护总局下发了《排污费征收标准管理办法》《排污费资金收缴使用管理办法》《关于排污费征收核定有关工作的通知》《关于减及缓缴排污费有关问题的通知》《违反行政事业性收费和罚没收入收支两条线管理规定行政处分暂行规定》等 7 个部门规章和规范性文件，同《排污费征收使用管理条例》配套实施，使我国新的排污收费制度体系在制度上的改革基本完成。

二、天津市排污收费制度执行情况及成效

为了更好地贯彻执行排污收费制度，严格按照《排污费征收使用管理条例》及其配套规章规定的法定程序开展排污费征收工作，准确掌握国家有关排污费征收的法规、规章，规范工作程序，天津市环境保护局相继下发了《关于做好排污申报登记工作的通知》《关于加强排污费征收管理的通知》对天津市各区县环境保护局的排污费征收工作提出了具体要求，对排污申报、审核、核定、收费、对账各环节作了具体要求。在全面使用国家统一的《排污费征收管理系统》基础上，自 2007 年 7 月 1 日起，要求排污费征收过程中的相关文书（包括《排污核定通知书》《排污核定复核决定通知书》《排污费缴纳通知单》和《排污费限期缴纳通知单》）在准确核定排污单位排污量后，由《排污费征收使用管理系

统》软件自动生成，并严格按照相关文件要求，在法定时限内按月或按季征收排污费，同时将已经收缴的排污费录入《排污费征收使用管理系统》软件银行对账功能模块中。

目前，天津市在排污费征收制度上基本做到了以下7个方面：

一是由超标收费转向排污收费。在废水、废气污染物的征收上实施"排污收费，超标处罚"政策；向城镇污水集中处理设施排放污水、缴纳污水处理费用的，不再缴纳排污费；废水、废气收费项目由单因子收费转向多因子收费。

二是理顺了排污费征收体制。天津市环境监察总队负责电力企业装机容量30万千瓦以上二氧化硫排污费征收；区县级环境保护行政主管部门负责辖区内排污单位排污费征收工作，按照辖区排污者排放污染物的种类、数量进行核定、收费；天津市市级环境监察机构对区县监察机构进行业务指导和稽查执法。

三是完善了排污费征收程序。利用全国统一的排污收费征收系统进行核定征收工作，建立了从申报、核定到收费全过程的电子、文字档案，按照《关于印发天津市排污申报核定与排污费征收报告制度及汇审计分办法的通知》按月、按季实行逐级上报制度。

四是明确了排污申报登记数据作为排污收费的依据。每年1月15日前，排污者向环境监察机构申报上年度的实际排污情况和本年度正常作业条件下的排污情况，需要变更申报的在发生改变之前15日内进行变更申报登记；新、扩、改建项目在试生产前3个月内办理试生产的申报手续，建筑施工单位在开工前15日内办理申报手续。在正常申报的基础上，排污单位可以按月或按季进行变更，环境监察机构按月或按季核定排污量，在每月或季度终了后10日内完成本辖区排污者的核定工作。排污者对核定结果有异议的，在接到《排污核定通知书》7日内申请复核。根据核定结果，计算应缴纳的排污费，下发排污费缴纳通知书。

五是采用互联网、公告栏等形式向社会公布排污者缴纳的排污费以及减、免、缓的排污费，接受社会监督。

六是严格实行了排污费"收支两条线"。按照国务院有关规定，排污收费实行"环保开票、银行代收、财政统管"的原则，规范了排污费资金的使用方向，取消了各级环保部门在银行设立的征收排污费过渡账户，环保部门只负责送达排污费缴费通知书。

七是强化了排污费征收手段。对排污费缴纳、征收、管理及使用等环节的违法行为，均规定了相应的法律责任，并加大了处罚力度。对不缴或欠缴排污费的，可处应缴纳排污费 1 倍以上 3 倍以下的罚款，并报有批准权的人民政府批准，责令停产停业整顿。此外，实施排污收费稽查，区县人民政府环境保护行政主管部门应当征收而未征收或者少征收排污费的，上级环境保护行政主管部门有权责令其限期改正，或直接责令排污者补缴排污费。

第七节 环境保护目标责任制

一、环境保护目标责任制概述

1．环境保护目标责任制概念

环境保护目标责任制是我国环境管理中的一项重大举措。它是通过签订责任书的形式，具体落实到地方各级人民政府、有关部门的行政首长和有关污染单位的法人代表对环境质量负责的行政管理制度。一个区域、一个部门乃至一个单位环境保护的主要责任者和责任范围，运用目标化、定量化、制度化的管理方法，把贯彻执行环境保护这一基本国策作为各级领导的行为规范，推动环保工作全面、深入发展，是责任、权利、义务的有机结合，从而使改善环境质量的任务能够得到层层分解落实，达到既定的环境目标。

2. 环境保护目标责任制特点

环境保护目标责任制的特点主要体现在以下六方面：

（1）有明确的时间和空间界限。

（2）有明确的环境质量目标和定量要求、指标。

（3）有明确的年度工作指标。

（4）以责任制形式层层落实。

（5）有配套的措施、支持系统和考核、奖惩办法。

（6）有定量化的监测和控制系统。

3. 环境保护目标责任制作用

环境保护目标责任制在我国环境管理制度体系中居于举足轻重的地位，对其他制度的执行具有全局性的影响。

（1）环境保护目标责任制明确了保护环境的主要责任者、责任目标和责任范围，解决了"谁对环境质量负责"这一首要问题。

（2）环境保护目标责任制的容量很大，各地可以根据本地区的实际情况，确定责任制的指标体系和考核方法，既包含区域环境质量指标，也包含污染控制指标，还可以包含改善区域环境质量所完成的工作指标；既可以将"老三项"制度作为管理内容纳入责任书，又可以将其他管理制度作为内容纳入责任书。许多地方把排污费收缴率、环境影响评价和"三同时"执行率等都纳入了责任制。所以，抓好环境保护目标责任制就能带动全局，促进其他制度和措施的全面实行。

（3）环境保护目标责任制的各项指标可以层层分解，使保护环境的任务落到方方面面、各行各业，调动全社会的积极性，各司其职，全面做好环境保护工作。

二、1998—2002 年天津市环境保护目标责任书

1998 年，为贯彻环境保护基本国策，实施可持续发展战略，切实搞好环境综合整治，创造良好环境，尽快把天津市建设成为现代化港口城市和中国北方重要的经济中心，天津市人民政府依照党中央、国务院关于进一步加强环境保护工作的领导，坚持党政一把手亲自抓、负总责和完善目标管理责任制的要求，与全市各区县人民政府签订了《天津市环境保护目标责任书（1998—2002 年）》，保证了天津市改善环境质量的任务层层分解落实，达到既定目标。

1. 1998—2002 年环境保护目标及考核指标

表 4-1　1998—2002 年环境保护目标及考核指标

序号	考核项目	1998 年目标值	1999 年目标值	2000 年目标值	2001 年目标值	2002 年目标值
1	大气总悬浮微粒年日平均值/（mg/m³）	0.300	0.270	0.200	0.200	≤0.200
2	SO_2 年日平均值/（mg/m³）	0.075	0.070	0.060	0.060	≤0.060
3	氮氧化物年日平均值/（mg/m³）	0.050	≤0.050	≤0.050	≤0.050	≤0.050
4	区域环境噪声平均值/dB（A）	59.0	≤59.0	≤58.5	≤58.5	≤58.0
5	交通干线噪声平均值/dB（A）	70.0	≤70.0	≤70.0	≤70.0	≤70.0
6	COD 排放总量削减率/%	*	*	*	*	*
7	烟尘排放总量削减率/%	**	**	**	**	**
8	SO_2 排放总量削减率/%	**	**	**	**	**
9	工业粉尘排放总量削减率/%	**	**	**	**	**
10	烟尘控制区覆盖率/%	100.00	100.00	100.00	100.00	100.00
11	噪声达标区覆盖率/%	60.00	65.00	68.00	70.00	70.00
12	工业废水排放达标率/%	90.00	95.00	100.00	100.00	100.00
13	工业固体废物综合利用率/%	>80.00	>80.00	>85.00	>85.00	>90.00
14	危险废物处置率/%	98.00	98.00	99.00	100.00	100.00
15	城市集中供热率/%	>40.00	>40.00	>45.00	>45.00	>45.00
16	生活垃圾处理率/%	70.00	>70.00	75.00	85.00	>85.00

序号	考核项目	1998年目标值	1999年目标值	2000年目标值	2001年目标值	2002年目标值
17	建成区绿化覆盖率/%	21.00	22.00	23.00	24.00	25.00
18	环境保护投资指数/%	>2.00	>2.00	>2.00	2.20	>2.00
19	"三同时"合格执行率/%	99.00	100.00	100.00	100.00	100.00
20	排污费征收面/%	85.00	90.00	100.00	100.00	100.00
21	污染防治设施运行率/%	98.00	100.00	100.00	100.00	100.00
22	建设项目施工排污申报率/%	100.00	100.00	100.00	100.00	100.00
23	超标污染源限期达标率/%	—	100.00	—	—	—

*：按海河水污染防治规划执行。

**：按制订的"两控区"规划执行。

2．考核与验收

（1）根据天津市环境保护目标责任书考核与奖惩办法进行考核。

（2）责任单位对天津市环境保护目标责任书的内容，要采取切实有力措施，做到责任到位、投入到位、措施到位，确保目标和指标的完成。

（3）责任单位对所承担的任务，每季度自查一次，每半年向天津市环境综合整治办公室书面汇报一次。

（4）各责任单位在年终自查的基础上，提出申请检查验收报告，天津市环境综合整治办公室组织有关部门对各项目标和指标的完成情况进行考核验收，并填写验收报告表，报天津市政府审核后予以公布。

3.《天津市环境保护目标责任书（1998—2002年）》说明

（1）责任书一式两份。一份由责任单位保存，一份存市环境综合整治办公室。

（2）责任单位负责人由于工作调动、任职期满或其他原因离开原工作岗位，其责任由继任者履行。

（3）责任单位进行机构改革、职能调整时，其责任由相应单位承接。

三、2002—2004 年天津市创建国家环境保护模范城市目标责任书

2002 年，为贯彻落实天津市委、市政府提出的在全市开展创建国家环境保护模范城市活动的战略部署，确保用三年时间把天津市建成国家环境保护模范城市，市政府根据《关于开展创建国家环境保护模范城市活动的通知》精神，与各区县人民政府签订了《天津市创建国家环境保护模范城市目标责任书（2002—2004 年）》，确保了全市按期实现"创建国家环境保护模范城市"目标。

1. 区县人民政府创建国家环境保护模范城市目标及目标责任和完成时限

创模目标 1：城市环境综合整治定量考核名列全国前列。

创模目标 2：应当是国家卫生城市。

创模目标 3：环境保护投资指数。

创模目标 4：人口自然增长率低于国家计划指标。

创模目标 5：单位 GDP 能耗低于全国平均水平。

创模目标 6：单位 GDP 用水量低于全国平均水平。

创模目标 7：空气污染指数小于 100。

创模目标 8：城市水功能区水质达标率 100%，且市区无超五类水体。

创模目标 9：区域环境噪声平均值小于 55.2 分贝。

创模目标 10：交通干线噪声平均值小于 68 分贝。

创模目标 11：提高建成区绿化覆盖率。

创模目标 12：工业废水排放达标率 100%。

创模目标 13：工业固体废物综合利用，无工业危险废物排放。

创模目标 14：生活垃圾无害化处理率大于 80%。

创模目标 15：烟尘控制区覆盖率。

创模目标 16：噪声达标区覆盖率。

创模目标 17：公众对城市环境的满意率大于 60%。

创模目标 18：按期完成主要污染物总量削减计划，实行新污染项目环保一票否决并纳入城市社会经济发展计划。

2. 考核与验收

（1）各责任单位对承担的工作任务，要采取确实有力的措施，制订具体实施方案，落实本部门、本单位的工作目标责任制，做到责任到位、投入到位、项目落实、措施落实，确保按期。

（2）各责任单位对所承担的工作完成情况，要认真做好自查，每半年向天津市创建国家环境保护模范城市领导小组办公室书面汇报一次。

（3）天津市创建国家环境保护模范城市领导小组办公室每年对各责任单位工作情况进行检查考核，2004 年年底组织全面考核验收。各责任单位在自查的基础上，提出检查验收申请，天津市创建国家环境保护模范城市领导小组办公室组织有关部门对各责任单位目标、指标和任务完成情况进行考核验收，并填写考核验收报告表，报请天津市创建国家环境保护模范城市领导小组审核后予以公布。

（4）天津市政府对完成任务突出的单位进行表彰和奖励。

3.《天津市创建国家环境保护模范城市目标责任书（2002—2004年）》说明

（1）责任书一式两份。一份由责任单位保存，一份存天津市创建国家环境保护模范城市领导小组办公室。

（2）责任单位负责人由于工作调动、任职期满或其他原因离开工作岗位，其责任由继任者履行。

（3）责任单位进行机构改革、职能调整时，其责任由相应单位承接。

四、天津市区县"十一五"二氧化硫总量削减目标责任书

2006 年，为贯彻落实《国务院关于落实科学发展观　加强环境保护的决定》和全国大气污染防治工作会议精神，全面推进天津市大气污染防治工作，确保实现"十一五"天津市二氧化硫排放总量控制目标，市政府与各区县政府签订了"十一五"二氧化硫排放总量削减目标责任书。

1."十一五"二氧化硫排放总量控制目标

2010 年二氧化硫排放总量在 2005 年的基础上削减 10%（每年削减量不低于 2%）；同时要加大"十一五"二氧化硫重点治理项目实施力度，为全市经济发展腾出容量空间。

2. 区县"十一五"二氧化硫重点治理项目和任务

（1）和平区。

①根据本辖区"十一五"二氧化硫排放总量控制目标，2006 年年底前务必将削减任务落实到企业。

②"十一五"期间，必须加大投入，对现有 12 台、合计 264 蒸吨10 吨/时以上工业及供热燃煤锅炉实施烟气高效脱硫改造工程，确保二氧化硫排放达到天津市《锅炉大气污染物排放标准》Ⅱ时段标准要求，确保减少二氧化硫排放约 0.024 万吨/年。

③"十一五"期间，继续加大力度实施 10 吨/时以下燃煤锅炉改燃和拆除并网工程，有效减少二氧化硫排放总量。

④所有 20 吨/时以上工业及供热燃煤锅炉在实施烟气脱硫工程的同时，必须按国家要求安装烟气在线自动监测装置，确保正常运行，并与环保部门联网，以有效监督企业二氧化硫稳定达标排放。

（2）河东区。

①根据本辖区"十一五"二氧化硫排放总量控制目标，2006 年年底前务必将削减任务落实到企业。

②要加强对电力企业烟气脱硫项目的监管。对列入本责任书的拟建和在建现役燃煤发电机组应按期完成烟气脱硫项目建设，并确保稳定运行。

③"十一五"期间，必须加大投入，对现有 40 台、合计 1 175 蒸吨10 吨/时以上工业及供热燃煤锅炉实施烟气高效脱硫改造工程，确保二氧化硫排放达到天津市《锅炉大气污染物排放标准》Ⅱ时段标准要求，确保减少二氧化硫排放约 0.292 万吨/年。

④"十一五"期间，继续加大力度实施 10 吨/时以下燃煤锅炉改燃和拆除并网工程，有效减少二氧化硫排放总量。

⑤所有火电厂及 20 吨/时以上工业及供热燃煤锅炉在实施烟气脱硫工程的同时，必须按国家要求安装烟气在线自动监测装置，确保正常运行，并与环保部门联网，以有效监督企业二氧化硫稳定达标排放。

（3）河西区。

①根据本辖区"十一五"二氧化硫排放总量控制目标，2006 年年底前务必将削减任务落实到企业。

②要加强对电力企业烟气脱硫项目的监管。对列入本责任书的拟建和在建现役燃煤发电机组应按期完成烟气脱硫项目建设，并确保稳定运行。

③"十一五"期间，必须加大投入，对现有 35 台、合计 975 蒸吨10 吨/时以上工业及供热燃煤锅炉实施烟气高效脱硫改造工程，确保二氧化硫排放达到天津市《锅炉大气污染物排放标准》Ⅱ时段标准要求，确保减少二氧化硫排放约 0.146 万吨/年。

④"十一五"期间，继续加大力度实施 10 吨/时以下燃煤锅炉改燃和拆除并网工程。

⑤所有火电厂及 20 吨/时以上工业及供热燃煤锅炉在实施烟气脱硫工程的同时，必须按国家要求安装烟气在线自动监测装置，确保正常运行，并与环保部门联网，以有效监督企业二氧化硫稳定达标排放。

（4）南开区。

①根据本辖区"十一五"二氧化硫排放总量控制目标，2006 年年底前务必将削减任务落实到企业。

②"十一五"期间，必须加大投入，对现有 43 台、合计 1 420 蒸吨 10 吨/时以上工业及供热燃煤锅炉实施烟气高效脱硫改造工程，确保二氧化硫排放达到天津市《锅炉大气污染物排放标准》II 时段标准要求，确保减少二氧化硫排放约 0.142 万吨/年。

③"十一五"期间，继续加大力度实施 10 吨/时以下燃煤锅炉改燃和拆除并网工程。

④所有 20 吨/时以上工业及供热燃煤锅炉在实施烟气脱硫工程的同时，必须按国家要求安装烟气在线自动监测装置，确保正常运行，并与环保部门联网，以有效监督企业二氧化硫稳定达标排放。

（5）河北区。

①根据本辖区"十一五"二氧化硫排放总量控制目标，2006 年年底前务必将削减任务落实到企业。

②"十一五"期间，必须加大投入，对现有 56 台、合计 1 435 蒸吨 10 吨/时以上工业及供热燃煤锅炉实施烟气高效脱硫改造工程，确保二氧化硫排放达到天津市《锅炉大气污染物排放标准》II 时段标准要求，确保减少二氧化硫排放约 0.197 万吨/年。

③"十一五"期间，继续加大力度实施 10 吨/时以下燃煤锅炉改燃和拆除并网工程，有效减少二氧化硫排放总量。

④所有 20 吨/时以上工业及供热燃煤锅炉在实施烟气脱硫工程的同时，必须按国家要求安装烟气在线自动监测装置，确保正常运行，并与环保部门联网，以有效监督企业二氧化硫稳定达标排放。

（6）红桥区。

①根据本辖区"十一五"二氧化硫排放总量控制目标，2006年年底前务必将削减任务落实到企业。

②"十一五"期间，必须加大投入，对现有19台、合计502蒸吨10吨/时以上工业及供热燃煤锅炉实施烟气高效脱硫改造工程，确保二氧化硫排放达到天津市《锅炉大气污染物排放标准》Ⅱ时段标准要求，确保减少二氧化硫排放约0.06万吨/年。

③"十一五"期间，继续加大力度实施10吨/时以下燃煤锅炉改燃和拆除并网工程，有效减少二氧化硫排放总量。

④所有20吨/时以上工业及供热燃煤锅炉在实施烟气脱硫工程的同时，必须按国家要求安装烟气在线自动监测装置，确保正常运行，并与环保部门联网，以有效监督企业二氧化硫稳定达标排放。

（7）东丽区。

①根据本辖区"十一五"二氧化硫排放总量控制目标，2006年年底前务必将削减任务落实到企业。

②要加强对电力企业烟气脱硫项目的监管。对列入本责任书的拟建和在建现役燃煤发电机组应按期完成烟气脱硫项目建设，并确保稳定运行。

③"十一五"期间，必须加大投入，对现有27台、合计650蒸吨10吨/时以上工业及供热燃煤锅炉实施烟气高效脱硫改造工程，确保二氧化硫排放达到天津市《锅炉大气污染物排放标准》Ⅱ时段标准要求，确保减少二氧化硫排放约0.166万吨/年。

④"十一五"期间，继续加大力度实施10吨/时以下燃煤锅炉改燃和拆除并网工程。

⑤所有火电厂及20吨/时以上工业及供热燃煤锅炉在实施烟气脱硫工程的同时，必须按国家要求安装烟气在线自动监测装置，确保正常运行，并与环保部门联网，以有效监督企业二氧化硫稳定达标排放。

（8）西青区。

①根据本辖区"十一五"二氧化硫排放总量控制目标，2006 年年底前务必将削减任务落实到企业。

②要加强对电力企业烟气脱硫项目的监管。对列入本责任书的拟建和在建现役燃煤发电机组应按期完成烟气脱硫项目建设，并确保稳定运行。

③"十一五"期间，必须加大投入，对现有 22 台、合计 500 蒸吨10 吨/时以上工业及供热燃煤锅炉实施烟气高效脱硫改造工程，确保二氧化硫排放达到天津市《锅炉大气污染物排放标准》Ⅱ时段标准要求，确保减少二氧化硫排放约 0.062 5 万吨/年。

④"十一五"期间，继续加大力度实施 10 吨/时以下燃煤锅炉改燃和拆除并网工程。

⑤所有火电厂及 20 吨/时以上工业及供热燃煤锅炉在实施烟气脱硫工程的同时，必须按国家要求安装烟气在线自动监测装置，确保正常运行，并与环保部门联网，以有效监督企业二氧化硫稳定达标排放。

（9）津南区。

①根据本辖区"十一五"二氧化硫排放总量控制目标，2006 年年底前务必将削减任务落实到企业。

②"十一五"期间，必须加大投入，对现有 21 台、合计 600 蒸吨10 吨/时以上工业及供热燃煤锅炉实施烟气高效脱硫改造工程，确保二氧化硫排放达到天津市《锅炉大气污染物排放标准》Ⅱ时段标准要求，确保减少二氧化硫排放约 0.060 万吨/年。

③"十一五"期间，继续加大力度实施 10 吨/时以下燃煤锅炉改燃和拆除并网工程。

④所有 20 吨/时以上工业及供热燃煤锅炉在实施烟气脱硫工程的同时，必须按国家要求安装烟气在线自动监测装置，确保正常运行，并与环保部门联网，以有效监督企业二氧化硫稳定达标排放。

（10）北辰区。

①根据本辖区"十一五"二氧化硫排放总量控制目标，2006年年底前务必将削减任务落实到企业。

②"十一五"期间，必须加大投入，对现有54台、合计1 486蒸吨10吨/时以上工业及供热燃煤锅炉实施烟气高效脱硫改造工程，确保二氧化硫排放达到天津市《锅炉大气污染物排放标准》Ⅱ时段标准要求，确保减少二氧化硫排放约0.163万吨/年。

③"十一五"期间，继续加大力度实施10吨/时以下燃煤锅炉改燃和拆除并网工程。

④所有20吨/时以上工业及供热燃煤锅炉在实施烟气脱硫工程的同时，必须按国家要求安装烟气在线自动监测装置，确保正常运行，并与环保部门联网，以有效监督企业二氧化硫稳定达标排放。

（11）塘沽区。

①根据本辖区"十一五"二氧化硫排放总量控制目标，2006年年底前务必将削减任务落实到企业。

②要加强对电力企业烟气脱硫项目的监管。对列入本责任书的拟建和在建现役燃煤发电机组应按期完成烟气脱硫项目建设，并确保稳定运行。

③"十一五"期间，必须加大投入，对现有28台、合计595蒸吨10吨/时以上工业及供热燃煤锅炉实施烟气高效脱硫改造工程，确保二氧化硫排放达到天津市《锅炉大气污染物排放标准》Ⅱ时段标准要求，确保减少二氧化硫排放约0.132万吨/年。

④"十一五"期间，继续加大力度实施10吨/时以下燃煤锅炉改燃和拆除并网工程。

⑤所有火电厂及20吨/时以上工业及供热燃煤锅炉在实施烟气脱硫工程的同时，必须按国家要求安装烟气在线自动监测装置，确保正常运行，并与环保部门联网，以有效监督企业二氧化硫稳定达标排放。

（12）汉沽区。

①根据本辖区"十一五"二氧化硫排放总量控制目标，2006年年底前务必将削减任务落实到企业。

②要加强对电力企业烟气脱硫项目的监管。对列入本责任书的拟建和在建现役燃煤发电机组应按期完成烟气脱硫项目建设，并确保稳定运行。

③"十一五"期间，必须加大投入，对现有17台、合计405蒸吨10吨/时以上工业及供热燃煤锅炉实施烟气高效脱硫改造工程，确保二氧化硫排放达到天津市《锅炉大气污染物排放标准》Ⅱ时段标准要求，确保减少二氧化硫排放约0.116万吨/年。

④"十一五"期间，继续加大力度实施10吨/时以下燃煤锅炉改燃和拆除并网工程。

⑤所有火电厂及20吨/时以上工业及供热燃煤锅炉在实施烟气脱硫工程的同时，必须按国家要求安装烟气在线自动监测装置，确保正常运行，并与环保部门联网，以有效监督企业二氧化硫稳定达标排放。

（13）大港区。

①根据本辖区"十一五"二氧化硫排放总量控制目标，2006年年底前务必将削减任务落实到企业。

②要加强对电力企业烟气脱硫项目的监管。对列入本责任书的拟建和在建现役燃煤发电机组应按期完成烟气脱硫项目建设，并确保稳定运行。

③"十一五"期间，必须加大投入，对现有28台、合计860蒸吨10吨/时以上工业及供热燃煤锅炉实施烟气高效脱硫改造工程，确保二氧化硫排放达到天津市《锅炉大气污染物排放标准》Ⅱ时段标准要求，确保减少二氧化硫排放约0.1万吨/年。

④"十一五"期间，继续加大力度实施10吨/时以下燃煤锅炉改燃和拆除并网工程。

⑤所有火电厂及 20 吨/时以上工业及供热燃煤锅炉在实施烟气脱硫工程的同时，必须按国家要求安装烟气在线自动监测装置，确保正常运行，并与环保部门联网，以有效监督企业二氧化硫稳定达标排放。

（14）天津经济技术开发区。

①根据本辖区"十一五"二氧化硫排放总量控制目标，2006 年年底前务必将削减任务落实到企业。

②要加强对电力企业烟气脱硫项目的监管。对列入本责任书的拟建和在建现役燃煤发电机组应按期完成烟气脱硫项目建设，并确保稳定运行。

③"十一五"期间，必须加大投入，对现有 6 台、合计 222 蒸吨 10 吨/时以上工业及供热燃煤锅炉实施烟气高效脱硫改造工程，确保二氧化硫排放达到天津市《锅炉大气污染物排放标准》Ⅱ时段标准要求，确保减少二氧化硫排放约 0.029 万吨/年。

④"十一五"期间，继续加大力度实施 10 吨/时以下燃煤锅炉改燃和拆除并网工程。

⑤所有火电厂及 20 吨/时以上工业及供热燃煤锅炉在实施烟气脱硫工程的同时，必须按国家要求安装烟气在线自动监测装置，确保正常运行，并与环保部门联网，以有效监督企业二氧化硫稳定达标排放。

（15）天津港保税区。

①根据本辖区"十一五"二氧化硫排放总量控制目标，2006 年年底前务必将削减任务落实到企业。

②"十一五"期间，必须加大投入，对现有 5 台、合计 100 蒸吨 10 吨/时以上工业及供热燃煤锅炉实施烟气高效脱硫改造工程，确保二氧化硫排放达到天津市《锅炉大气污染物排放标准》Ⅱ时段标准要求，确保减少二氧化硫排放约 0.01 万吨/年。

③"十一五"期间，继续加大力度实施 10 吨/时以下燃煤锅炉改燃和拆除并网工程。

④所有 20 吨/时以上工业及供热燃煤锅炉在实施烟气脱硫工程的同时，必须按国家要求安装烟气在线自动监测装置，确保正常运行，并与环保部门联网，以有效监督企业二氧化硫稳定达标排放。

（16）武清区。

①根据本辖区"十一五"二氧化硫排放总量控制目标，2006 年年底前务必将削减任务落实到企业。

②"十一五"期间，必须加大投入，对现有 14 台、合计 375 蒸吨 10 吨/时以上工业及供热燃煤锅炉实施烟气高效脱硫改造工程，确保二氧化硫排放达到天津市《锅炉大气污染物排放标准》Ⅱ时段标准要求，确保减少二氧化硫排放约 0.094 万吨/年。

③"十一五"期间，继续加大力度实施 10 吨/时以下燃煤锅炉改燃和拆除并网工程。

④所有 20 吨/时以上工业及供热燃煤锅炉在实施烟气脱硫工程的同时，必须按国家要求安装烟气在线自动监测装置，确保正常运行，并与环保部门联网，以有效监督企业二氧化硫稳定达标排放。

（17）宝坻区。

①根据本辖区"十一五"二氧化硫排放总量控制目标，2006 年年底前务必将削减任务落实到企业。

②"十一五"期间，必须加大投入，对现有 9 台、合计 212 蒸吨 10 吨/时以上工业及供热燃煤锅炉实施烟气高效脱硫改造工程,确保二氧化硫排放达到天津市《锅炉大气污染物排放标准》Ⅱ时段标准要求,确保减少二氧化硫排放约 0.053 万吨/年。

③"十一五"期间，继续加大力度实施 10 吨/时以下燃煤锅炉改燃和拆除并网工程。

④所有 10 吨/时以上工业及供热燃煤锅炉在实施烟气脱硫工程的同时，必须按国家要求安装烟气在线自动监测装置，确保正常运行，并与环保部门联网，以有效监督企业二氧化硫稳定达标排放。

（18）蓟县。

①根据本辖区"十一五"二氧化硫排放总量控制目标，2006年年底前务必将削减任务落实到企业。

②要加强对电力企业烟气脱硫项目的监管。对列入本责任书的拟建和在建现役燃煤发电机组应按期完成烟气脱硫项目建设，并确保稳定运行。

③"十一五"期间，必须加大投入，对现有5台、合计80蒸吨10吨/时以上工业及供热燃煤锅炉实施烟气高效脱硫改造工程，确保二氧化硫排放达到天津市《锅炉大气污染物排放标准》Ⅱ时段标准要求，确保减少二氧化硫排放约0.02万吨/年。

④"十一五"期间，继续加大力度实施10吨/时以下燃煤锅炉改燃和拆除并网工程。

⑤所有火电厂及20吨/时以上工业及供热燃煤锅炉在实施烟气脱硫工程的同时，必须按国家要求安装烟气在线自动监测装置，确保正常运行，并与环保部门联网，以有效监督企业二氧化硫稳定达标排放。

（19）静海县。

①根据本辖区"十一五"二氧化硫排放总量控制目标，2006年年底前务必将削减任务落实到企业。

②要加强对电力企业烟气脱硫项目的监管。对列入本责任书的拟建和在建现役燃煤发电机组应按期完成烟气脱硫项目建设，并确保稳定运行。

③"十一五"期间，必须加大投入，对现有2台、合计60蒸吨10吨/时以上工业及供热燃煤锅炉实施烟气高效脱硫改造工程，确保二氧化硫排放达到天津市《锅炉大气污染物排放标准》Ⅱ时段标准要求，确保减少二氧化硫排放约0.035万吨/年。

④"十一五"期间，继续加大力度实施10吨/时以下燃煤锅炉改燃和拆除并网工程。

⑤所有火电厂及 20 吨/时以上工业及供热燃煤锅炉在实施烟气脱硫工程的同时，必须按国家要求安装烟气在线自动监测装置，确保正常运行，并与环保部门联网，以有效监督企业二氧化硫稳定达标排放。

（20）宁河县。

①根据本辖区"十一五"二氧化硫排放总量控制目标，2006 年年底前务必将削减任务落实到企业。

②要加强对电力企业烟气脱硫项目的监管。对列入本责任书的拟建和在建现役燃煤发电机组应按期完成烟气脱硫项目建设，并确保稳定运行。

③"十一五"期间，必须加大投入，对现有 4 台、合计 140 蒸吨 10 吨/时以上工业及供热燃煤锅炉实施烟气高效脱硫改造工程，确保二氧化硫排放达到天津市《锅炉大气污染物排放标准》Ⅱ时段标准要求，确保减少二氧化硫排放约 0.019 万吨/年。

④"十一五"期间，继续加大力度实施 10 吨/时以下燃煤锅炉改燃和拆除并网工程。

⑤所有火电厂及 20 吨/时以上工业及供热燃煤锅炉在实施烟气脱硫工程的同时，必须按国家要求安装烟气在线自动监测装置，确保正常运行，并与环保部门联网，以有效监督企业二氧化硫稳定达标排放。

五、天津市区县"十一五"水污染物总量削减目标责任书

2006 年，为认真贯彻落实国务院《关于落实科学发展观　加强环境保护的决定》和全国水污染防治电视电话会议精神，确保实现天津市水污染物总量控制目标，根据国家环境保护总局与天津市政府签订的《天津市"十一五"水污染物总量削减目标责任书（2006—2010 年）》和《"十一五"国家环境保护模范城市考核指标及其实施细则》的要求，天津市人民政府与各区县人民政府签订了"十一五"水污染物总量削减目标责任书。

1. 区县水污染物防治目标和重点任务

（1）和平区。

①水污染物防治目标。

目标1：完成主要水污染物COD排放总量削减目标。

到2008年年底，工业COD排放总量目标控制在832吨以内，在2005年的基础上削减44吨以上，削减比例5%；到2010年年底，工业COD排放总量目标控制在788吨以内，在2005年的基础上削减88吨以上，削减比例10%。

目标2：实现污染源排放稳定达标。

排污单位排向城市污水处理厂的废水，要达到国家《污水综合排放标准》（GB 8978—1996）三级标准或相应的行业排放标准；排污单位排向无环境容量水环境功能区的，要达到相应水环境功能区水质标准；排污单位排向尚有环境容量的水环境功能区的，要达到相应浓度排放标准和总量控制指标；排污单位无合理排放去向的废水，禁止排放。

目标3：地表水环境功能区质量稳定达标。

海河等城市景观河道要达到V类水体标准；各功能区水质监测断面达到相应功能区水质标准；辖区内无劣V类水体。

②水污染物防治重点任务。

重点任务1：加强城市景观河道保护和监管。

和平区政府要加强辖区内景观河道周边环境的综合整治，加强面源污染控制，改善建成区水环境质量。

重点任务2：深化工业污染防治。

结合经济结构调整，进一步完善强制淘汰制度。按期淘汰不符合产业政策的水污染严重企业和落后的生产能力、工艺、设备与产品。

依法实行清洁生产审核。对化工、造纸、印染、酿造、石油等污染物总量负荷较高以及有严重污染隐患等类企业，实行强制清洁生产审核；对重点污染源要积极引导推行清洁生产审核；企业要按清洁生产审核要求进行技术改造。

巩固工业污染源达标排放成果。凡是水污染物不能达到总量控制要求的企业实行限期治理，治理期间应予限产、限排，逾期未完成治理任务的，责令其停产整治；自 2007 年起，对仍不能满足污染物排放总量控制要求的企业限产限排。

加强对重点工业污染源的监管。2008 年 6 月底前，50%的重点排污企业要在指定位置安装自动监控装置；2010 年 6 月底前，80%的重点排污企业要在指定位置安装自动监控装置，自动监控装置要与市、区环保部门联网；区环保部门要严格按国家标准征收排污费。

（2）河东区。

①水污染物防治目标。

目标 1：完成主要水污染物 COD 排放总量削减目标。

到 2008 年年底，工业 COD 排放总量目标控制在 1 639 吨以内，在 2005 年的基础上削减 87 吨以上，削减比例 5%；到 2010 年年底，工业 COD 排放总量目标控制在 1 553 吨以内，在 2005 年的基础上削减 173 吨以上，削减比例 10%。

目标 2：实现污染源排放稳定达标。

排污单位排向城市污水处理厂的废水，要达到国家《污水综合排放标准》（GB 8978—1996）三级标准或相应的行业排放标准；排污单位排向无环境容量水环境功能区的，要达到相应水环境功能区水质标准；排污单位排向尚有环境容量的水环境功能区的，要达到相应浓度排放标准和总量控制指标；排污单位无合理排放去向的废水，禁止排放。

目标 3：地表水环境功能区质量稳定达标。

海河等城市景观河道要达到 V 类水体标准；各功能区水质监测断面

达到相应功能区水质标准；辖区内无劣V类水体。

②水污染物防治重点任务。

重点任务1：加强城市景观河道保护和监管。

河东区政府要加强辖区内景观河道周边环境的综合整治，加强面源污染控制，改善建成区水环境质量。

重点任务2：深化工业污染防治。

结合经济结构调整，进一步完善强制淘汰制度。按期淘汰不符合产业政策的水污染严重企业和落后的生产能力、工艺、设备与产品。

依法实行清洁生产审核。对化工、造纸、印染、酿造、石油等污染物总量负荷较高以及有严重污染隐患等类企业，实行强制清洁生产审核；对重点污染源要积极引导推行清洁生产审核；企业要按清洁生产审核要求进行技术改造。

巩固工业污染源达标排放成果。凡是水污染物不能达到总量控制要求的企业实行限期治理，治理期间应予限产、限排，逾期未完成治理任务的，责令其停产整治；自2007年起，对仍不能满足污染物排放总量控制要求的企业限产限排。

加强对重点工业污染源的监管。2008年6月底前，50%的重点排污企业要在指定位置安装自动监控装置；2010年6月底前，80%的重点排污企业要在指定位置安装自动监控装置，自动监控装置要与市、区环保部门联网；区环保部门要严格按国家标准征收排污费。

（3）河西区。

①水污染物防治目标。

目标1：完成主要水污染物COD排放总量削减目标。

到2008年年底，工业COD排放总量目标控制在5 886吨以内，在2005年的基础上削减310吨以上，削减比例5%；到2010年年底，工业COD排放总量目标控制在5 576吨以内，在2005年的基础上削减620吨以上，削减比例10%。

目标 2：实现污染源排放稳定达标。

排污单位排向城市污水处理厂的废水，要达到国家《污水综合排放标准》（GB 8978—1996）三级标准或相应的行业排放标准；排污单位排向无环境容量水环境功能区的，要达到相应水环境功能区水质标准；排污单位排向尚有环境容量的水环境功能区的，要达到相应浓度排放标准和总量控制指标；排污单位无合理排放去向的废水，禁止排放。

目标 3：地表水环境功能区质量稳定达标。

海河等城市景观河道要达到Ⅴ类水体标堆；各功能区水质监测断面达到相应功能区水质标准；辖区内无劣Ⅴ类水体。

②水污染物防治重点任务。

重点任务 1：加强城市景观河道保护和监管。

河西区政府要加强辖区内景观河道周边环境的综合整治，加强面源污染控制，改善建成区水环境质量。

重点任务 2：深化工业污染防治。

结合经济结构调整，进一步完善强制淘汰制度。按期淘汰不符合产业政策的水污染严重企业和落后的生产能力、工艺、设备与产品。

依法实行清洁生产审核。对化工、造纸、印染、酿造、石油等污染物总量负荷较高以及有严重污染隐患等类企业，实行强制清洁生产审核；对重点污染源要积极引导推行清洁生产审核；企业要按清洁生产审核要求进行技术改造。

巩固工业污染源达标排放成果。凡是水污染物不能达到总量控制要求的企业实行限期治理，治理期间应予限产、限排，逾期未完成治理任务的，责令其停产整治；自 2007 年起，对仍不能满足污染物排放总量控制要求的企业限产限排。

加强对重点工业污染源的监管。2008 年 6 月底前，50%的重点排污企业要在指定位置安装自动监控装置；2010 年 6 月底前，80%的重点排污企业要在指定位置安装自动监控装置，自动监控装置要与市、区环保部门联网；区环保部门要严格按国家标准征收排污费。

（4）南开区。

①水污染物防治目标。

目标 1：完成主要水污染物 COD 排放总量削减目标。

到 2008 年年底，工业 COD 排放总量目标控制在 1 734 吨以内，在 2005 年的基础上削减 92 吨以上，削减比例 5%；到 2010 年年底，工业 COD 排放总量目标控制在 1 643 吨以内，在 2005 年的基础上削减 184 吨以上，削减比例 10%。

目标 2：实现污染源排放稳定达标。

排污单位排向城市污水处理厂的废水，要达到国家《污水综合排放标准》（GB 8978—1996）三级标准或相应的行业排放标；排污单位排向无环境容量水环境功能区的，要达到相应水环境功能区水质标准；排污单位排向尚有环境容量的水环境功能区的，要达到相应浓度排放标准和总量控制指标；排污单位无合理排放去向的废水，禁止排放。

目标 3：地表水环境功能区质量稳定达标。

海河等城市景观河道要达到Ⅴ类水体标准；各功能区水质监测断面达到相应功能区水质标准；辖区内无劣Ⅴ类水体。

②水污染物防治重点任务。

重点任务 1：加强城市景观河道保护和监管。

南开区政府要加强辖区内景观河道周边环境的综合整治，加强面源污染控制，改善建成区水环境质量。

重点任务 2：深化工业污染防治。

结合经济结构调整，进一步完善强制淘汰制度。按期淘汰不符合产业政策的水污染严重企业和落后的生产能力、工艺、设备与产品。

依法实行清洁生产审核。对化工、造纸、印染、酿造、石油等污染物总量负荷较高以及有严重污染隐患等类企业，实行强制清洁生产审核；对重点污染源要积极引导推行清洁生产审核；企业要按清洁生产审核要求进行技术改造。

巩固工业污染源达标排放成果。凡是水污染物不能达到总量控制要求的企业实行限期治理，治理期间应予限产、限排，逾期未完成治理任务的，责令其停产整治；自 2007 年起，对仍不能满足污染物排放总量控制要求的企业限产限排。

加强对重点工业污染源的监管。2008 年 6 月底前，50%的重点排污企业要在指定位置安装自动监控装置；2010 年 6 月底前，80%的重点排污企业要在指定位置安装自动监控装置，自动监控装置要与市、区环保部门联网；区环保部门要严格按国家标准征收排污费。

（5）河北区。

①水污染物防治目标。

目标 1：完成主要水污染物 COD 排放总量削减目标。

到 2008 年年底，工业 COD 排放总量目标控制在 983 吨以内，在 2005 年的基础上削减 52 吨以上，削减比例 5%；到 2010 年年底，工业 COD 排放总量目标控制在 931 吨以内，在 2005 年的基础上削减 104 吨以上，削减比例 10%。

目标 2：实现污染源排放稳定达标。

排污单位排向城市污水处理厂的废水，要达到国家《污水综合排放标准》（GB 8978—1996）三级标准或相应的行业排放标准；排污单位排向无环境容量水环境功能区的，要达到相应水环境功能区水质标准；排污单位排向尚有环境容量的水环境功能区的，要达到相应浓度排放标准和总量控制指标；排污单位无合理排放去向的废水，禁止排放。

目标 3：地表水环境功能区质量稳定达标。

海河等城市景观河道要达到 V 类水体标准；各功能区水质监测断面达到相应功能区水质标准；辖区内无劣 V 类水体。

②水污染物防治重点任务。

重点任务 1：加强城市景观河道保护和监管。

河北区政府要加强辖区内景观河道周边环境的综合整治，加强面源污染控制，改善建成区水环境质量。

重点任务 2：深化工业污染防治。

结合经济结构调整，进一步完善强制淘汰制度。按期淘汰不符合产业政策的水污染严重企业和落后的生产能力、工艺、设备与产品。

依法实行清洁生产审核。对化工、造纸、印染、酿造、石油等污染物总量负荷较高以及有严重污染隐患等类企业，实行强制清洁生产审核；对重点污染源要积极引导推行清洁生产审核；企业要按清洁生产审核要求进行技术改造。

巩固工业污染源达标排放成果。凡是水污染物不能达到总量控制要求的企业实行限期治理，治理期间应予限产、限排，逾期未完成治理任务的，责令其停产整治；自 2007 年起，对仍不能满足污染物排放总量控制要求的企业限产限排。

加强对重点工业污染源的监管。2008 年 6 月底前，50%的重点排污企业要在指定位置安装自动监控装置；2010 年 6 月底前，80%的重点排污企业要在指定位置安装自动监控装置，自动监控装置要与市、区环保部门联网；区环保部门要严格按国家标准征收排污费。

（6）红桥区。

①水污染物防治目标。

目标 1：完成主要水污染物 COD 排放总量削减目标。

2005 年，工业 COD 排放总量为 535 吨；2010 年，工业 COD 排放总量目标控制在 876 吨以内。

目标 2：实现污染源排放稳定达标。

排污单位排向城市污水处理厂的废水，要达到国家《污水综合排放标准》（GB 8978—1996）三级标准或相应的行业排放标准；排污单位排向无环境容量水环境功能区的，要达到相应水环境功能区水质标准；排污单位排向尚有环境容量的水环境功能区的，要达到相应浓度排放标准和总量控制指标；排污单位无合理排放去向的废水，禁止排放。

目标 3：地表水环境功能区质量稳定达标。

海河等城市景观河道要达到 V 类水体标准；各功能区水质监测断面达到相应功能区水质标准；辖区内无劣 V 类水体。

②水污染物防治重点任务。

重点任务 1：加强城市景观河道保护和监管。

红桥区政府要加强辖区内景观河道周边环境的综合整治，加强面源污染控制，改善建成区水环境质量。

重点任务 2：深化工业污染防治。

结合经济结构调整，进一步完善强制淘汰制度，按期淘汰不符合产业政策的水污染严重企业和落后的生产能力、工艺、设备与产品。

依法实行清洁生产审核。对化工、造纸、印染、酿造、石油等污染物总量负荷较高以及有严重污染隐患等类企业，实行强制清洁生产审核；对重点污染源要积极引导推行清洁生产审核；企业要按清洁生产审核要求进行技术改造。

巩固工业污染源达标排放成果。凡是水污染物不能达到总量控制要求的企业实行限期治理，治理期间应予限产、限排，逾期未完成治理任务的，责令其停产整治；自 2007 年起，对仍不能满足污染物排放总量控制要求的企业限产限排。

加强对重点工业污染源的监管。2008 年 6 月底前，50%的重点排污企业要在指定位置安装自动监控装置；2010 年 6 月底前，80%的重点排污企业要在指定位置安装自动监控装置，自动监控装置要与市、区环保部门联网；区环保部门要严格按国家标准征收排污费。

（7）东丽区。

①水污染物防治目标。

目标 1：完成主要水污染物 COD 排放总量削减目标。

到 2008 年年底，COD 排放总量目标控制在 6 468 吨以内，在 2005

年的基础上削减 340 吨以上，削减比例 5%；到 2010 年年底，COD 排放总量目标控制在 6 127 吨以内，在 2005 年的基础上削减 681 吨以上，削减比例 10%。

目标 2：实现污染源排放稳定达标。

辖区内所有新建、扩建、改建城镇污水处理厂，排水要达到国家《城镇污水处理厂污染物排放标准》（GB 18918—2002）一级排放标准；在建和已建成运行的城镇污水处理厂，到 2008 年年底前完成脱氮设施建设，到 2010 年年底前，排水要达到一级排放标准；排污单位排向城市（镇）污水处理厂的废水，要达到国家《污水综合排放标准》（GB 8978—1996）三级排放标准或相应行业排放标准；排污单位排向无环境容量水环境功能区的废水，要达到相应水环境功能区水质标准；排污单位排向尚有环境容量的水环境功能区的废水，要达到相应浓度排放标准和总量控制指标；排污单位废水无合理排放去向的，禁止排放。

目标 3：地表水环境功能区质量稳定达标。

饮用水水源、水质要达到国家《地表水环境质量标准》（GB 3838—2002）Ⅲ类水体标准，水质达标率要保持在 96%以上；景观河道水质要达到Ⅴ类水体标准；考核断面达到相应功能区水质标准；建成区无劣Ⅴ类水体。

②水污染物防治重点任务。

重点任务 1：保障饮用水水源环境安全。

凡未划定保护区的饮用水水源地，要在 2006 年年底前按照国家《水污染防治法》的有关规定，划定保护区，报区政府审批，报天津市环境保护局备案，所有饮用水水源保护区要在 2006 年年底前树立标志牌。2006 年年底前，要坚决取缔饮用水水源地一级保护区内排污口；2007 年 6 月底前，取缔所有饮用水水源地二级保护区内的直接排污口。

2006 年年底前，东丽区政府要制定饮用水水源突发性事件应急预案，并列入东丽区政府应急预案体系。

继续开展农村人畜饮水解困工程，确保农村饮用水安全。

重点任务 2：加强城市景观河道保护和监管。

东丽区政府要加强辖区内景观河道周边环境的综合整治，加快辖区内管网完善、河道综合治理和面源污染控制，改善建成区水环境质量。

重点任务 3：深化工业污染防治。

结合经济结构调整，进一步完善强制淘汰制度。按期淘汰不符合产业政策的水污染严重企业和落后的生产能力、工艺、设备与产品。

依法实行清洁生产审核。对化工、造纸、印染、酿造、石油等污染物总量负荷较高以及有严重污染隐患等类企业，实行强制清洁生产审核；对重点污染源要积极引导推行清洁生产审核；企业要按清洁生产审核要求进行技术改造。

巩固工业污染源达标排放成果。凡是水污染物不能达到总量控制要求的企业实行限期治理，治理期间应予限产、限排，逾期未完成治理任务的，责令其停产整治；自 2007 年起，对仍不能满足污染物排放总量控制要求的企业限产限排。

加强对重点工业污染源的监管。2007 年年底前，所有城镇污水处理厂要在指定位置安装自动监控装置；2008 年 6 月底前，50%的重点排污企业要在指定位置安装自动监控装置；2010 年 6 月底前，80%的重点排污企业要在指定位置安装自动监控装置，自动监控装置要与市、区环保部门联网；区环保部门要严格按国家标准征收排污费。

重点任务 4：加快城市污水处理设施建设。

2008 年年底，东丽区城区污水处理率达到 80%，镇污水处理率达到 50%，污水处理厂的出水再生利用率达到 20%；2010 年年底，东丽区城区（镇）污水处理率达到 85%以上，污水处理厂的出水再生利用率达到 30%。

城镇污水处理厂和管网建设实行厂网并举，管网先行。要不断完善污水收集管网建设，保障已建成的城镇污水处理厂充分发挥环境效益。

高度重视污水处理厂的污泥处理。现有和新建污水处理设施的改造要统筹兼顾配套建设污泥处理处置设施。

重点任务 5：控制农村农业面源污染。

合理控制农业化肥施用量，严格控制高毒和高残留农药的施用。2007 年 6 月底前，完成一批具备条件的规模化畜禽养殖污染治理示范工程；2008 年 6 月底前完成所有规模化畜禽养殖污染治理，实现污水稳定达标排放；2010 年年底前，所有规模化畜禽养殖企业畜禽粪便和污水要达到无害化处理和资源化利用要求。

（8）西青区。

①水污染物防治目标。

目标 1：完成主要水污染物 COD 排放总量削减目标。

2005 年，COD 排放总量为 3 297 吨；2010 年，COD 排放总量目标控制在 3 297 吨以内。

目标 2：实现污染源排放稳定达标。

辖区内所有新建、扩建、改建城市（镇）污水处理厂，排水要达到国家《城镇污水处理厂污染物排放标准》（GB 18918—2002）一级排放标准；在建和已建成运行的城镇污水处理厂，到 2008 年年底前完成脱氮设施建设，到 2010 年年底前，排水要达到一级排放标准；排污单位排向城市（镇）污水处理厂的废水，要达到国家《污水综合排放标准》（GB 8978—1996）三级排放标准或相应行业排放标准；排污单位排向无环境容量水环境功能区的废水，要达到相应水环境功能区水质标准；排污单位排向尚有环境容量的水环境功能区的废水，要达到相应浓度排放标准和总量控制指标；排污单位废水无合理排放去向的，禁止排放。

目标 3：地表水环境功能区质量稳定达标。

饮用水水源水质要达到国家《地表水环境质量标准》（GB 3838—2002）

Ⅲ类水体标准，水质达标率要保持在 96%以上；景观河道水质要达到Ⅴ类水体标准；考核断面达到相应功能区水质标准；建成区无劣Ⅴ类水体。

②水污染物防治重点任务。

重点任务 1：保障饮用水水源环境安全。

凡未划定保护区的饮用水水源地，要在 2006 年年底前按照国家《水污染防治法》的有关规定，划定保护区，报区政府审批，报天津市环境保护局备案，所有饮用水水源保护区要在 2006 年年底前树立标志牌。2006 年年底前，要坚决取缔饮用水水源地一级保护区内排污口；2007 年6 月底前，取缔所有饮用水水源地二级保护区内的直接排污口。

2006 年年底前，西青区政府要制定饮用水水源突发性事件应急预案，并列入西青区政府应急预案体系。

继续开展农村人畜饮水解困工程，确保农村饮用水安全。

重点任务 2：加强城市景观河道保护和监管。

西青区政府要加强辖区内景观河道周边环境的综合整治，加快辖区内管网完善、河道综合治理和面源污染控制，改善建成区水环境质量。

重点任务 3：深化工业污染防治。

结合经济结构调整，进一步完善强制淘汰制度。按期淘汰不符合产业政策的水污染严重企业和落后的生产能力、工艺、设备与产品。

依法实行清洁生产审核。对化工、造纸、印染、酿造、石油等污染物总量负荷较高以及有严重污染隐患等类企业，实行强制清洁生产审核；对重点污染源要积极引导推行清洁生产审核；企业要按清洁生产审核要求进行技术改造。

巩固工业污染源达标排放成果。凡是水污染物不能达到总量控制要求的企业实行限期治理，治理期间应予限产、限排，逾期未完成治理任务的，责令其停产整治；自 2007 年起，对仍不能满足污染物排放总量控制要求的企业限产限排。

加强对重点工业污染源的监管。2007 年年底前，所有城镇污水处理厂要在指定位置安装自动监控装置；2008 年 6 月底前，50%的重点排污企业要在指定位置安装自动监控装置；2010 年 6 月底前，80%的重点排污企业要在指定位置安装自动监控装置，自动监控装置要与市、区环保部门联网；区环保部门要严格按国家标准征收排污费。

重点任务 4：加快城市污水处理设施建设。

2008 年年底，西青区城区污水处理率达到 80%，镇污水处理率达到 50%，污水处理厂的出水再生利用率达到 20%；2010 年年底，西青区城区（镇）污水处理率达到 85%以上，污水处理厂的出水再生利用率达到 30%。

城镇污水处理厂和管网建设实行厂网并举，管网先行。要不断完善污水收集管网建设，保障已建成的城镇污水处理厂充分发挥环境效益。

高度重视污水处理厂的污泥处理。现有和新建污水处理设施的改造要统筹兼顾配套建设污泥处理处置设施。

重点任务 5：控制农村农业面源污染。

合理控制农业化肥施用量，严格控制高毒和高残留农药的施用。2007 年 6 月底前，完成一批具备条件的规模化畜禽养殖污染治理示范工程；2008 年 6 月底前完成所有规模化畜禽养殖污染治理，实现污水稳定达标排放；2010 年年底前，所有规模化畜禽养殖企业畜禽粪便和污水要达到无害化处理和资源化利用要求。

（9）津南区。

①水污染物防治目标。

目标 1：完成主要水污染物 COD 排放总量削减目标。

2005 年 COD 排放总量为 1 514 吨；2010 年，COD 排放总量目标控制在 2 239 吨以内。

目标 2：实现污染源排放稳定达标。

辖区内所有新建、扩建、改建城市（镇）污水处理厂，排水要达到国家《城镇污水处理厂污染物排放标准》（GB 18918—2002）一级排放标准；在建和已建成运行的城市（镇）污水处理厂，到 2008 年年底前完成脱氮设施建设，到 2010 年年底前，排水要达到一级排放标准；排污单位排向城市（镇）污水处理厂的废水，要达到国家《污水综合排放标准》（GB 8978—1996）三级排放标准或相应行业排放标准；排污单位排向无环境容量水环境功能区的废水，要达到相应水环境功能区水质标准；排污单位排向尚有环境容量的水环境功能区的废水，要达到相应浓度排放标准和总量控制指标；排污单位废水无合理排放去向的，禁止排放。

目标 3：地表水环境功能区质量稳定达标。

饮用水水源水质要达到国家《地表水环境质量标准》（GB 3838—2002）Ⅲ类水体标准，水质达标率要保持在 96%以上；景观河道水质要达到Ⅴ类水体标准；考核断面达到相应功能区水质标准；建成区无劣Ⅴ类水体。

②水污染物防治重点任务。

重点任务 1：保障饮用水水源环境安全。

凡未划定保护区的饮用水水源地，要在 2006 年年底前按照国家《水污染防治法》的有关规定，划定保护区，报区政府审批，报天津市环境保护局备案，所有饮用水水源保护区要在 2006 年年底前树立标志牌。2006 年年底前，要坚决取缔饮用水水源地一级保护区内排污口；2007年 6 月底前，取缔所有饮用水水源地二级保护区内的直接排污口。

2006 年年底前，津南区政府要制定饮用水水源突发性事件应急预案，并列入津南区政府应急预案体系。

继续开展农村人畜饮水解困工程，确保农村饮用水安全。

重点任务 2：加强城市景观河道保护和监管。

津南区政府要加强辖区内景观河道周边环境的综合整治，加快辖区内管网完善、河道综合治理和面源污染控制，改善建成区水环境质量。

重点任务 3：深化工业污染防治。

结合经济结构调整，进一步完善强制淘汰制度。按期淘汰不符合产业政策的水污染严重企业和落后的生产能力、工艺、设备与产品。

依法实行清洁生产审核。对化工、造纸、印染、酿造、石油等污染物总量负荷较高以及有严重污染隐患等类企业，实行强制清洁生产审核；对重点污染源要积极引导推行清洁生产审核；企业要按清洁生产审核要求进行技术改造。

巩固工业污染源达标排放成果。凡是水污染物不能达到总量控制要求的企业实行限期治理，治理期间应予限产、限排，逾期未完成治理任务的，责令其停产整治；自2007年起，对仍不能满足污染物排放总量控制要求的企业限产限排。

加强对重点工业污染源的监管。2007年年底前，所有城镇污水处理厂要在指定位置安装自动监控装置；2008年6月底前，50%的重点排污企业要在指定位置安装自动监控装置；2010年6月底前，80%的重点排污企业要在指定位置安装自动监控装置，自动监控装置要与市、区环保部门联网；区环保部门要严格按国家标准征收排污费。

重点任务4：加快城市污水处理设施建设。

2008年年底，津南区城区污水处理率达到80%，镇污水处理率达到50%，污水处理厂的出水再生利用率达到20%；2010年年底，津南区城区（镇）污水处理率达到85%以上，污水处理厂的出水再生利用率达到30%。

城镇污水处理厂和管网建设实行厂网并举，管网先行。要不断完善污水收集管网建设，保障已建成的城镇污水处理厂充分发挥环境效益。

高度重视污水处理厂的污泥处理。现有和新建污水处理设施的改造要统筹兼顾配套建设污泥处理处置设施。

重点任务5：控制农村农业面源污染。

合理控制农业化肥施用量，严格控制高毒和高残留农药的施用。2007年6月底前，完成一批具备条件的规模化畜禽养殖污染治理示范工程；2008年6月底前完成所有规模化畜禽养殖污染治理，实现污水稳定达标排放；2010年年底前，所有规模化畜禽养殖企业畜禽粪便和污水要达到无害化处理和资源化利用要求。

（10）北辰区。

①水污染物防治目标。

目标 1：完成主要水污染物 COD 排放总量削减目标。

到 2008 年年底，COD 排放总量目标控制在 4 248 吨以内，在 2005 年的基础上削减 224 吨以上，削减比例 5%；到 2010 年年底，COD 排放总量目标控制在 4 024 吨以内，在 2005 年的基础上削减 447 吨以上，削减比例 10%。

目标 2：实现污染源排放稳定达标。

辖区内所有新建、扩建、改建城市（镇）污水处理厂，排水要达到国家《城镇污水处理厂污染物排放标准》（GB 18918—2002）一级排放标准；在建和已建成运行的城市（镇）污水处理厂，到 2008 年年底前完成脱氮设施建设，到 2010 年年底前，排水要达到一级排放标准；排污单位排向城市（镇）污水处理厂的废水，要达到国家《污水综合排放标准》（GB 8978—1996）三级排放标准或相应行业排放标准；排污单位排向无环境容量水环境功能区的废水，要达到相应水环境功能区水质标准；排污单位排向尚有环境容量的水环境功能区的废水，要达到相应浓度排放标准和总量控制指标；排污单位废水无合理排放去向的，禁止排放。

目标 3：地表水环境功能区质量稳定达标。

饮用水水源水质要达到国家《地表水环境质量标准》（GB 3838—2002）Ⅲ类水体标准，水质达标率要保持在 96%以上；景观河道水质要达到Ⅴ类水体标准；考核断面达到相应功能区水质标准；建成区无劣Ⅴ类水体。

②水污染物防治重点任务。

重点任务 1：保障饮用水水源环境安全。

凡未划定保护区的饮用水水源地，要在 2006 年年底前按照国家《水污染防治法》的有关规定，划定保护区，报区政府审批，报天津市环境保护局备案，所有饮用水水源保护区要在 2006 年年底前树立标志牌。

2006 年年底前，要坚决取缔饮用水水源地一级保护区内排污口；2007年 6 月底前，取缔所有饮用水水源地二级保护区内的直接排污口。

2006 年年底前，北辰区政府要制定饮用水水源突发性事件应急预案，并列入北辰区政府应急预案体系。

继续开展农村人畜饮水解困工程，确保农村饮用水安全。

重点任务 2：加强城市景观河道保护和监管。

北辰区政府要加强辖区内景观河道周边环境的综合整治，加快辖区内管网完善、河道综合治理和面源污染控制，改善建成区水环境质量。

重点任务 3：深化工业污染防治。

结合经济结构调整，进一步完善强制淘汰制度。按期淘汰不符合产业政策的水污染严重企业和落后的生产能力、工艺、设备与产品。

依法实行清洁生产审核。对化工、造纸、印染、酿造、石油等污染物总量负荷较高以及有严重污染隐患等类企业，实行强制清洁生产审核；对重点污染源要积极引导推行清洁生产审核；企业要按清洁生产审核要求进行技术改造。

巩固工业污染源达标排放成果。凡是水污染物不能达到总量控制要求的企业实行限期治理，治理期间应予限产、限排，逾期未完成治理任务的，责令其停产整治；自 2007 年起，对仍不能满足污染物排放总量控制要求的企业限产限排。

加强对重点工业污染源的监管。2007 年年底前，所有城镇污水处理厂要在指定位置安装自动监控装置；2008 年 6 月底前，50%的重点排污企业要在指定位置安装自动监控装置；2010 年 6 月底前，80%的重点排污企业要在指定位置安装自动监控装置，自动监控装置要与市、区环保部门联网；区环保部门要严格按国家标准征收排污费。

重点任务 4：加快城市污水处理设施建设。

2008 年年底，北辰区城区污水处理率达到 80%，镇污水处理率达到 50%，污水处理厂的出水再生利用率达到 20%；2010 年年底，北辰区城区（镇）污水处理率达到 85%以上，污水处理厂的出水再生利用率达到 30%。

城镇污水处理厂和管网建设实行厂网并举，管网先行。要不断完善污水收集管网建设，保障已建成的城镇污水处理厂充分发挥环境效益。

高度重视污水处理厂的污泥处理。现有和新建污水处理设施的改造要统筹兼顾配套建设污泥处理处置设施。

重点任务 5：控制农村农业面源污染。

合理控制农业化肥施用量，严格控制高毒和高残留农药的施用。2007 年 6 月底前，完成一批具备条件的规模化畜禽养殖污染治理示范工程；2008 年 6 月底前，完成所有规模化畜禽养殖污染治理，实现污水稳定达标排放；2010 年年底前，所有规模化畜禽养殖企业畜禽粪便和污水要达到无害化处理和资源化利用要求。

（11）塘沽区。

①水污染物防治目标。

目标 1：完成主要水污染物 COD 排放总量削减目标。

到 2008 年年底，COD 排放总量目标控制在 11 643 吨以内，在 2005 年的基础上削减 612 吨以上，削减比例 5%；到 2010 年年底，COD 排放总量目标控制在 11 030 吨以内，在 2005 年的基础上削减 1 225.6 吨以上，削减比例 10%。

目标 2：实现污染源排放稳定达标。

辖区内所有新建、扩建、改建城市（镇）污水处理厂，排水要达到国家《城镇污水处理厂污染物排放标准》（GB 18918—2002）一级排放标准；在建和已建成运行的城市（镇）污水处理厂，到 2008 年年底前完成脱氮设施建设，到 2010 年年底前，排水要达到一级排放标准；排污单位排向城市（镇）污水处理厂的废水，要达到国家《污水综合排放标准》（GB 8978—1996）三级排放标准或相应行业排放标准；排污单位排向无环境容量水环境功能区的废水，要达到相应水环境功能区水质标准；排污单位排向尚有环境容量的水环境功能区的废水，要达到相应浓度排放标准和总量控制指标；排污单位废水无合理排放去向的，禁止排放。

目标3：地表水环境功能区质量稳定达标。

饮用水水源水质要达到国家《地表水环境质量标准》（GB 3838—2002）Ⅲ类水体标准，水质达标率要保持在96%以上；景观河道水质要达到Ⅴ类水体标准；考核断面达到相应功能区水质标准；建成区无劣Ⅴ类水体。

②水污染物防治重点任务。

重点任务1：保障饮用水水源环境安全。

凡未划定保护区的饮用水水源地，要在2006年年底前按照国家《水污染防治法》的有关规定，划定保护区，报区政府审批，报天津市环境保护局备案，所有饮用水水源保护区要在2006年年底前树立标志牌。2006年年底前，要坚决取缔饮用水水源地一级保护区内排污口；2007年6月底前，取缔所有饮用水水源地二级保护区内的直接排污口。

2006年年底前，塘沽区政府要制定饮用水水源突发性事件应急预案，并列入塘沽区政府应急预案体系。

继续开展农村人畜饮水解困工程，确保农村饮用水安全。

重点任务2：加强城市景观河道保护和监管。

塘沽区政府要加强辖区内景观河道周边环境的综合整治，加快辖区内管网完善、河道综合治理和面源污染控制，改善建成区水环境质量。

重点任务3：深化工业污染防治。

结合经济结构调整，进一步完善强制淘汰制度。按期淘汰不符合产业政策的水污染严重企业和落后的生产能力、工艺、设备与产品。

依法实行清洁生产审核。对化工、造纸、印染、酿造、石油等污染物总量负荷较高以及有严重污染隐患等类企业，实行强制清洁生产审核；对重点污染源要积极引导推行清洁生产审核；企业要按清洁生产审核要求进行技术改造。

巩固工业污染源达标排放成果。凡是水污染物不能达到总量控制要求的企业实行限期治理，治理期间应予限产、限排，逾期未完成治理任务的，责令其停产整治；自 2007 年起，对仍不能满足污染物排放总量控制要求的企业限产限排。

加强对重点工业污染源的监管。2007 年年底前，所有城镇污水处理厂要在指定位置安装自动监控装置；2008 年 6 月底前，50%的重点排污企业要在指定位置安装自动监控装置；2010 年 4 月底前，80%的重点排污企业要在指定位置安装自动监控装置，自动监控装置要与市、区环保部门联网；区环保部门要严格按国家标准征收排污费。

重点任务 4：加快城市污水处理设施建设。

2008 年年底，塘沽区城区污水处理率达到 80%，镇污水处理率达到 50%，污水处理厂的出水再生利用率达到 20%；2010 年年底，塘沽区城区（镇）污水处理率达到 25%以上，污水处理厂的出水再生利用率达到 30%。

城镇污水处理厂和管网建设实行厂网并举，管网先行。要不断完善污水收集管网建设，保障已建成的城镇污水处理厂充分发挥环境效益。

高度重视污水处理厂的污泥处理。现有和新建污水处理设施的改造要统筹兼顾配套建设污泥处理处置设施。

重点任务 5：控制农村农业面源污染。

合理控制农业化肥施用量，严格控制高毒和高残留农药的施用。2007 年 6 月底前，完成一批具备条件的规模化畜禽养殖污染治理示范工程；2008 年 6 月底前完成所有规模化畜禽养殖污染治理，实现污水稳定达标排放；2010 年年底前，所有规模化畜禽养殖企业畜禽粪便和污水要达到无害化处理和资源化利用要求。

（12）汉沽区。

①水污染物防治目标。

目标 1：完成主要水污染物 COD 排放总量削减目标。

到 2008 年年底，COD 排放总量目标控制在 5 571 吨以内，在 2005 年的基础上削减 293 吨，削减比例 5%；到 2010 年年底，COD 排放总量目标控制在 5 278 吨以内，在 2005 年的基础上削减 586 吨，削减比例 10%。

目标 2：实现污染源排放稳定达标。

辖区内所有新建、扩建、改建城市（镇）污水处理厂，排水要达到国家《城镇污水处理厂污染物排放标准》（GB 18918—2002）一级排放标准；在建和已建成运行的城市（镇）污水处理厂，到 2008 年年底前完成脱氮设施建设，到 2010 年年底前，排水要达到一级排放标准；排污单位排向城市（镇）污水处理厂的废水，要达到国家《污水综合排放标准》（GB 8978—1996）三级排放标准或相应行业排放标准；排污单位排向无环境容量水环境功能区的废水，要达到相应水环境功能区水质标准；排污单位排向尚有环境容量的水环境功能区的废水，要达到相应浓度排放标准和总量控制指标；排污单位废水无合理排放去向的，禁止排放。

目标 3：地表水环境功能区质量稳定达标。

饮用水水源水质要达到国家《地表水环境质量标准》（GB 3838—2002）Ⅲ类水体标准，水质达标率要保持在 96% 以上；景观河道水质要达到Ⅴ类水体标准；考核断面达到相应功能区水质标准；建成区无劣Ⅴ类水体。

②水污染物防治重点任务。

重点任务 1：保障饮用水水源环境安全。

凡未划定保护区的饮用水水源地，要在 2006 年年底前按照国家《水污染防治法》的有关规定，划定保护区，报区政府审批，报天津市环境保护局备案，所有饮用水水源保护区要在 2006 年年底前树立标志牌。2006 年年底前，要坚决取缔饮用水水源地一级保护区内排污口；2007年 6 月底前，取缔所有饮用水水源地二级保护区内的直接排污口。

2006 年年底前，汉沽区政府要制定饮用水水源突发性事件应急预案，并列入汉沽区政府应急预案体系。

继续开展农村人畜饮水解困工程，确保农村饮用水安全。

重点任务 2：加强城市景观河道保护和监管。

汉沽区政府要加强辖区内景观河道周边环境的综合整治，加快辖区内管网完善、河道综合治理和面源污染控制，改善建成区水环境质量。

重点任务 3：深化工业污染防治。

结合经济结构调整，进一步完善强制淘汰制度。按期淘汰不符合产业政策的水污染严重企业和落后的生产能力、工艺、设备与产品。

依法实行清洁生产审核。对化工、造纸、印染、酿造、石油等污染物总量负荷较高以及有严重污染隐患等类企业，实行强制清洁生产审核；对重点污染源要积极引导推行清洁生产审核；企业要按清洁生产审核要求进行技术改造。

巩固工业污染源达标排放成果。凡是水污染物不能达到总量控制要求的企业实行限期治理，治理期间应予限产、限排，逾期未完成治理任务的，责令其停产整治；自 2007 年起，对仍不能满足污染物排放总量控制要求的企业限产限排。

加强对重点工业污染源的监管。2007 年年底前，所有城镇污水处理厂要在指定位置安装自动监控装置；2008 年 6 月底前，50%的重点排污企业要在指定位置安装自动监控装置；2010 年 6 月底前，80%的重点排污企业要在指定位置安装自动监控装置，自动监控装置要与市、区环保部门联网；区环保部门要严格按国家标准征收排污费。

重点任务 4：加快城市污水处理设施建设。

2008 年年底，汉沽区城区污水处理率达到 80%，镇污水处理率达到50%，污水处理厂的出水再生利用率达到20%；2010 年年底，汉沽区城区（镇）污水处理率达到85%以上，污水处理厂的出水再生利用率达到30%。

城镇污水处理厂和管网建设实行厂网并举，管网先行。要不断完善污水收集管网建设，保障已建成的城镇污水处理厂充分发挥环境效益。

高度重视污水处理厂的污泥处理。现有和新建污水处理设施的改造要统筹兼顾配套建设污泥处理处置设施。

重点任务5：控制农村农业面源污染。

合理控制农业化肥施用量，严格控制高毒和高残留农药的施用。2007年6月底前，完成一批具备条件的规模化畜禽养殖污染治理示范工程；2008年6月底前完成所有规模化畜禽养殖污染治理，实现污水稳定达标排放；2010年年底前，所有规模化畜禽养殖企业畜禽粪便和污水要达到无害化处理和资源化利用要求。

（13）大港区。

①水污染物防治目标。

目标1：完成主要水污染物COD排放总量削减目标。

到2008年年底，COD排放总量目标控制在7 511吨以内，在2005年的基础上削减396吨以上，削减比例5%；到2010年年底，COD排放总量目标控制在7 115吨以内，在2005年的基础上削减791吨以上，削减比例10%。

目标2：实现污染源排放稳定达标。

辖区内所有新建、扩建、改建城市（镇）污水处理厂，排水要达到国家《城镇污水处理厂污染物排放标准》（GB 18918—2002）一级排放标准；在建和已建成运行的城市（镇）污水处理厂，到2008年年底前完成脱氮设施建设，到2010年年底前，排水要达到一级排放标准；排污单位排向城市（镇）污水处理厂的废水，要达到国家《污水综合排放标准》（GB 8978—1996）三级排放标准或相应行业排放标准；排污单位排向无环境容量水环境功能区的废水，要达到相应水环境功能区水质标准；排污单位排向尚有环境容量的水环境功能区的废水，要达到相应浓度排放标准和总量控制指标；排污单位废水无合理排放去向的，禁止排放。

目标3：地表水环境功能区质量稳定达标。

饮用水水源水质要达到国家《地表水环境质量标准》（GB 3838—2002）Ⅲ类水体标准，水质达标率要保持在96%以上；景观河道水质要达到Ⅴ

类水体标准；考核断面达到相应功能区水质标准；建成区无劣Ⅴ类水体。

②水污染物防治重点任务。

重点任务 1：保障饮用水水源环境安全。

凡未划定保护区的饮用水水源地，要在 2006 年年底前按照国家《水污染防治法》的有关规定，划定保护区，报区政府审批，报天津市环境保护局备案，所有饮用水水源保护区要在 2006 年年底前树立标志牌。2006 年年底前，要坚决取缔饮用水水源地一级保护区内排污口；2007 年 6 月底前，取缔所有饮用水水源地二级保护区内的直接排污口。

2006 年年底前，大港区政府要制定饮用水水源突发性事件应急预案，并列入大港区政府应急预案体系。

继续开展农村人畜饮水解困工程，确保农村饮用水安全。

重点任务 2：加强城市景观河道保护和监管。

大港区政府要加强辖区内景观河道周边环境的综合整治，加快辖区内管网完善、河道综合治理和面源污染控制，改善建成区水环境质量。

重点任务 3：深化工业污染防治。

结合经济结构调整，进一步完善强制淘汰制度。按期淘汰不符合产业政策的水污染严重企业和落后的生产能力、工艺、设备与产品。

依法实行清洁生产审核。对化工、造纸、印染、酿造、石油等污染物总量负荷较高以及有严重污染隐患等类企业，实行强制清洁生产审核；对重点污染源要积极引导推行清洁生产审核；企业要按清洁生产审核要求进行技术改造。

巩固工业污染源达标排放成果。凡是水污染物不能达到总量控制要求的企业实行限期治理，治理期间应予限产、限排，逾期未完成治理任务的，责令其停产整治；自 2007 年起，对仍不能满足污染物排放总量控制要求的企业限产限排。

加强对重点工业污染源的监管。2007 年年底前，所有城镇污水处理厂要在指定位置安装自动监控装置；2008 年 6 月底前，50%的重点排污企业要在指定位置安装自动监控装置；2010 年 6 月底前，80%的重点排污企业要在指定位置安装自动监控装置，自动监控装置要与市、区环保部门联网；区环保部门要严格按国家标准征收排污费。

重点任务 4：加快城市污水处理设施建设。

2008 年年底，大港区城区污水处理率达到 80%，镇污水处理率达到 50%，污水处理厂的出水再生利用率达到 20%；2010 年年底，大港区城（区）镇污水处理率达到 85%以上，污水处理厂的出水再生利用率达到 30%。

城镇污水处理厂和管网建设实行厂网并举，管网先行。要不断完善污水收集管网建设，保障已建成的城镇污水处理厂充分发挥环境效益。

高度重视污水处理厂的污泥处理。现有和新建污水处理设施的改造要统筹兼顾配套建设污泥处理处置设施。

重点任务 5：控制农村农业面源污染。

合理控制农业化肥施用量，严格控制高毒和高残留农药的施用。2007 年 6 月底前，完成一批具备条件的规模化畜禽养殖污染治理示范工程；2008 年 6 月底前，完成所有规模化畜禽养殖污染治理，实现污水稳定达标排放；2010 年年底前，所有规模化畜禽养殖企业畜禽粪便和污水要达到无害化处理和资源化利用要求。

（14）天津经济技术开发区。

①水污染物防治目标。

目标 1：完成主要水污染物 COD 排放总量削减目标。

2005 年，COD 排放总量为 1 795 吨；2010 年，COD 排放总量目标控制在 4 000 吨以内。

目标 2：实现污染源排放稳定达标。

辖区内所有新建、扩建、改建城市污水处理厂，排水要达到国家《城镇污水处理厂污染物排放标准》（GB 18918—2002）一级排放标准；在建和已建成运行的城市污水处理厂，到 2008 年年底前完成脱氮设施建设，到 2010 年年底前，排水要达到一级排放标准；排污单位排向城市污水处理厂的废水，要达到国家《污水综合排放标准》（GB 8978—1996）三级排放标准或相应行业排放标准；排污单位排向无环境容量水环境功能区的废水，要达到相应水环境功能区水质标准；排污单位排向尚有环境容量的水环境功能区的废水，要达到相应浓度排放标准和总量控制指标；排污单位废水无合理排放去向的，禁止排放。

目标 3：地表水环境功能区质量稳定达标。

饮用水水源水质要达到国家《地表水环境质量标准》（GB 3838—2002）Ⅲ类水体标准，水质达标率要保持在 96% 以上。

②水污染物防治重点任务。

重点任务 1：保障饮用水水源环境安全。

凡未划定保护区的饮用水水源地，要在 2006 年年底前按照国家《水污染防治法》的有关规定，划定保护区，报管委会审批，报天津市环境保护局备案，所有饮用水水源保护区要在 2006 年年底前树立标志牌。2006 年年底前，要坚决取缔饮用水水源地一级保护区内排污口；2007年 6 月底前，取缔所有饮用水水源地二级保护区内的直接排污口。

2006 年年底前，天津经济技术开发区管委会要制定饮用水水源突发性事件应急预案，并列入天津经济技术开发区管委会应急预案体系。

重点任务 2：深化工业污染防治。

结合经济结构调整，进一步完善强制淘汰制度。按期淘汰不符合产业政策的水污染严重企业和落后的生产能力、工艺、设备与产品。

依法实行清洁生产审核。对化工、造纸、印染、酿造、石油等污染物总量负荷较高以及有严重污染隐患等类企业，实行强制清洁生产审核；对重点污染源要积极引导推行清洁生产审核；企业要按清洁生产审核要求进行技术改造。

巩固工业污染源达标排放成果。凡是水污染物不能达到总量控制要求的企业实行限期治理，治理期间应予限产、限排，逾期未完成治理任务的，责令其停产整治；自 2007 年起，对仍不能满足污染物排放总量控制要求的企业限产限排。

加强对重点工业污染源的监管。2007 年年底前，所有污水处理厂要在指定位置安装自动监控装置；2008 年 6 月底前，50%的重点排污企业要在指定位置安装自动监控装置；2010 年 6 月底前，80%的重点排污企业要在指定位置安装自动监控装置，自动监控装置要与市、区环保部门联网；区环保部门要严格按国家标准征收排污费。

重点任务 3：加快城市污水处理设施建设。

2008 年年底，天津经济技术开发区污水处理率达到 80%，污水处理厂的出水再生利用率达到 20%；2010 年年底，污水处理率达到 85%以上，污水处理厂的出水再生利用率达到 30%。

污水处理厂和管网建设实行厂网并举，管网先行。要不断完善污水收集管网建设，保障已建成的污水处理厂充分发挥环境效益。

高度重视污水处理厂的污泥处理。现有和新建污水处理设施的改造要统筹兼顾配套建设污泥处理处置设施。

（15）天津港保税区。

①水污染物防治目标。

目标 1：完成主要水污染物 COD 排放总量削减目标。

2005 年，COD 排放总量为 1 873 吨；2010 年，COD 排放总量目标控制在 4 000 吨以内。

目标 2：实现污染源排放稳定达标。

辖区内所有新建、扩建、改建城市（镇）污水处理厂，排水要达到国家《城镇污水处理厂污染物排放标准》（GB 18918—2002）一级排放标准；在建和已建成运行的城市（镇）污水处理厂，到 2008 年年底前完成脱氮设施建设，到 2010 年年底前，排水要达到一级排放标准；排污单位排向城市（镇）污水处理厂的废水，要达到国家《污水综合排放标准》（GB 8978—1996）三级排放标准或相应行业排放标准；排污单位排向无环境容量水环境功能区的废水，要达到相应水环境功能区水质标准；排污单位排向尚有环境容量的水环境功能区的废水，要达到相应浓度排放标准和总量控制指标；排污单位废水无合理排放去向的，禁止排放。

②水污染物防治重点任务。

重点任务1：深化工业污染防治。

结合经济结构调整，进一步完善强制淘汰制度。按期淘汰不符合产业政策的水污染严重企业和落后的生产能力、工艺、设备与产品。

依法实行清洁生产审核。对化工、造纸、印染、酿造、石油等污染物总量负荷较高以及有严重污染隐患等类企业，实行强制清洁生产审核；对重点污染源要积极引导推行清洁生产审核；企业要按清洁生产审核要求进行技术改造。

巩固工业污染源达标排放成果。凡是水污染物不能达到总量控制要求的企业实行限期治理，治理期间应予限产、限排，逾期未完成治理任务的，责令其停产整治；自2007年起，对仍不能满足污染物排放总量控制要求的企业限产限排。

加强对重点工业污染源的监管。2007年年底前，所有城镇污水处理厂要在指定位置安装自动监控装置；2008年6月底前，50%的重点排污企业要在指定位置安装自动监控装置；2010年6月底前，80%的重点排污企业要在指定位置安装自动监控装置，自动监控装置要与市、区环保部门联网；区环保部门要严格按国家标准征收排污费。

重点任务2：加快城市污水处理设施建设。

2008年年底，保税区污水处理率达到80%，污水处理厂的出水再生利用率达到20%；2010年年底，保税区污水处理率达到85%以上，污水处理厂的出水再生利用率达到30%。

城镇污水处理厂和管网建设实行厂网并举，管网先行。要不断完善污水收集管网建设，保障已建成的城镇污水处理充分发挥环境效益。

高度重视污水处理厂的污泥处理。现有和新建污水处理设施的改造要统筹兼顾配套建设污泥处理处置设施。

（16）天津新技术产业园区。

①水污染物防治目标。

目标1：完成主要水污染物 COD 排放总量削减目标。

到 2010 年年底，工业 COD 排放总量目标控制在 1 500 吨以内。

目标2：实现污染源排放稳定达标。

排向城市污水处理厂的废水，要达到国家《污水综合排放标准》（GB 8978—1996）三级标准或相应的行业排放标准；排污单位排向无环境容量水环境功能区的，要达到相应水环境功能区水质标准，否则禁止排放；排污单位排向尚有环境容量的水环境功能区的，要达到相应浓度排放标准和总量控制标准；排污单位无合理排放去向的废水，禁止排放。

②水污染物防治重点任务。

结合经济结构调整，进一步完善强制淘汰制度。按期淘汰不符合产业政策的水污染严重企业和落后的生产能力、工艺、设备与产品。

依法实行清洁生产审核。对化工、造纸、印染、酿造、石油等污染物总量负荷较高以及有严重污染隐患等类企业，实行强制清洁生产审核；对重点污染源要积极引导推行清洁生产审核；企业要按清洁生产审核要求进行技术改造。

巩固工业污染源达标排放成果。凡是水污染物不能达到总量控制要求的企业实行限期治理，治理期间应予限产、限排，逾期未完成治理任务的，责令其停产整治；自 2007 年起，对仍不能满足污染物排放总量控制要求的企业限产限排。

加强对重点工业污染源的监管。2008 年 6 月底前，50%的重点排污企业要在指定位置安装自动监控装置；2010 年 6 月底前，80%的重点排污企业要在指定位置安装自动监控装置，自动监控装置要与市、区环保部门联网；区环保部门要严格按国家标准征收排污费。

（17）武清区。

①水污染物防治目标。

目标1：完成主要水污染物COD排放总量削减目标。

到2008年年底，COD排放总量目标控制在4 106吨以内，在2005年的基础上削减216吨以上，削减比例为5%；到2010年年底，COD排放总量目标控制在3 890吨以内，在2005年的基础上削减432吨以上，削减比例为10%。

目标2：实现污染源排放稳定达标。

辖区内所有新建、扩建、改建城市（镇）污水处理厂，排水要达到国家《城镇污水处理厂污染物排放标准》（GB 18918—2002）一级排放标准；在建和已建成运行的城市（镇）污水处理厂，到2008年年底前完成脱氮设施建设，到2010年年底前，排水要达到一级排放标准；排污单位排向城市（镇）污水处理厂的废水，要达到国家《污水综合排放标准》（GB 8978—1996）三级排放标准或相应行业排放标准；排污单位排向无环境容量水环境功能区的废水，要达到相应水环境功能区水质标准；排污单位排向尚有环境容量的水环境功能区的废水，要达到相应浓度排放标准和总量控制指标；排污单位废水无合理排放去向的，禁止排放。

目标3：地表水环境功能区质量稳定达标。

饮用水水源水质要达到国家《地表水环境质量标准》（GB 3838—2002）Ⅲ类水体标准，水质达标率要保持在96%以上；景观河道水质要达到Ⅴ类水体标准；考核断面达到相应功能区水质标准；建成区无劣Ⅴ类水体。

②水污染物防治重点任务。

重点任务1：保障饮用水水源环境安全。

凡未划定保护区的饮用水水源地，要在2006年年底前按照国家《水污染防治法》的有关规定，划定保护区，报区政府审批，报天津市环保局备案，所有饮用水水源保护区要在2006年年底前树立标志牌。2006年年底前，要坚决取缔饮用水水源地一级保护区内排污口；2007年6

月底前，取缔所有饮用水水源地二级保护区内的直接排污口。

2006 年年底前，武清区政府要制定饮用水水源突发性事件应急预案，并列入武清区政府应急预案体系。

继续开展农村人畜饮水解困工程，确保农村饮用水安全。

重点任务 2：加强城市景观河道保护和监管。

武清区政府要加强辖区内景观河道周边环境的综合整治，加快辖区内管网完善、河道综合治理和面源污染控制，改善建成区水环境质量。

重点任务 3：深化工业污染防治。

结合经济结构调整，进一步完善强制淘汰制度。按期淘汰不符合产业政策的水污染严重企业和落后的生产能力、工艺、设备与产品。

依法实行清洁生产审核。对化工、造纸、印染、酿造、石油等污染物总量负荷较高以及有严重污染隐患等类企业，实行强制清洁生产审核；对重点污染源要积极引导推行清洁生产审核；企业要按清洁生产审核要求进行技术改造。

巩固工业污染源达标排放成果。凡是水污染物不能达到总量控制要求的企业实行限期治理，治理期间应予限产、限排，逾期未完成治理任务的，责令其停产整治；自 2007 年起，对仍不能满足污染物排放总量控制要求的企业限产限排。

加强对重点工业污染源的监管。2007 年年底前，所有城镇污水处理厂要在指定位置安装自动监控装置；2008 年 6 月底前，50%的重点排污企业要在指定位置安装自动监控装置；2010 年 6 月底前，80%的重点排污企业要在指定位置安装自动监控装置，自动监控装置要与市、区环保部门联网；区环保部门要严格按国家标准征收排污费。

重点任务 4：加快城市污水处理设施建设。

2003 年年底，武清区城区污水处理率达到 80%，镇污水处理率达到 50%，污水处理厂的出水再生利用率达到 20%；2010 年年底，武清区城区（镇）污水处理率达到 85%以上，污水处理厂的出水再生利用率达到 30%。

城镇污水处理厂和管网建设实行厂网并举，管网先行。要不断完善污水收集管网建设，保障已建成的城镇污水处理厂充分发挥环境效益。

高度重视污水处理厂的污泥处理。现有和新建污水处理设施的改造要统筹兼顾配套建设污泥处理处置设施。

重点任务 5：控制农村农业面源污染。

合理控制农业化肥施用量，严格控制高毒和高残留农药的施用。2007 年 6 月底前，完成一批具备条件的规模化畜禽养殖污染治理示范工程；2008 年 6 月底前，完成所有规模化畜禽养殖污染治理，实现污水稳定达标排放；2010 年年底前，所有规模化畜禽养殖企业畜禽粪便和污水要达到无害化处理和资源化利用要求。

（18）宝坻区。

①水污染物防治目标。

目标 1：完成主要水污染物 COD 排放总量削减目标。

到 2008 年年底，COD 排放总量目标控制在 3 672 吨以内，在 2005 年的基础上削减 75 吨以上，削减比例为 2%；到 2010 年年底，COD 排放总量目标控制在 3 597 吨以内，在 2005 年的基础上削减 150 吨以上，削减比例为 4%。

目标 2：实现污染源排放稳定达标。

辖区内所有新建、扩建、改建城市（镇）污水处理厂，排水要达到国家《城镇污水处理厂污染物排放标准》（GB 18918—2002）一级排放标准；在建和已建成运行的城市（镇）污水处理厂，到 2008 年年底前完成脱氮设施建设，到 2010 年年底前，排水要达到一级排放标准；排污单位排向城市（镇）污水处理厂的废水，要达到国家《污水综合排放标准》（GB 8978—1996）三级排放标准或相应行业排放标准；排污单位排向无环境容量水环境功能区的废水，要达到相应水环境功能区水质标准；排污单位排向尚有环境容量的水环境功能区的废水，要达到相应浓度排放标准和总量控制指标；排污单位废水无合理排放去向的，禁止排放。

目标 3：地表水环境功能区质量稳定达标。

饮用水水源水质要达到国家《地表水环境质量标准》（GB 3838—2002）Ⅲ类水体标准，水质达标率要保持在 96%以上；景观河道水质要达到Ⅴ类水体标准；考核断面达到相应功能区水质标准；建成区无劣Ⅴ类水体。

②水污染物防治重点任务。

重点任务 1：保障饮用水水源环境安全。

凡未划定保护区的饮用水水源地，要在 2006 年年底前按照国家《水污染防治法》的有关规定，划定保护区，报区政府审批，报天津市环境保护局备案，所有饮用水水源保护区要在 2006 年年底前树立标志牌。2006 年年底前，要坚决取缔饮用水水源地一级保护区内排污口；2007 年 6 月底前，取缔所有饮用水水源地二级保护区内的直接排污口。

2006 年年底前，宝坻区政府要制定饮用水水源突发性事件应急预案，并列入宝坻区政府应急预案体系。

继续开展农村人畜饮水解困工程，确保农村饮用水安全。

重点任务 2：加强城市景观河道保护和监管。

宝坻区政府要加强辖区内景观河道周边环境的综合整治，加快辖区内管网完善、河道综合治理和面源污染控制，改善建成区水环境质量。

重点任务 3：深化工业污染防治。

结合经济结构调整，进一步完善强制淘汰制度。按期淘汰不符合产业政策的水污染严重企业和落后的生产能力、工艺、设备与产品。

依法实行清洁生产审核。对化工、造纸、印染、酿造、石油等污染物总量负荷较高以及有严重污染隐患等类企业，实行强制清洁生产审核；对重点污染源要积极引导推行清洁生产审核；企业要按清洁生产审核要求进行技术改造。

巩固工业污染源达标排放成果。凡是水污染物不能达到总量控制要求的企业实行限期治理，治理期间应予限产、限排，逾期未完成治理任务的，责令其停产整治；自 2007 年起，对仍不能满足污染物排放总量控制要求的企业限产限排。

加强对重点工业污染源的监管。2007 年年底前，所有城镇污水处理厂要在指定位置安装自动监控装置；2008 年 6 月底前，50%的重点排污企业要在指定位置安装自动监控装置；2010 年 6 月底前，80%的重点排污企业要在指定位置安装自动监控装置，自动监控装置要与市、区环保部门联网；区环保部门要严格按国家标准征收排污费。

重点任务 4：加快城市污水处理设施建设。

2008 年年底，宝坻区城区污水处理率达到 80%，镇污水处理率达到 50%，污水处理厂的出水再生利用率达到 20%；2010 年年底，宝坻区城区（镇）污水处理率达到 85%以上，污水处理厂的出水再生利用率达到 30%。

城镇污水处理厂和管网建设实行厂网并举，管网先行。要不断完善污水收集管网建设，保障已建成的城镇污水处理厂充分发挥环境效益。

高度重视污水处理厂的污泥处理。现有和新建污水处理设施的改造要统筹兼顾配套建设污泥处理处置设施。

重点任务 5：控制农村农业面源污染。

合理控制农业化肥施用量，严格控制高毒和高残留农药的施用。2007 年 6 月底前，完成一批具备条件的规模化畜禽养殖污染治理示范工程；2008 年 6 月底前，完成所有规模化畜禽养殖污染治理，实现污水稳定达标排放；2010 年年底前，所有规模化畜禽养殖企业畜禽粪便和污水要达到无害化处理和资源化利用要求。

（19）蓟县。

①水污染物防治目标。

目标 1：完成主要水污染物 COD 排放总量削减目标。

到 2008 年年底，COD 排放总量目标控制在 3 432 吨以内，在 2005

年的基础上削减 181 吨以上，削减比例为 5%；到 2010 年年底，COD 排放总量目标控制在 3 252 吨以内，在 2005 年的基础上削减 361 吨以上，削减比例为 10%。

目标 2：实现污染源排放稳定达标。

辖区内所有新建、扩建、改建城市（镇）污水处理厂，排水要达到国家《城镇污水处理厂污染物排放标准》（GB 18918—2002）一级排放标准；在建和已建成运行的城市（镇）污水处理厂，到 2008 年年底前完成脱氮设施建设，到 2010 年年底前，排水要达到一级排放标准；排污单位排向城市（镇）污水处理厂的废水，要达到国家《污水综合排放标准》（GB 8978—1996）三级排放标准或相应行业排放标准；排污单位排向无环境容量水环境功能区的废水，要达到相应水环境功能区水质标准；排污单位排向尚有环境容量的水环境功能区的废水，要达到相应浓度排放标准和总量控制指标；排污单位废水无合理排放去向的，禁止排放。

目标 3：地表水环境功能区质量稳定达标。

饮用水水源水质要达到国家《地表水环境质量标准》（GB 3838—2002）III 类水体标准，水质达标率要保持在 96% 以上；景观河道水质要达到 V 类水体标准；考核断面达到相应功能区水质标准；建成区无劣 V 类水体。

②水污染物防治重点任务。

重点任务 1：保障饮用水水源环境安全。

凡未划定保护区的饮用水水源地，要在 2006 年年底前按照国家《水污染防治法》的有关规定，划定保护区，报区政府审批，报天津市环境保护局备案，所有饮用水水源保护区要在 2006 年年底前树立标志牌。2006 年年底前，要坚决取缔饮用水水源地一级保护区内排污口；2007 年 6 月底前，取缔所有饮用水水源地二级保护区内的直接排污口。

2006 年年底前，蓟县政府要制定饮用水水源突发性事件应急预案，并列入蓟县政府应急预案体系。

继续开展农村人畜饮水解困工程，确保农村饮用水安全。

重点任务 2：加强城市景观河道保护和监管。

蓟县政府要加强辖区内景观河道周边环境的综合整治，加快辖区内管网完善、河道综合治理和面源污染控制，改善建成区水环境质量。

重点任务 3：深化工业污染防治。

结合经济结构调整，进一步完善强制淘汰制度。按期淘汰不符合产业政策的水污染严重企业和落后的生产能力、工艺、设备与产品。

依法实行清洁生产审核。对化工、造纸、印染、酿造、石油等污染物总量负荷较高以及有严重污染隐患等类企业，实行强制清洁生产审核；对重点污染源要积极引导推行清洁生产审核；企业要按清洁生产审核要求进行技术改造。

巩固工业污染源达标排放成果。凡是水污染物不能达到总量控制要求的企业实行限期治理，治理期间应予限产、限排，逾期未完成治理任务的，责令其停产整治；自 2007 年起，对仍不能满足污染物排放总量控制要求的企业限产限排。

加强对重点工业污染源的监管。2007 年年底前，所有城镇污水处理厂要在指定位置安装自动监控装置；2008 年 6 月底前，50%的重点排污企业要在指定位置安装自动监控装置；2010 年 6 月底前，80%的重点排污企业要在指定位置安装自动监控装置，自动监控装置要与市、区环保部门联网；县环保部门要严格按国家标准征收排污费。

重点任务 4：加快城市污水处理设施建设。

2008 年年底，蓟县城区污水处理率达到 80%，镇污水处理率达到 50%，污水处理厂的出水再生利用率达到 20%；2010 年年底，蓟县城区（镇）污水处理率达到 85%以上，污水处理厂的出水再生利用率达到 30%。

城镇污水处理厂和管网建设实行厂网并举，管网先行。要不断完善污水收集管网建设，保障已建成的城镇污水处理厂充分发挥环境效益。

高度重视污水处理厂的污泥处理。现有和新建污水处理设施的改造要统筹兼顾配套建设污泥处理处置设施。

重点任务 5：控制农村农业面源污染。

合理控制农业化肥施用量，严格控制高毒和高残留农药的施用。2007 年 6 月底前，完成一批具备条件的规模化畜禽养殖污染治理示范工程；2008 年 6 月底前，完成所有规模化畜禽养殖污染治理，实现污水稳定达标排放；2010 年年底前，所有规模化畜禽养殖企业畜禽粪便和污水要达到无害化处理和资源化利用要求。

（20）静海县。

①水污染物防治目标。

目标 1：完成主要水污染物 COD 排放总量削减目标。

2005 年，COD 排放总量为 2 406 吨；2010 年，COD 排放总量目标控制在 2 406 吨以内。

目标 2：实现污染源排放稳定达标。

辖区内所有新建、扩建、改建城市（镇）污水处理厂，排水要达到国家《城镇污水处理厂污染物排放标准》（GB 18918—2002）一级排放标准；在建和已建成运行的城市（镇）污水处理厂，到 2008 年年底前完成脱氮设施建设，到 2010 年年底前，排水要达到一级排放标准；排污单位排向城市（镇）污水处理厂的废水，要达到国家《污水综合排放标准》（GB 8978—1996）三级排放标准或相应行业排放标准；排污单位排向无环境容量水环境功能区的废水，要达到相应水环境功能区水质标准；排污单位排向尚有环境容量的水环境功能区的废水，要达到相应浓度排放标准和总量控制指标；排污单位废水无合理排放去向的，禁止排放。

目标 3：地表水环境功能区质量稳定达标。

饮用水水源水质要达到国家《地表水环境质量标准》（GB 3838—2002）Ⅲ类水体标准，水质达标率要保持在 96%以上；景观河道水质要达到Ⅴ类水体标准；考核断面达到相应功能区水质标准；建成区无劣Ⅴ类水体。

②水污染物防治重点任务。

重点任务 1：保障饮用水水源环境安全。

凡未划定保护区的饮用水水源地，要在 2006 年年底前按照国家《水污染防治法》的有关规定，划定保护区，报区政府审批，报天津市环境保护局备案，所有饮用水水源保护区要在 2006 年年底前树立标志牌。2006 年年底前，要坚决取缔饮用水水源地一级保护区内排污口；2007 年 6 月底前，取缔所有饮用水水源地二级保护区内的直接排污口。

2006 年年底前，静海县政府要制定饮用水水源突发性事件应急预案，并列入静海县政府应急预案体系。

继续开展农村人畜饮水解困工程，确保农村饮用水安全。

重点任务 2：加强城市景观河道保护和监管。

静海县政府要加强辖区内景观河道周边环境的综合整治，加快辖区内管网完善、河道综合治理和面源污染控制，改善建成区水环境质量。

重点任务 3：深化工业污染防治。

结合经济结构调整，进一步完善强制淘汰制度。按期淘汰不符合产业政策的水污染严重企业和落后的生产能力、工艺、设备与产品。

依法实行清洁生产审核。对化工、造纸、印染、酿造、石油等污染物总量负荷较高以及有严重污染隐患等类企业，实行强制清洁生产审核；对重点污染源要积极引导推行清洁生产审核；企业要按清洁生产审核要求进行技术改造。

巩固工业污染源达标排放成果。凡是水污染物不能达到总量控制要求的企业实行限期治理，治理期间应予限产、限排，逾期未完成治理任务的，责令其停产整治；自 2007 年起，对仍不能满足污染物排放总量控制要求的企业限产限排。

加强对重点工业污染源的监管。2007 年年底前，所有城镇污水处理厂要在指定位置安装自动监控装置；2008 年 6 月底前，50%的重点排污企业要在指定位置安装自动监控装置；2010 年 6 月底前，80%的重点排污企业要在指定位置安装自动监控装置，自动监控装置要与市、县环保部门联网；县环保部门要严格按国家标准征收排污费。

重点任务 4：加快城市污水处理设施建设。

2008 年年底，静海县城区污水处理率达到 80%，镇污水处理率达到 50%，污水处理厂的出水再生利用率达到 20%；2010 年年底，静海县城区（镇）污水处理率达到 85%以上，污水处理厂的出水再生利用率达到 30%。

城镇污水处理厂和管网建设实行厂网并举，管网先行。要不断完善污水收集管网建设，保障已建成的城镇污水处理厂充分发挥环境效益。

高度重视污水处理厂的污泥处理。现有和新建污水处理设施的改造要统筹兼顾配套建设污泥处理处置设施。

重点任务 5：控制农村农业面源污染。

合理控制农业化肥施用量，严格控制高毒和高残留农药的施用。2007 年 6 月底前，完成一批具备条件的规模化畜禽养殖污染治理示范工程；2008 年 6 月底前，完成所有规模化畜禽养殖污染治理，实现污水稳定达标排放；2010 年年底前，所有规模化畜禽养殖企业畜禽粪便和污水要达到无害化处理和资源化利用要求。

（21）宁河县。

①水污染物防治目标。

目标 1：完成主要水污染物 COD 排放总量削减目标。

到 2008 年年底，COD 排放总量目标控制在 4 580 吨以内，在 2005 年的基础上削减 241 吨以上，削减比例为 5%；到 2010 年年底，COD 排放总量目标控制在 4 339 吨以内，在 2005 年的基础上削减 482 吨以上，削减比例为 10%。

目标 2：实现污染源排放稳定达标。

辖区内所有新建、扩建、改建城市（镇）污水处理厂，排水要达到国家《城镇污水处理厂污染物排放标准》（GB 18918—2002）一级排放标准；在建和已建成运行的城市（镇）污水处理厂，到 2008 年年底前完成脱氮设施建设，到 2010 年年底前，排水要达到一级排放标准；排污单位排向城市（镇）污水处理厂的废水，要达到国家《污水综合排放标准》（GB 8978—1996）三级排放标准或相应行业排放标准；排污单位排向无环境容量水环境功能区的废水，要达到相应水环境功能区水质标准；排污单位排向尚有环境容量的水环境功能区的废水，要达到相应浓度排放标准和总量控制指标；排污单位废水无合理排放去向的，禁止排放。

目标 3：地表水环境功能区质量稳定达标。

饮用水水源水质要达到国家《中华人民共和国地下水质量标准》（GB/T 14848—93）Ⅲ类水体标准，水质达标率要保持在 96%以上；景观河道水质要达到Ⅴ类水体标准；考核断面达到相应功能区水质标准；建成区无劣Ⅴ类水体。

②水污染物防治重点任务。

重点任务 1：保障饮用水水源环境安全。

凡未划定保护区的饮用水水源地，要在 2006 年年底前按照国家《水污染防治法》的有关规定，划定保护区，报区政府审批，报天津市环境保护局备案，所有饮用水水源保护区要在 2006 年年底前树立标志牌。2006 年年底前，要坚决取缔饮用水水源地一级保护区内排污口；2007 年 6 月底前，取缔所有饮用水水源地二级保护区内的直接排污口。

2006 年年底前，宁河县政府要制定饮用水水源突发性事件应急预案，并列入宁河县政府应急预案体系。

继续开展农村人畜饮水解困工程，确保农村饮用水安全。

重点任务 2：加强城市景观河道保护和监管。

宁河县政府要加强辖区内景观河道周边环境的综合整治，加快辖区内管网完善、河道综合治理和面源污染控制，改善建成区水环境质量。

重点任务 3：深化工业污染防治。

结合经济结构调整，进一步完善强制淘汰制度。按期淘汰不符合产业政策的水污染严重企业和落后的生产能力、工艺、设备与产品。

依法实行清洁生产审核。对化工、造纸、印染、酿造、石油等污染物总量负荷较高以及有严重污染隐患等类企业，实行强制清洁生产审核；对重点污染源要积极引导推行清洁生产审核；企业要按清洁生产审核要求进行技术改造。

巩固工业污染源达标排放成果。凡是水污染物不能达到总量控制要求的企业实行限期治理，治理期间应予限产、限排，逾期未完成治理任务的，责令其停产整治；自 2007 年起，对仍不能满足污染物排放总量控制要求的企业限产限排。

加强对重点工业污染源的监管。2007 年年底前，所有城镇污水处理厂要在指定位置安装自动监控装置；2008 年 6 月底前，50%的重点排污企业要在指定位置安装自动监控装置；2010 年 6 月底前，80%的重点排污企业要在指定位置安装自动监控装置，自动监控装置要与市、区环保部门联网；县环保部门要严格按国家标准征收排污费。

重点任务 4：加快城市污水处理设施建设。

2008 年年底，宁河县城区污水处理率达到 80%，镇污水处理率达到 50%，污水处理厂的出水再生利用率达到 20%；2010 年年底，宁河县城区（镇）污水处理率达到 85%以上，污水处理厂的出水再生利用率达到 30%。

城镇污水处理厂和管网建设实行厂网并举，管网先行。要不断完善污水收集管网建设，保障已建成的城镇污水处理厂充分发挥环境效益。

高度重视污水处理厂的污泥处理。现有和新建污水处理设施的改造要统筹兼顾配套建设污泥处理处置设施。

重点任务 5：控制农村农业面源污染。

合理控制农业化肥施用量，严格控制高毒和高残留农药的施用。2007 年 6 月底前,完成一批具备条件的规模化畜禽养殖污染治理示范工程；2008 年 6 月底前，完成所有规模化畜禽养殖污染治理，实现污水稳定达标排放；2010 年年底前，所有规模化畜禽养殖企业畜禽粪便和污水要达到无害化处理和资源化利用要求。

2．水污染物防治目标责任制

（1）根据《水污染防治法》"国务院有关部门和地方各级人民政府，必须将水环境保护工作纳入计划，采取防治水污染的对策和措施"的规定，实行水污染防治辖区政府负责制。各区县政府要对本行政区域水污染防治目标、任务负责。

（2）各区县政府要结合本地区"十一五"规划和年度计划的制订，将各项水污染防治项目纳入工作日程，落实《海河流域天津市水污染防治"十一五"规划》《渤海天津碧海行动"十一五"规划》等规划中的治理项目，到 2008 年规划治理项目完工率不低于 30%，2010 年规划治理项目要全部完成，确保"十一五"水污染防治目标的实现。

（3）自 2007 年起，每年的 1 月和 7 月各区县政府将主要水污染物的 COD 总量削减情况上报天津市环境保护局。

（4）自 2007 年起，天津市环境保护局受天津市政府委托按年度对《天津市区县"十一五"水污染物总量削减目标责任书》完成情况进行考核，并于次年 2 月底前将考核结果上报市政府。

第八节 城市环境综合整治定量考核制度

一、城市环境综合整治定量考核制度概述

1．城市环境综合整治定量考核概念及意义

城市环境综合整治定量考核（以下简称"城考"）是通过定量考核，对城市政府在推行城市环境综合整治中的活动进行管理和调整的一项

环境监督管理制度。它是环境保护发展到一定阶段产生的环境保护思想和技术手段。考核内容分为两部分：一部分为城市环境综合整治；另一部分为定量考核。每年进行一次，年度考核结果通过报纸、网络等媒体向社会公布。城市环境综合整治定量考核，一方面，使城市环境保护工作逐步由定性管理转向定量管理，有利于污染物排放总量控制制度和排污许可证制度的实施；另一方面，通过明确城市政府对城市环境综合整治的职责，既给各级领导增加压力，也为城市环境保护工作带来动力；对城市环境综合整治状况和水平的考核评比，有利于发现差距和问题，促进城市环境综合整治工作的深入发展。随着城考范围的逐年扩大，城考越来越得到各省、市、自治区政府与公众、媒体的高度重视和广泛关注，这增加了城市环境综合整治的透明度，便于社会和群众的监督，也成为推动城市环境保护工作、引导广大群众共同关心和参与环境保护的重要载体和手段。

2．城市环境综合整治定量考核发展历程

1984 年 10 月，中共中央《关于经济体制改革的决定》中明确指出："城市政府应当集中力量做好城市的规划、建设和管理，加强各种公用设施的建设，进行环境的综合整治"，从而明确了城市环境综合整治是城市政府的一项主要职责。

1985 年，国务院在河南省洛阳市召开了第一次全国城市环境保护工作会议，明确了在全国开展城市环境综合整治工作。

1988 年 7 月，国务院环境保护委员会发布了《关于城市环境综合整治定量考核的决定》，指出："环境综合整治是城市政府的一项重要职责，市长对城市的环境质量负责，把这项工作列入市长的任期目标，并作为考核政绩的重要内容。"并规定了城考工作自 1989 年 1 月 1 日起实施。

1990 年 12 月，国务院发布了《关于进一步加强环境保护工作的决

定》，明确规定：省、自治区、直辖市人民政府环境保护部门对本辖区的城市环境综合整治工作进行定量考核，每年公布结果。直辖市、省会城市和重点风景游览城市的环境综合整治定量考核结果由国家环境保护局核定后公布。各城市要逐步建立起"在城市政府的领导下，各部门分工负责，广大群众积极参与，环保部门统一监督管理"的管理体制和"制定规划，分解落实，监督检查，考核评比"的运行机制。

至此，城市环境综合整治定量考核作为我国城市环境管理的一项制度确立下来，并在全国广泛实施，有力地推动了城市环境保护工作。

3. 城市环境综合整治定量考核制度介绍

（1）考核范围。自 1989 年开始，国家环境保护局对直辖市和 26 个省会城市以及苏州、桂林共计 32 个城市实施城市环境综合整治定量考核。1992 年又增加了大连、青岛、厦门、深圳、宁波 5 个计划单列市，考核城市增加到 37 个。同时，各省、自治区也组织开展了对辖区城市的定量考核，被考核城市数达到 520 个。1996 年，国家考核城市中又增加了沿海开放和经济特区城市，被考核城市数达到 46 个。2002 年，拉萨市在国家环境保护总局的指导下首次开展城考工作。2004 年，国家考核城市达到 113 个。2004—2006 年国家环境保护总局在对重点城市城考的基础上，发挥省级环保部门作用，在全国所有设市城市推行城考制度；各省、自治区按照国家统一规范组织所辖城市的考核，被考核城市达到 600 个。

（2）考核方式。定量考核实行分级管理。环境保护部负责对国家环境保护重点城市和国家环境保护模范城市的考核，省级环境保护行政主管部门负责对辖区内城市（区）进行考核。

考核实行初审、会审和专家审核。对国家考核城市的考核，首先由城市自审，经省、自治区环境保护局审核后报环境保护部。环境保护部在前述初审的基础上组织各省、自治区和国家考核城市环境保护局有关人员进行会审，然后组织有关专家进行集中审核和现场抽查，最后经环境保护部部务会审定后，向各省（自治区、直辖市）和国家环境保护重点城市人民政府通报城考结果，同时向媒体公布。

（3）考核内容和指标设置。1989 年开展定量考核工作以来，考核指标基本包括环境质量、污染控制、环境建设及环境管理 4 方面内容。随着城市环境综合整治工作的不断深入，考核指标先后作过 5 次较大调整，指标设置和调整原则主要有以下 5 个方面：

①代表性。各项指标分别反映城市环境质量、污染控制、环境建设、环境管理，从而使整个指标体系能够概括反映城市环境综合整治工作的成效。

②可比性。指标设置尽可能兼顾不同性质、不同地域、不同规模和不同发展水平城市间的差异，使之具有可比性，做到纵向可比，横向也相对可比。

③可行性。考核指标要具备实施的基本条件，特别是经济、技术可行，且经过努力可以达到或逐步提高。

④可靠性。所设指标与相关部门的工作指标尽可能保持一致，指标的统计、测算可以通过正常的管理渠道认证，从理论和实践上保障指标值的可靠性。

⑤可分解性。考核指标的内容能按实施操作的需要进行分解，便于实现各级管理部门的落实。

"十一五"城市环境综合整治定量考核指标及计分公式详见表 4-2。

表4-2 "十一五"城市环境综合整治定量考核指标及计分公式

类别	序号	指标名称	限值 上限	限值 下限	权重	计分公式	考核范围
环境质量	1	API指数≤100的天数占全年天数比例/%	85	30	20	$20×(X-30)/55$	
	2	集中式饮用水水源地水质达标率/%	100	80	8	$8×(X-80)/20$	认证点位
	3	城市水环境功能区水质达标率/%	100	60	8	$8×(X-60)/40$ $6×(X-60)/40+Z$ $5×(X-60)/40+3×(Y-60)/40$ $3×(X-60)/40+3×(Y-60)/40+Z$	认证点位
	4	区域环境噪声平均值/dB（A）	62	56	4	$4×(62-X)/6$	
	5	交通干线噪声平均值/dB（A）	72	68	4	$4×(72-Y)/4$	
污染控制	6	清洁能源使用率/%	70	20	3	$3×(X-20)/50$	
	7	机动车环保定期检测率/%	80	40	2	$2×(X-40)/40$	城市
	8	工业固体废物处置利用率/%	90	50	5	$5×(X-50)/40$	地区
	9	危险废物处置率/%	100	40	5	$3×(X-40)/60+2×(Y-40)/60$	

类别	序号	指标名称	限值 上限	限值 下限	权重	计分公式	考核范围
污染控制	10	重点工业企业排放稳定达标率 重点工业企业废水排放稳定达标率/%	100	60	3	$3\times(X-60)/40$	
		重点工业企业烟尘排放稳定达标率/%	100	60	1	$(X-60)/40$	
		重点工业企业粉尘排放稳定达标率/%	100	60	1	$(Y-60)/40$	
		重点工业企业二氧化硫排放稳定达标率/%	100	60	2	$2\times(Z-60)/40$	
	11	万元GDP主要工业污染物排放强度/（t/万元）			8	$2\times(50-W)/40+2\times(0.01-C)/0.009+2\times(0.02-P)/0.018+2\times(0.04-S)/0.032$	
环境建设	12	城市污水集中处理率/%	80	30	8	$8\times(X-30)/50$	城市市区
	13	生活垃圾无害化处理率/%	85	30	8	$8\times(X-30)/55$	建成区
	14	建成区绿化覆盖率/%	35	20	4	$4\times(X-20)/15$	城市地区
环境管理	15	环境保护机构建设			3	见指标解释	城市市区
	16	公众对城市环境保护的满意率/%	85	30	3	$3\times(X-30)/55$	

二、天津市城市环境综合整治定量考核工作情况

1. 天津市城市环境综合整治定量考核工作整体情况

自 1989 年国家开展城市环境综合整治定量考核工作以来，天津市一直保持国家先进水平，在 1989—2001 年全国 47 个重点城市城考排名中，天津市均列入"十佳"。多年来，天津市市委、市政府一直高度重视城市环境综合整治工作，始终把改善人民生活环境作为政府的重要职责，建立健全"政府领导、部门分工、环保监管、群众参与"的城考管理机制。1989 年，天津市政府成立了天津市城市环境综合整治办公室，由副市长担任办公室主任；区、县、局也分别成立了"环委会"、"环保领导小组"和"环境综合整治领导小组"，建立联席会议制度，定期召开会议，协调解决重点难点问题。天津市政府每年下发《关于××××年我市环境综合整治定量考核工作的安排意见》。每 3 年，天津市政府与各区县政府和主要的委办局签订环境保护目标责任书。创模工作开展以来，结合创模目标和任务，天津市将城考工作内容纳入《天津市创建国家环保模范城市工作目标责任书》，天津市政府与 23 个委办局、18 个区县政府签订了责任书，形成了"以创模促城考、以城考推创模"的工作局面。

2. 天津市开展区县城市环境综合整治定量考核工作情况

（1）天津市区县城市环境综合整治定量考核工作发展历程。天津市区县城考工作始于 2000 年。2001—2005 年，天津市城考工作处于探索阶段，每年根据天津市的实际情况和国家的相关要求对区县城考实施细则进行微调，逐渐形成了规范化、系统化、科学化的指标体系。2006 年以后，为落实辖区政府环境质量负责制，明确了各级政府的责任，调动了其积极性，更好地发挥了城考制度的效能，进一步推进了各区县环

境保护重点工作的落实，巩固提高了创模成果，推进了生态市的建设，确保完成了国家创模和城考数据的上报任务，天津市每5年对区县实施细则进行一次调整。

（2）考核内容。区县城考工作严格按照《天津市区县城市环境综合整治定量考核指标实施细则》（以下简称《实施细则》）执行。《实施细则》共设置环境质量、污染控制、环境建设及环境管理4部分考核内容，每部分考核设立若干个考核指标，满分为100分。环境质量和总量减排任务完成情况等部分指标纳入了区县党政领导班子工作指标评估内容中。

天津市区县城市环境综合整治定量考核指标及评分公式见表4-3。

（3）考核范围。全市行政区县及天津经济技术开发区、天津港保税区、天津滨海高新技术产业开发区都纳入了考核范围，每年根据考核结果进行排名。

（4）工作程序。

①召开"年度城考工作会议"，讲解《实施细则》及相关内容，部署年度区县城考结果上报具体要求。

②区县政府审定城考结果，每年按时上报天津市城市环境综合整治办公室。

③区县城考会审前工作准备。天津市城市环境综合整治办公室按照《实施细则》的要求，汇总、整理区县城考数据结果提供会审会议使用。

④按照国家要求，召开各区县城考会审会议。

⑤针对会审中提出的问题，对区县有关指标得分重新进行了核定。

⑥再次汇总整理年度区县城考结果，并编制完成各区县"年度城考结果反馈表"，同时反馈各区县，并要求再次对其城考结果进行确认，确保各区县对考核结果的认可。

⑦年度城考结果报天津市政府审定，最后以天津市环境综合整治办公室文件通报各区县政府。

表 4-3　天津市区县城市环境综合整治定量考核指标评分表

类别	序号	指标名称	限值 上限	限值 下限	权重	计分公式
环境质量	1	API 指数≤100 的天数占全年天数比例/%	90	60	5	$5(X-60)/30$
	2	PM_{10} 年平均值/（mg/m³）	0.15	0.10	4	$2(0.15-X)/0.05$
			0.10	0.04		$2+2(0.10-X)/0.06$
	3	SO_2 年平均值/（mg/m³）	0.10	0.02	3	$3(0.1-X)/0.08$
	4	NO_2 年平均值/（mg/m³）	0.08	0.04	3	$3(0.08-X)/0.04$
	5	饮用水水质达标率/%	100	80	6	$6(X-80)/20$
	6	城市水环境功能区水质达标率/%	100	0	9	$9X/100$
	7	区域环境噪声平均值/dB（A）	61.0	55.0	3	$3(61.0-X)/6.0$
	8	交通干线噪声平均值/dB（A）	71.0	68.0	3	$3(71.0-X)/3.0$
污染控制	9	工业固体废物处置利用率/%	90	50	2	$2(X-50)/40$
	10	危险废物处置率/% 医疗废物集中处置利用率	100	40	2	$2(X-40)/60$
		工业危险废物（包括废弃危险废物）处置利用率	100	40	3	$3(Y-40)/60$

类别	序号	指标名称	限值 上限	限值 下限	权重	计分公式
污染控制	11	重点工业企业排放稳定达标率/% — 重点工业废水排放稳定达标率%	100	60	3	$3(X-60)/40$
		重点工业废气排放稳定达标率%	100	60	4	$(X-60)/40+(Y-60)/40+2(Z-60)/40$
	12	建设项目环境管理情况	100	60	6	详见《实施细则》
	13	完成总量控制任务	—	—	5	详见《实施细则》
环境建设	14	生活垃圾无害化处理率/%	85	30	4	$4(X-30)/55$
	15	建成区绿化覆盖率/%	40	0	4	$4X/40$
	16	环境保护投资指数/%	3.5	0	4	$4X/3.5$
环境管理	17	大气污染防治工作情况	—	—	5	按实际工作情况计分
	18	水污染防治工作情况	—	—	5	按实际工作情况计分
	19	噪声污染防治工作情况	—	—	5	按实际工作情况计分
	20	生态保护工作情况	—	—	5	按实际工作情况计分
	21	环境信访工作情况	—	—	5	按实际工作情况计分
	22	循环经济工作情况	—	—	2	按实际工作情况计分

第九节 主要污染物排放总量控制

一、主要污染物排放总量控制概述

1. 总量控制制度的概念

总量控制制度，是指在特定的时期内，综合经济、技术、社会等条件下，采取通过向排污源分配污染物排放量的形式，将一定空间范围内排污源产生的污染物的数量控制在环境容许限度内而实行的污染控制方式及其管理规范的总称。

2. 实施总量控制的目的和意义

（1）污染减排是通往生态文明的必由之路。生态文明是人类对传统文明特别是工业文明进行深刻反思的结果，是人类文明形态和文明发展理念、道路和模式的重大进步。建设社会主义生态文明就是要摒弃"先污染、后治理"的传统工业发展道路，通过实行积极的污染减排措施，改善环境保护与经济发展的关系，加强污染预防和治理能力，建立可持续的生产和消费体系，在社会文化、政治意识、经济体系等领域形成科学的发展观，为生态文明的实现奠定基础。

（2）污染减排是关系到国家发展的一项重要政治任务。污染减排是"十一五"一项艰巨的政治任务，是政府对人民的庄严承诺，必须确保按期完成目标。长期以来，由于部分地方片面追求经济增长，造成当地的资源、环境等经济社会发展所必需的基础性因素遭受破坏，可持续发展受到极大影响，也造成社会不稳定因素。因此，必须从政治高度来看待环境污染问题，大力加强污染减排的政策力度，使用从严、从紧的减排措施来保证可持续发展的经济基础免遭破坏。

（3）污染减排是实现环境优化经济增长的重要途径。近年来，我国环境形势与社会经济发展的矛盾日益突出，以重工业为特征的工业发展模式带来了严重的污染问题。发达国家上百年工业化过程中分阶段出现的环境问题在中国近 30 年多来集中出现，并呈现结构型、复合型、压缩型的特点。由于环境问题多年的积累和欠账，我国进入了环境事故高发期。2007 年中央经济工作会议提出了"把节能减排目标完成情况作为检验经济发展成效的重要标准"。开展污染减排，要求环境保护参与到各级政府的经济决策当中，切实把污染减排作为调整经济结构、转变经济增长方式的重要手段，在经济发展过程中保护环境，在环境保护的过程中优化经济增长，实现两者的内在统一。

（4）污染减排是推动环境保护历史性转变的关键措施。第六次全国环境保护大会提出了实现环境保护历史性转变，要从主要依赖行政办法保护环境转变为综合运用法律、经济、技术和必要的行政办法解决环境问题。污染减排本身就是部门合作、多种政策协同解决环境问题的一种策略，逐步形成部门、市场和公众的合力，建立广泛的环保协作机制，最终实现环境保护的历史性转变。

3. 总量控制的分类

（1）根据总量控制目标的确定方法不同，将其分为目标总量控制和容量总量控制。

目标总量控制，是指国家本着经济社会与环境协调发展的原则，依据经济发展的阶段特征和环境质量的实际状况，确定全国乃至各地区污染物排放总量控制指标的一种总量控制方法。它一般是以指令性总量控制的方式来实施的，如把排放污染物总量控制指标列为国家国民经济和社会发展五年规划的约束性指标。

容量总量控制，是根据当地实际的环境容量来确定污染物排放总量控制指标的一种总量控制方法，即主要根据环境容量来确定总量控制指标。

（2）根据总量控制实施的区域范围，可划分为国家总量控制计划、省级总量控制计划、城市总量控制计划和企业总量控制计划等。相应的总量控制制度也就是在国家、省级、城市、企业范围内实施。

（3）根据管理角度不同可划分为宏观总量控制、中观总量控制、微观总量控制。

宏观总量控制，即宏观目标的总量控制，是指国家或地区、城市为了宏观上控制污染物发展趋势对污染物排放总量规定具体指标要求的控制方式。从"九五"期间开始，全国主要污染物排放总量控制计划规定了全国和各地区几种主要污染物排放总量，并要求逐步分解到地、市，实现宏观总量控制。

中观总量控制，即流域或地区容量总量控制，指污染治理的重点流域、区域，以环境质量为目标，考虑污染物排放与环境容量的关系，确定排污总量并将污染物负荷分解到源的控制方式，通过中观层次的总量控制达到环境容量优化使用。

微观总量控制，是针对具体污染源即每个排污企业或单位，从生产全过程控制污染物的产生、治理和排放，以满足允许排放量的要求或达标排放要求的控制方式。

（4）根据环境污染总量控制实施的阶段不同，可分为初级总量控制、中级总量控制、高级总量控制。

初级总量控制，是对重点污染源的重点污染物实行排放总量控制和削减量的规划分配，通过规划计划或排污许可证制度，将某种污染物允许排放量的削减分配到排污单位。

中级总量控制，是对整个区域的重点污染物的环境容量总量控制，它是运用环境质量模型进行计算，反推环境允许纳污量。

高级总量控制，是对环境质量的综合控制，它不仅控制全部污染物的污染源排污量，而且主动改善生态环境，增加环境容量，扩大允许排污总量，提高环境质量，实现环境质量的综合控制，避免局部的环境过度保护或保护不足。

4．总量控制制度发展历程

我国的总量控制制度经历了 4 个时期：引入阶段、发展阶段、延续发展阶段、全面推进阶段。

（1）引入阶段，即"九五"（1996 年）之前。总量控制概念的引入，仅在 1988 年国家环境保护局《水污染物排放许可管理暂行办法》和一些地方性法规上有规定，主要是《上海市黄浦江上游水源保护条例》《江苏省环境保护条例》《江苏省太湖水污染防治条例》《江苏省排放污染物总量控制暂行规定》等。国民经济发展规划、法律均没有相关规定。总量控制制度实施所运用的相关制度主要是许可证制度和排污收费制度。当时在实施总量控制制度的局部地区取得了一些效果。

（2）发展阶段，即"九五"期间（1996—2000 年）。

①明确了总量控制的范围。12 种污染物，包括烟尘、工业粉尘、二氧化硫、化学需氧量、石油类、氰化类、砷、汞、铅、镉、六价铬、工业固体废物排量。

②国民经济发展纲要和法律法规明确规定。《国民经济和社会发展"九五"计划和 2010 年远景目标纲要》和《"九五"期间全国主要污染物排放总量控制计划》《中华人民共和国水污染防治法》及其实施细则；《中华人民共和国大气污染防治法》《国家环保总局酸雨控制区和二氧化硫污染控制区划分方案》《关于在酸雨控制区和二氧化硫污染控制区开展征收二氧化硫排污费扩大试点的通知》《关于在杭州等三城市实行总量排污收费试点的通知》等排污收费试点规章均有规定。

③总量控制制度实施所运用的相关制度得到了相应发展。包括排污许可证制度、排污收费制度、排污申报登记制度、环境目标责任制和城市环境综合整治定量考核制度、限期治理制度、总量控制工作年

度考核制度。经过"九五"期间，主要污染物排放总量控制计划基本完成。

（3）延续发展阶段，即"十五"时期（2001—2005 年）。

①总量控制制度的管理范围缩减。包括 5 种污染物，即二氧化硫、尘（烟尘和工业粉尘）、化学需氧量、氨氮、工业固体废物。

②政策、法律法规发展。《中华人民共和国国民经济和社会发展第十个五年计划纲要》《国家环境保护"十五"计划》均有规定。

③总量控制制度实施所运用的相关制度。包括目标责任制、总量排污收费试点。其他制度虽沿袭了相应的法律，但由于实际上未得到严格执行，"十五"末期，二氧化硫与二氧化碳的排放总量均未完成《国家环境保护"十五"计划》削减 10%的控制目标。

（4）全面推进阶段，即"十一五"时期（2006—2010 年），为新政策、法律制度全面推进期。

①总量控制制度的管理范围进一步缩减为二氧化硫、化学需氧量。《中华人民共和国国民经济和社会发展第十一个五年规划纲要》的约束性指标要求：确保到 2010 年二氧化硫、化学需氧量比 2005 年削减 10%。

②新政策、法律制度创设。除《中华人民共和国国民经济和社会发展第十一个五年规划纲要》《国家环境保护"十一五"规划》《"十一五"期间全国主要污染物排放总量控制计划》外，《中华人民共和国水污染防治法》于 2008 年进行了修订，同年颁布了《"十一五"主要污染物总量减排考核办法》《"十一五"主要污染物总量减排统计办法》《"十一五"主要污染物总量减排监测办法》。

③总量控制制度实施所运用的相关制度。包括目标责任制，公布未达标地区、主要企业，区域限批，罚款，责令限期治理等。

二、天津市总量控制制度实施情况

1. 天津市"十一五"时期主要污染物总量减排成果

（1）指标完成情况。"十一五"时期，国家下达天津市的主要污染物总量控制目标：在消化平衡 5 年新增量的前提下，二氧化硫排放总量从 2005 年的 26.5 万吨下降到 24 万吨以下，削减比例为 9.4%；化学需氧量排放总量从 2005 年的 14.6 万吨下降到 13.2 万吨以下，削减比例为 9.6%。

2011 年 1 月，环境保护部对天津市"十一五"主要污染物总量减排情况进行了核查核算，确认天津市完成了"十一五"减排任务。2010 年二氧化硫排放量为 13.2 万吨，较 2005 年减排 11.26%，完成"十一五"目标任务的 119.83%；化学需氧量排放量为 13.2 万吨，较 2005 年减排 9.61%，完成"十一五"目标任务的 100.11%。

（2）具体完成工程。"十一五"期间，经过各区县政府、各委办局共同努力，全面落实工程减排措施。

二氧化硫方面，天津市完成了全部火电机组脱硫治理工程（电力行业 24 台 20 万千瓦以上机组脱硫效率达到 80%，电力行业和工业企业自备电厂 43 台 20 万千瓦以下机组脱硫效率达到 37%）；供热锅炉 447 台 10 吨/时以上脱硫效率达到 51%。

化学需氧量方面，天津市新、扩建污水处理厂 44 座，升级改造污水处理厂 16 座，铺设排水主干管网 2 700 千米；淘汰落实产能，关停小化工、小造纸等行业 80 余家企业；推动工业企业污染治理设施 69 台（套）。

2. 天津市"十一五"时期主要污染物总量减排措施

天津市主要污染物总量减排工作，在市委、市政府的正确领导下，在全市上下的共同努力下，坚持以科学发展观为指导，以国家下达的控制目标为中心，以改善环境质量为目的，通过工程减排、结构减排、管理减排等有效途径，克服困难，狠抓落实，全面完成"十一五"减排任务。

（1）建立高效的组织领导和工作机制。市、区县、企业逐级成立减排领导小组，市相关部门建立了联席会议制度；实施了减排目标责任考核，落实减排责任；建立了减排工作调度机制，及时协调解决存在的问题；建立了工作预警和督察督办机制，不断加大工作落实的力度。

（2）全面落实减排工程。以火电企业脱硫治理、污水处理厂建设、关停淘汰落后产能为重点，采取"倒逼机制"、"上大压小"、减量置换和限期淘汰等措施，全面落实工程减排、管理减排和结构减排等措施，污染治理设施基础建设取得了重大进展，为完成减排任务发挥了主要作用。

（3）通过多个平台和渠道全方位、立体化推进减排工作落实。全面启动生态市建设，减排指标被列为重要内容；共同推进节能和减排工作，加强污水处理厂建设，推进循环经济发展，积极推动产业结构调整，提前完成了国家下达的节能20%的任务，有力地促进了减排工作；全力推动清洁生产，积极推进污染防治向源头削减和全过程控制转变，加强用能用煤大户和用水大户的审核，推动企业挖掘节能减排潜力，节煤节水取得了明显成效，对节能减排发挥了直接效益；全面实施水环境专项治理，在对全市景观河道、排污河、农业河道进行专项整治的同时，新建44座、改造16座污水处理厂和新配套排污管网798千米，城镇污水处理率达到85%，中心城区污水集中处理率达到90%以上，污水处理厂出水水质均达到一级排放标准。

（4）加强减排"三大体系"能力建设。制定实施了《天津市"十一五"主要污染物总量减排统计办法》《天津市"十一五"主要污染物总量减排监测办法》和《天津市"十一五"主要污染物总量减排考核办法》。

完善减排统计体系，加强环境统计数据联审，全面落实了污染源普查和动态工作；巩固减排监测体系，全面推进环境监测站标准化建设、国控源自动监控能力建设，严格标准，加大投入，全市环境监测及应急能力得到了极大提高，天津市环境监测中心于 2009 年在全国第一个通过国家标准化建设验收；强化减排考核体系，将减排任务完成情况作为区县领导班子绩效考核的重要内容，严格考核评估。同时，认真落实环境监察执法标准化要求，加强自身能力建设，综合执法能力极大提高。对存在问题的区域实行限批或限期整改，进一步提高各级对减排工作的重视程度；研究建立排污权交易体系，以市场化手段和金融创新的方式，于 2008 年 9 月成立了国内首家综合性排放权交易所，为减排总量市场化提供了交易平台。

通过减排，天津市环境质量持续改善，减排能力显著增强，发展方式得以优化，产业结构得到调整，减排对经济社会发展的调节作用逐步显现。

第十节　ISO 14001 环境管理体系

一、ISO 14000 环境管理系列标准概述

ISO 14000 系列标准是国际标准化组织 ISO/TC 207 负责起草的国际标准，是主要针对所有组织的、强调环境管理一体化污染预防与持续改进的标准。ISO 14000 是一个系列的环境管理标准，有 100 个标准号，从 ISO 14001 到 ISO 14100。它包含了环境管理体系、环境审核、环境标志、生命周期分析等国际环境管理领域内许多焦点问题，旨在指导各类组织取得和表现正确的环境行为。ISO 14000 系列标准共分 7 个系列，即环境管理体系（EMS）、环境审核（EA）、环境标志（EL）、环境行为评估（EPE）、生命周期评估（LCA）、术语和定义（T&A）、产品

标准中的环境指标。目前，已有 6 个标准由国际标准化组织正式颁布：ISO 14001，《环境管理体系 规范及使用指南》；ISO 14004，《环境管理体系 原理、体系和支撑技术通用指南》；ISO 14010，《环境审核指南 通用原则》；ISO 14011，《环境管理审核 审核程序 环境管理体系审核》；ISO 14012，《环境管理审核指南 环境管理审核员的资格要求》；ISO 14040，《生命周期评估 原则和框架》。

ISO 14000 环境管理系列标准是一项环境保护综合管理型的国际标准，吸收了发达国家在环境管理上的成功经验和先进的环境管理理念，突出了全过程管理、预防污染和持续改进的思想，是当代环境管理理论和方法的总结与创新，是实现可持续发展的有力手段。推行 ISO 14000 环境管理系列标准是贯彻和落实科学发展观，促进企业节约资源、能源，减少和预防污染，提高环境管理水平，改善环境质量，促进经济持续健康发展的有效途径。

二、天津市推行 ISO 14000 环境管理体系背景

天津市是我国特大城市之一，《天津市城市总体规划》把建设成北方经济中心、国际港口城市和生态城市列为城市发展的总体目标。改革开放以来，天津经济得到了较快发展，城市建设也得到相应发展，特别是纪庄子污水处理厂和东郊污水处理厂的投产、以三环十四射为主的道路交通的完善、城市绿化、集中供热、污染控制和环境管理等方面都取得了较大成效。但是，由于历史欠账较多，城市污染仍比较严重。城市地面水除引滦水源保护良好外，其他水体大多达不到相应的功能区标准；城市环境空气质量的主要指标 TSP 年均值超二类标准，汽车尾气污染日趋严重；噪声、恶臭扰民时有发生，"白色污染"未得到有效控制。为了实施可持续发展战略，天津市政府决定以环境综合整治为中心，实施环境全面治理，全市工业超标污染源的限期治理工作，截止到 1999 年，比国家要求时限提前一年完成。在此背景下，为了促进经济持续健

康发展，天津市在国内较早推行了 ISO 14000 环境管理体系。

三、天津市推行 ISO 14000 环境管理体系的重要举措及成效

天津市环境保护局在原国家环境保护总局的指导下，在组织推行 ISO 14000 环境管理系列标准方面进行了有益的探索和尝试，在推进 ISO 14000 国家示范区创建活动方面不断拓展，取得了一定的成效。

1. 宣传引导、试点示范，将污染预防和全过程控制理念融入区域经济、城乡建设和产品生产的各个领域，促进可持续发展

天津市对贯彻 ISO 14001 环境管理体系标准工作，起步早，动作快。早在 1994 年，天津市环境保护局与国家环境保护局联合在津举办了全国环境管理体系研讨班。1995 年，派员赴新加坡参加了欧盟环境科学院举办的 ISO 14000 环境管理标准培训。1997 年 6 月，天津市被国家环境保护局批准为推行 ISO 14001 环境管理体系试点城市，首批试点企业天津王朝葡萄酿酒有限公司、天津钢管公司等建立并通过了 ISO 14001 环境管理体系认证。1998 年 5 月，天津市启动了中德政府间合作项目"天津市环境保护局引进国际环境管理标准"，为天津市贯彻和推进 ISO 14001 环境管理体系标准增添了活力。2000 年 12 月天津市环境保护局率先通过 ISO 14001 环境管理体系认证，成为国内首家通过认证的行政机关。天津经济技术开发区 1999 年启动创建 ISO 14000 国家示范区工作，于 2000 年 12 月通过认证，并被国家环境保护总局命名为 ISO 14000 国家示范区。天津滨海高新技术产业开发区华苑产业区于 2003 年通过了 ISO 14001 认证，并于 2006 年 1 月被授予 ISO 14000 国家示范区。天津港保税区、武清区也分别通过了 ISO 14001 环境管理体系认证。截至 2009 年，天津市有 860 多家企事业单位通过了 ISO 14001 环境管理体系认证，其中 21 家企业被评为天津市环境友好企业，4 家被评为国家环境友好企业。

通过 ISO 14001 环境管理体系认证和 ISO 14000 国家示范区创建工作，使污染预防和全过程控制理念融入区域经济、城乡建设和产品生产的各个领域，促进了经济社会的健康发展。

2. 创新机制、规范管理，以天津市环境保护局机关 ISO 14001 环境管理体系为依托实施环境目标管理，提高环境管理水平

天津市环境保护局从 20 世纪 80 年代末开始研究以环境目标为对象的目标管理机制，探索环境管理制度的改革。环境目标管理是一种管理思想、管理方法，更是一种管理机制，是围绕确定和实现环境目标开展的一系列管理活动。ISO 14001 环境管理体系是以环境方针、环境因素、环境目标、实施方案、监督检查为主要内容，具有科学性、规范性、可追溯性的管理制度。环境目标管理与 ISO 14001 环境管理体系有着本质的联系，它们的机理和最终目的是完全一致的，将 ISO 14001 环境管理体系与环境目标管理有机地结合，既为环境目标管理提供了制度化、规范化运行机制，又为 ISO 14000 环境管理系列标准在宏观环境管理上丰富了环境管理内涵。2000 年，天津市环境保护局在机构改革中，依据环境目标管理思想和 ISO 14001 环境管理体系的要求，将天津市环境保护局机关的机构与职能按照环境要素划分，确立了对环境质量直接负责的水、大气、固体噪声和生态 4 个业务处室的核心地位；开发管理、环境监理、环境监测等处室的执行和配合功能；法制、科技、计财、国际合作和宣教等处室的支持保障功能；办公室、人事、综合、监察、政策研究等处室的综合协调、监督反馈功能，形成了目标明确、责任明晰、关系清楚的 4 个管理层面。这种机构设置突出了环境质量目标管理，最基本的目标是有效改善环境质量和保护生态环境。天津市环境保护局依据环境目标管理思想建立了科学的运行机制，调整了一系列管理职能关系，并用 ISO 14001 环境管理体系将其规范、确定和保证。合理的机构与职能设置，避免了职能交叉，推诿扯皮现象的发生；痕迹化管理，增

强了行政行为的可追溯性，保证了目标责任制和责任追究制的有效实施；政务交办和周报制度，提高了办事效率，增强了信息交流与反馈，使局领导及时了解工作进展与成效，便于控制和调整全局工作部署；"表扬通知单"及"批评通知单"的红黄牌制度激励了全局上下开拓创新，争创一流的积极性，也为定量化的年终考核提供了依据。

通过实施 ISO 14000 环境管理体系，天津市环境保护局强化了环境目标管理，提高了全市环境管理水平，改善了环境质量，确保了天津市创建国家环境保护模范城市工作的圆满完成。

3. 注重引导、持续改进，创建国家生态工业示范园区，为建设生态城市奠定基础

天津经济技术开发区是推行 ISO 14001 环境管理体系的先行者，也是发展循环经济的先行者，在落实科学发展观，走新型工业化道路方面走在了全市乃至全国的前列。自 1999 年 ISO 14000 国家示范区创建工作启动以来，天津经济技术开发区不仅成为天津市新的经济增长点，各项耗能指标也大大降低。区域环境质量的改善，使其市场竞争力不断提高。实践证明，推行 ISO 14000 和发展循环经济所带来的最大收获是区域环境质量的提高和经济的持续增长。根据国家环境保护总局《国家生态工业示范园区申报、命名和管理规定（试行）》等文件的要求，天津经济技术开发区通过宣传引导、规划设计，按照循环经济的理念，不断提升了示范区的建设水平。2003 年 12 月，《天津经济技术开发区生态工业园建设规划》通过了专家论证。2004 年 5 月，被国家环境保护总局批准正式启动了生态工业示范园区建设。2005 年 10 月，国家发展和改革委员会、国家环境保护总局等六部委批准天津经济技术开发区成为国家循环经济示范区。2008 年 5 月，天津经济技术开发区被国家正式命名为国家生态工业示范园区。

天津新技术产业园区华苑科技园也启动了国家生态工业园创建工

作。自 2008 年被国家正式批准创建国家生态工业园以来，天津新技术产业园区华苑科技园按照生态工业园建设规划推动园区建设，通过引进一批重点大型项目，大力推进了生态产业链补链、节能建筑推广、垃圾再生系统、水资源再生利用等工程建设。目前，已达到国家生态工业园标准。

4. 推进 ISO 14001 环境管理体系进社区，鼓励公众参与，促进天津市循环经济发展和资源节约型环境友好型社会建设

天津市以推行 ISO 14001 管理体系为手段，面向社会各层面宣传环境管理体系，推动环境管理体系建立，监督环境管理体系运行。特别是南开区环境保护局在区委、区政府的支持下，2004 年开始积极推行 ISO 14001 环境管理体系，组织区内与环境管理相关的各政府部门、企业、集中供热站和学校等部门和单位，以社区为对象，组织开展了创建 ISO 14000 示范社区活动，建立了相应的 ISO 14001 环境管理体系。全区 12 个街道办事处、全部 213 居委会和区建管系统 9 个委办局都建立了 ISO 14001 环境管理体系，2 所学校、10 个集中供热站和 30 多户重点污染企业通过了体系认证。为了让社区居民了解 ISO 14001 环境管理体系，南开区环境保护局将复杂的体系文件和运行程序编译成通俗易懂的"一册通"宣传册，分发到各居委会、学校和区内机关单位。同时，在全区以"社区环保课堂"为依托，将 ISO 14001 引入社区，邀请大学生和环保志愿者深入社区举办讲座，内容丰富，深入浅出，收到了显著的效果。"社区环保课堂"以"课堂设在家门口"、"一米之内有环保"、"大学生，小老师"为特色，突破了环境宣传教育的传统模式，探索出了一条创建 ISO 14000 示范社区的创新之路。截至 2010 年，南开区"社区环保课堂"共授课 1 140 余次，开展延伸活动 780 次，直接参与群众达 13 万人次，辐射影响群众达 70 万余人，覆盖了全区 12 个街道的全部 166 个社区。

通过推行 ISO 14000 标准，天津市环境管理步入了规范化、科学化轨道，在获得良好环境绩效的同时，在资源、能源和综合利用方面也取得了明显的经济效益，对推动环境和经济双赢发挥了重要作用。

第十一节　清洁生产审核制度

一、清洁生产审核概述

1. 清洁生产审核的概念和作用

清洁生产审核是指按照一定程序，对生产、服务过程进行调查和诊断，找出能耗高、物耗高、污染重的原因，提出减少有毒有害物料使用、产生，降低能耗、物耗以及废物产生的方案，进而选定技术可行、经济核算及符合环境保护的清洁生产方案的过程。生产全过程要求采用无毒、低毒的原材料和无污染、少污染的工艺和设备进行工业生产；产品的整个生命周期过程，对于产品则要求从产品的原材料选用到使用后的处理和处置不构成及减少对人类健康和环境危害。其目的是"节能、降耗、减排、增效"，消灭或减少产品中的有害物质，减少生产过程中的原料和能源的消耗，降低生产成本，以减少对人类健康环境的危害。其宗旨是为了推进可持续发展和综合考虑经济与环境的相互协调，以促使经济效益和环境效益的统一。清洁生产审核，对于企业，可以真正降低成本，降低企业的原材料消耗和能耗，提高物料和能源的使用效率；对于国家，是我国向世界承诺减少温室气体排放的重要举措；对于地方政府，是完成国家规定的节能减排任务的重要方法和途径。

2. 清洁生产审核程序

（1）筹划和组织阶段。重点是取得企业高层领导的支持和参与，组建清洁生产审核小组，制订审核工作计划和宣传清洁生产思想。

（2）预评估阶段。本阶段是从生产全过程出发，对企业现状进行调研和考察，摸清污染现状和产污重点并通过定性比较或定量分析，确定审核重点。重点是评价企业的产污排污状况，确定审核重点，并针对审核重点设置清洁生产目标。

（3）评估阶段。本阶段是建立审核重点物料平衡，进行废物产生原因分析。重点是实测输入输出物流，建立物料平衡，分析废物产生原因。

（4）方案产生和筛选阶段。本阶段是针对废物产生原因，提出方案并筛选。重点是针对废物产生原因，提出方案并通过方案的筛选、研制，为下一阶段的可行性分析提供足够的中/高费清洁生产方案。

（5）可行性分析阶段。本阶段是对所筛选的中/高费方案进行可行性研究、分析与推荐。重点是在结合市场调查和收集一定资料的基础上，进行方案的技术、环境、经济的可行性分析和比较，从中选择和推荐最佳的可行方案。

（6）方案实施阶段。本阶段是实施方案，并分析、验证方案的实施效果。重点是总结前几个审核阶段已实施的清洁生产方案的成果，统筹规划推荐方案的实施。

（7）持续清洁生产阶段。本阶段是制订计划、措施持续推行和编写报告。重点是建立推行和管理清洁生产工作的组织机构、建立促进实施清洁生产的管理制度、制订持续清洁生产计划以及编写清洁生产审核报告。

二、天津市清洁生产审核制度执行情况

2005年11月，天津市政府发布了《批转市经委、市环境保护局拟定的天津市清洁生产审核实施办法（暂行）》，明确了天津市经济委员会和天津市环境保护局共同负责全市清洁生产审核工作，天津市清洁生产地方立法调研工作也同时展开。通过地方立法，天津市清洁生产审

核制度逐步走上了正轨，现已成为政府推动节能减排工作的重要手段之一。

"十一五"以来，天津市一直把清洁生产作为节能减排的重要抓手，引导和推动企业自觉实施清洁生产审核，推动污染防治的源头削减和全过程控制。建立了符合天津市实际的地方法规体系、各方齐抓共管的工作体系，完善了富有地方特色的工作制度，即重点企业名单定期公布制度、清洁生产审核员培训制度、审核报告评估制度、审核企业验收制度，并把开展清洁生产工作较好的 8 家企业评为清洁生产示范企业，以天津市政府名义给予了命名表彰。

清洁生产的实施，对天津市全面完成节能减排约束性指标起到了积极作用。同时，通过开展清洁生产审核，也促进了工业企业经济增长方式的转变，使企业收到了实在的经济效益。截至 2011 年 6 月，天津市现有近 220 家企业开展了清洁生产审核，共实施无/低费方案 2 479 项，中/高费方案 304 项，总投资 7.47 亿元，每年实现经济效益 7.46 亿元，节能 31 万吨标煤，节水 1 400 万立方米，减排 COD 2 300 吨，减排二氧化硫 2.4 万吨。

第十二节　危险废物转移制度

一、危险废物转移制度概述

1. 危险废物转移的概念

危险废物的转移，是指将危险废物从产生源转移至产生源以外的地方，而不是指在危险废物产生源内变动危险废物的堆放场地的活动。其包括越境转移，即从国外、境外向国内、境内转移，或从国内、境内向国外、境外转移；也包括境内转移，即从一单位向另一单位转移，或从一地转移至另一地。《中华人民共和国固体废物污染环境防治法》所涉及的转移，只限国内的转移活动。转移可以是一次性的，也可以是连续性的；可以是短距离的，也可以是长途的。转移的方式有多种，可以通过公路、铁路、船舶或者管道等方式进行。涉及危险废物转移的活动的，既有危险废物的产生者，也包括危险废物的运输者和准备接受危险废物的储存、处置者等。

2．危险废物转移的必要性

危险废物本身具有可转移的特点。在一定的条件下，转移危险废物是必要的和必须的。一方面，对危险废物进行集中处置需要将危险废物从产生源转移至集中处置场所；另一方面，进行废物交换，综合利用等也需要进行废物转移活动。转移的目的是为了更有效、更经济、更合理地利用或处置危险废物，是防治危险废物污染的主要措施之一。如果在转移过程中管理不当或转移方式不当，都可能会造成危险废物污染的扩散和蔓延，对人民群众的生命健康、环境安全以及公共安全都会造成严重危害。因此，必须对危险废物转移采取必要的管制措施，将转移置于对环境无害的监督管理之下，使危险废物的转移符合环境保护的要求，这样有利于危险废物的污染防治。

二、国家危险废物转移联单制度

1．危险废物转移联单制度的概念

危险废物转移联单制度，又称废物流向报告单制度，是指在进行危险废物转移时，其转移者、运输者和接受者，不论各环节涉及的数量多寡，均应按国家规定的统一格式、条件和要求，对所交接、运输的危险废物如实进行转移报告单的填报登记，并按程序和期限向有关环境保护部门报告。实施转移联单制度的目的是为了控制废物流向，掌握危险废物的动态变化，监督转移活动，控制危险废物污染的扩散。

2. 危险废物转移联单制度执行流程

（1）危险废物产生单位（以下简称"产生单位"）将废物交付危险废物运输者（以下简称"运输者"）启运时。

①产生单位事先按要求，在第一联上完成第一部分产生单位栏目填写并加盖公章后，将联单连同废物交付运输者；

②运输者核实联单内容（主要核实该批次拟转移废物种类、特性、数量是否与联单所载定内容一致）无误后，在第一联上填写联单第二部分运输企业栏之后，将第一联的副联与第二联的正联交还给产生单位；

③产生单位将第一联副联自留存档（保存期限为5年），第二联的正联在废物启运起2个工作日内寄送移出地设区市级人民政府环境保护行政主管部门存档。

（2）运输者运输废物时。运输者将联单其余第一联正联、第二联副联、第三联、第四联、第五联等各联随废物一起转移运行。

（3）运输者将废物运抵目的地，交付危险废物接受单位（以下简称"接受单位"）时。

①运输者将所承运废物连同联单一起交付接受单位；

②接受单位须按照联单内容对所接受废物核实验收无误，在第一联上填写第三部分废物接受单位栏并加盖公章后，将第四联自留存档；

③接受单位将正确填写完毕并加盖公章的联单的第三联交还给运输单位存档；

④接受单位将第五联自接受废物之日起2日内寄送接受地设区市级人民政府环境保护行政主管部门留档；

⑤接受单位将第一联正联及第二联副联自接受废物之日起10日之内寄送废物产生单位；

⑥产生单位收到接受单位返还的第一联正联及第二联副联之后，第

一联正联自留存档,将第二联副联自收到之日起 2 日内寄送移出地设区市级人民政府环境保护行政主管部门存档。

上述联单各联留档保存期限均为 5 年,以储存为目的的危险废物转移的,其联单保存期限与危险废物储存期限相同。

3. 危险废物转移联单制度执行流程示意图

为便于描述,以下将联单的第一、二、三、四、五联用英文字母 A、B、C、D、E 表示,则第一联的正联表示为 A1、副联为 A2;第二联的正联表示为 B1、副联表示为 B2。

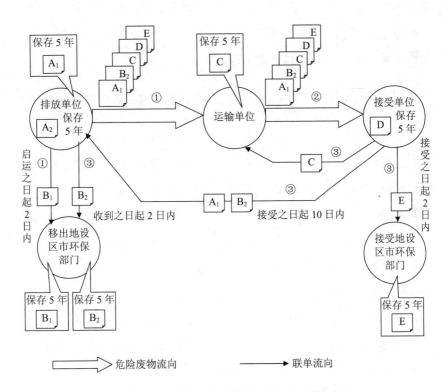

图 4-1　危险废物转移联单制度执行流程示意图

4．危险废物转移联单的制定与印刷

危险废物转移联单由国务院环境保护行政主管部门统一制定，由省、自治区、直辖市人民政府环境保护行政主管部门印制。

联单共分五联，颜色分别为：第一联，白色；第二联，红色；第三联，黄色；第四联，蓝色；第五联，绿色。

联单编号由十位阿拉伯数字组成。第一位、第二位数字为省级行政区划代码；第三位、第四位数字为省辖市级行政区划代码；第五位、第六位数字为危险废物类别代码；其余四位数字由发放空白联单的危险废物移出地省辖市级人民政府环境保护行政主管部门按照危险废物转移流水号依次编制。联单由直辖市人民政府环境保护行政主管部门发放的，其编号第三位、第四位数字为零。

5．违反原国家环境保护总局《危险废物转移联单管理办法》的法律责任

违反原国家环境保护总局《危险废物转移联单管理办法》的，由省辖市级以上地方人民政府环境保护行政主管部门责令限期改正，并处以罚款。

有"未按规定申领、填写联单的"、"未按规定期限向环境保护行政主管部门报送联单的"行为之一的，依据《中华人民共和国固体废物污染环境防治法》有关规定，处5万元以下罚款。

有"未按规定运行联单的"、"未在规定的存档期限保管联单的"行为之一的，依据《中华人民共和国固体废物污染环境防治法》有关规定，处3万元以下罚款。

有"拒绝接受有管辖权的环境保护行政主管部门对联单运行情况进行检查的"行为的，依据《中华人民共和国固体废物污染环境防治法》有关规定，处1万元以下罚款。

三、天津市危险废物转移联单管理

1. 天津市危险废物转移的申请与审批

危险废物产生单位应当在每年 11 月 15 日之前向所在地区、县环境保护局提交下一年度危险废物转移申请书（一式三份），区、县环境保护局接到申请书之日起 10 日内对其进行审核，签署意见后报天津市环境保护局，天津市环境保护局在每年年底前作出审批决定。天津市环境保护局的审批以书面形式通知申请单位并抄送申请单位所在地区、县环境保护局。危险废物转移申请书由天津市环境保护局统一制定。危险废物产生单位不得擅自转移未经天津市环境保护局批准转移的危险废物。

2. 天津市危险废物转移联单的运作程序

（1）危险废物产生单位持批准的危险废物转移申请书到天津市环境保护局办理领取联单手续。

（2）危险废物产生单位在每次转移危险废物时，应如实填写联单一式五份，逐联加盖企业公章。其中第五联自留，其余四联交给危险废物运输单位，随危险废物转移运行。

（3）运输单位在运输危险废物时，应按照危险废物产生单位所填联单内容逐项核实所运输的危险废物，核实后按照要求如实填写联单一式四份，并负责将联单随同危险废物交付接受单位。联单填写内容与实际运输的危险废物不符的，运输单位有权拒绝运输。

（4）危险废物接受单位，在危险废物运到时，应按照联单填写内容逐项进行核实，核实后按照要求如实填写联单一式四份，逐联加盖企业公章。自留第四联，并负责将第一联交危险废物产生单位存档；第二联交运输单位存档；第三联交天津市环境保护局存档。联单填写内容与实际运到的危险废物不符的，接受单位有权拒收。

3. 危险废物转移联单制度的管理

（1）加强对废物转移过程的跟踪管理。天津市主要从3个方面入手，实施跟踪管理。一是要求危险废物的产生单位必须与危险废物经营单位签订危险废物处置协议，并向环保部门报送年度危险废物转移计划，领取危险废物转移联单。二是环保部门将危险废物产生单位的年度转移计划与转移联单进行比对，对转移废物种类和数量差距较大的，移交环境监察部门进行核实、执法检查，对违法单位依法处罚。三是对新、改、扩建项目从环境影响评价入手，进行前期管理，对有危险废物产生的单位，要求与危险废物经营单位签订危险废物处置协议，并监督落实。

天津市转移危险废物已由"十五"末期的 2 000 批次提高到 12 000 批次，处置危险废物由 1.03 万吨提高到 16.2 万吨，有效避免了非法转移带来的环境风险，未出现重大非法转移污染事故。

（2）加强对危险废物经营企业的日常管理。针对危险废物经营单位，天津市环境保护局重点对转移联单、经营台账、环境监测、设施运行、应急预案、规章制度、考核培训以及最终废物去向进行日常监管。近年来，通过检查，提出了 76 项整改意见，全部整改完成，收回了 3 家不符合要求的危险废物经营单位的许可证，从而规范了危险废物的经营活动，保证了危险废物的安全处置。

（3）加强对产生危险废物单位的监督管理。"十一五"期间，天津市环境保护局每年制定危险废物检查方案，并组织天津市环境监察总队及各区县环境保护局开展危险废物污染防治检查工作，从规范化管理入手，对重点产生危险废物企业形成了初步的监控机制，从危险废物转移申请、转移联单跟踪、环境影响评价初审、上市公司核查全方位监管产生废物的单位，不断督促产生废物的单位严格落实国家法律、法规。2010 年环境保护部华北督察中心对天津市危险废物管理工作进行检查，检查结果天津市位居华北六省区市第一。

第十三节　环境事故应急处理

一、突发性环境污染事件

1. 环境污染和突发性污染事件

（1）环境污染。环境污染是指人类直接或间接地向环境排放超过其自净能力的物质或能量，从而使环境的质量降低，对人类的生存与发展、生态系统和财产造成不利影响的现象。具体包括：水污染、大气污染、噪声污染、放射性污染等。

水污染是指水体因某种物质的介入，而导致其化学、物理、生物或者放射性污染等方面特性的改变，从而影响水的有效利用，危害人体健康或者破坏生态环境，造成水质恶化的现象。大气污染是指空气中污染物的浓度达到有害程度，以致破坏生态系统和人类正常生存和发展的条件，对人和生物造成危害的现象。噪声污染是指所产生的环境噪声超过国家规定的环境噪声排放标准，并干扰他人正常工作、学习、生活的现象。放射性污染是指由于人类活动造成物料、人体、场所、环境介质表面或者内部出现超过国家标准的放射性物质或者射线的现象。例如，超过国家和地方政府制定的排放污染物的标准，超种类、超量、超浓度排放污染物；未采取防止溢流和渗漏措施而装载运输油类或者有毒货物致使货物落水造成水污染；非法向大气中排放有毒有害物质，造成大气污染事故等。

（2）突发环境污染事件。突发事件是指突然发生，造成或可能造成严重社会危害，需要采取应急处置措施予以应对的自然灾害、事故灾难、公共卫生事件和社会安全事件。

环境事件是指由于违反环境保护法律法规的经济、社会活动与行为，以及意外因素的影响或不可抗拒的自然灾害等原因致使环境受到污染，人体健康受到危害，社会经济与人民群众财产受到损失，造成不良社会影响的突发性事件。

突发环境事件是指突然发生，造成或者可能造成重大人员伤亡、重大财产损失和对全国或者某一地区的经济社会稳定、政治安定构成重大威胁和损害，有重大社会影响的涉及公共安全的环境事件。

突发环境污染事件是指包括重点流域、敏感水域水环境污染事件；重点城市光化学烟雾污染事件；危险化学品、废弃化学品污染事件；海上石油勘探开发溢油事件；突发船舶污染事件等。区别于生物物种安全环境事件、核辐射环境污染事件。

2. 突发性环境污染事件的分级

依据《国家突发环境事件应急预案》要求，将突发环境事件分为特别重大环境事件（Ⅰ级）、重大环境事件（Ⅱ级）、较大环境事件（Ⅲ级）和一般环境事件（Ⅳ级）四级。

（1）特别重大环境事件（Ⅰ级）。凡符合下列情形之一的，为特别重大环境事件：

①发生 30 人以上死亡，或中毒（重伤）100 人以上；

②因环境事件须疏散、转移群众 5 万人以上，或直接经济损失 1 000 万元以上；

③区域生态功能严重丧失或濒危物种生存环境遭到严重污染；

④因环境污染使当地正常的经济、社会活动受到严重影响；

⑤利用放射性物质进行人为破坏事件，或 1、2 类放射源失控造成大范围严重辐射污染后果；

⑥因环境污染造成重要城市主要水源地取水中断的污染事故；

⑦因危险化学品（含剧毒品）生产和储运中发生泄漏，严重影响人

民群众生产、生活的污染事故。

（2）重大环境事件（Ⅱ级）。凡符合下列情形之一的，为重大环境事件：

①发生 10 人以上、30 人以下死亡，或中毒（重伤）50 人以上、100 人以下；

②区域生态功能部分丧失或濒危物种生存环境受到污染；

③因环境污染使当地经济、社会活动受到较大影响，疏散转移群众 1 万人以上、5 万人以下的；

④1、2 类放射源丢失、被盗或失控；

⑤因环境污染造成重要河流、湖泊、水库及沿海水域大面积污染，或县级以上城镇水源地取水中断的污染事件。

（3）较大环境事件（Ⅲ级）。凡符合下列情形之一的，为较大环境事件：

①发生 3 人以上、10 人以下死亡，或中毒（重伤）50 人以下；

②因环境污染造成跨地级行政区域纠纷，使当地经济、社会活动受到影响；

③3 类放射源丢失、被盗或失控。

（4）一般环境事件（Ⅳ级）。凡符合下列情形之一的，为一般环境事件：

①发生 3 人以下死亡；

②因环境污染造成跨县级行政区域纠纷，引起一般群体性影响的；

③4、5 类放射源丢失、被盗或失控。

3. 环境应急中心工作职责

（1）应急管理职责：负责制订和修订天津市重大、较大突发环境污染事故和生态破坏事件（以下简称"环境污染事故"）的应急预案。

（2）应急响应职责：

①负责环境污染事故的应急值班和接警工作，提出启动环境应急预案的建议，上报天津市政府应急办公室，组织协调天津市环境保护局系统有关部门和单位的应急行动；

②组织协调天津市环境保护局主管部门，对天津市环境污染事故进行现场分析，提出限制环境影响的措施；

③负责天津市环境污染事故的后期环境调查研究工作；

④负责环境污染事故的信息编印通报工作。

（3）风险防范职责：

①组织开展环境安全调查研究，收集整理和研究天津市辖区内环境安全情况资料；

②组织开展环境安全检查，督促指导环境安全重点企业拟制、完善应急预案，落实环境安全措施。

（4）能力建设职责：组织开展环境应急培训、演练和能力建设等工作。

（5）技术支持职责：

①参与"环境污染事故"的环境影响评估工作；

②配合环境保护部开展重、特大突发环境事件的后期环境调查工作；

③承担天津市环境保护局交办的其他工作。

二、突发性污染事件应急处置程序

1. 突发性污染事件应急处置原则

（1）坚持以人为本，预防为主。加强对环境事件危险源的监测、监控并实施监督管理，建立环境事件风险防范体系，积极预防、及时控制、消除隐患，提高环境事件防范和处理能力，尽可能地避免或减少突发环境事件的发生，消除或减轻环境事件造成的中长期影响，最大程度地保障公众健康，保护人民群众生命财产安全。

（2）坚持统一领导，分类管理，属地为主，分级响应。在天津市政府的统一领导下，各部门要密切配合，提高快速反应能力。针对不同污染源所造成的环境污染、生态污染、放射性污染的特点，实行分类管理，充分发挥部门专业优势，使采取的措施与突发环境事件造成的危害范围和社会影响相适应，把危害降低到最小程度，确保社会稳定。按照属地管理原则，实行分级响应。

（3）坚持平战结合，专兼结合，充分利用现有资源。积极做好应对突发环境事件的物资准备、技术准备及思想准备，加强培训演练，充分利用现有专业环境应急救援力量，整合环境监测网络，引导、鼓励实现一专多能。

（4）快速反应，协同应对。加强以属地管理为主的应急处置队伍建设，充分动员和发挥乡镇、社区、企事业单位、社会团体和志愿者队伍的作用，依靠公众力量，形成统一指挥、反应灵敏、功能齐全、协调有序、运转高效的应急管理机制。

2. 突发性污染事件应急处置程序

（1）迅速报告。接到突发环境事件报警后，相关工作人员必须在第一时间向天津市环境保护局应急指挥部报告。应急指挥部再向天津市政府报告。同时，立即启动应急指挥系统，检点装运所需仪器装备，了解事发地地形地貌、气象条件、地表及地下水文条件、重要保护目标及其分布等情况。

（2）快速行动。接到指令后应急现场指挥组率应急处置小组和应急监测小组携带环境应急专用设备，在最短时间内赶赴事发现场，在天津市政府的统一领导下，统一开展应急工作。

（3）现场控制。应急监测小组到达现场后，应迅速布点监测，在第一时间确定污染物种类，出具监测数据。应急处置小组到达现场后，配合公安、消防等部门控制现场，同时划定紧急隔离区域，设置警告标志，制定处置措施，切断污染源，防止污染物扩散。

（4）现场调查。应急处置小组应迅速展开现场调查、取证工作，查明事件原因、初步分析影响程度等；并负责与当地安监、消防等部门协调，共同进行现场勘验工作。

（5）现场报告。各应急小组将现场调查情况、应急监测数据和现场处置情况，及时报告应急现场指挥组。

应急现场指挥组按 6 小时初报、24 小时续报的要求，负责向应急指挥部报告突发事件现场处置动态情况。

应急指挥部根据事件影响范围、程度，决定是否增调有关专业技术人员、工作人员、设备、物资前往现场增援。

（6）污染处置。各应急小组根据现场调查和查阅有关资料并参考专家意见，向应急现场指挥组提出污染处置方案和救援方案。对造成大气环境污染的，应现场调查或勘测事故发生地有关空气动力学数据（气温、气压、风向、风力、大气稳定度等）。对造成水污染事故的，应急监测小组需测量流速，估算污染物转移、扩散速率。

迅速对事故周围环境（居民住宅、农田保护区、水流域、地形）和人员反应作初步调查。

（7）污染警戒区域划定和消息发布。应急处置小组根据污染监测数据和现场调查，向应急现场指挥组提出污染警戒区域（划定禁止取水区域或居住区域）的建议。应急现场指挥组向应急指挥部报告后发布警报决定。

应急现场指挥组要组织各应急小组召开事故处理分析会，将分析结果及时报告应急指挥部。按照国家保密局、原国家环境保护总局《环境保护工作国家秘密范围》和原国家环境保护总局《环境污染与破坏事故新闻发布管理办法》的有关规定，有关突发环境事件信息，由市委宣传部负责新闻发布，其他相关部门单位及个人未经批准，不得擅自泄露事件信息。

（8）污染事件跟踪。应急小组要对污染状况进行跟踪调查，根据监测数据和其他有关数据编制分析图表，预测污染迁移强度、速度和影响范围，及时调整对策。每 24 小时向应急现场指挥组报告一次污染事件处理动态和下一步对策（续报），直至突发事件消失。

（9）污染警报解除。污染警报解除由应急现场指挥组根据监测数据报应急指挥部同意后发布。

3. 应急处置内容

（1）对受害人员的救援。环境保护部门接到环境污染举报后，立即通知卫生、公安等相关部门共同赶赴现场实施救援。按照以人为本的思想，首先对受到污染伤害的人员进行救援，对附近人群进行疏散。

（2）切断污染源，隔离污染区，防止污染扩散，减少危害面积。坚持"先控制后处理"的原则，迅速查明事件原因，果断提出处置措施，立即切断污染源，设立隔离带，防止污染扩大，尽量减少污染范围。

（3）减轻或消除污染物的危害。各应急小组根据现场调查和查阅有关资料并参考专家意见，向应急现场指挥组提出污染处置方案和救援方案。

对造成大气环境污染的，应现场调查或勘测事故发生地有关空气动力学数据（气温、气压、风向、风力、大气稳定度等）。

对造成水污染事故的，应急监测小组需测量流速，估算污染物转移、扩散速率。

迅速对事故周围环境（居民住宅、农田保护区、水流域、地形）和人员反应作初步调查。

（4）消除污染物及善后处理。

①善后处置。环境污染事件发生后，各区县、镇政府做好受污染区域内群众稳控工作，天津市政府组织有关部门尽快开展善后处置工作，

包括人员安置、补偿、宣传报道等工作。有关部门对污染事件产生的污染物进行及时处理。

②环境污染事件灾害调查评估。天津市环境应急办公室负责组建环境污染事件灾害调查队伍，调查人员由相关技术及管理人员组成。灾害发生后，环境污染事件灾害调查队伍要迅速赶赴现场开展灾害调查。调查内容包括受灾情况、危害程度、灾害过程等有关环境保护资料等；听取当地政府及有关部门对预防和减轻环境污染事件所造成灾害的意见。认真总结经验教训，灾害结束后15日内写出调查报告。

③奖励与责任。对环境污染事件灾害应急行动工作中作出突出贡献的单位和个人予以表彰和奖励。对未按应急预案开展工作，造成不应有的损失的，追究直接责任人和有关领导的责任。环境污染事件发生后，任何单位和个人都应积极主动配合政府相关部门的救灾工作。

（5）通报事故情况，对可能造成影响的区域发出预警通报。按照调查报告，通报事故情况，并对可能造成影响的区域发出预警通报。

4．环境污染事故应急要点

（1）在排除现场没有爆炸气体及使用手机或电话没有危险的情况下，立即拨打12369、119、110或当地环境保护部门电话，说明事发详细地点、区域和污染现象、联系人电话。

（2）视污染事故现场情况，及时稳妥安置好污染事故影响地区老、弱、病、残和中毒人员。

（3）不要在现场围观，不要惊慌失措，不要传播谣言。

（4）发现有毒气体时，居民尽量向上风向转移，发现中毒者应立即移至空气新鲜处，及时向当地医疗急救中心和有关部门报告。

（5）发现有毒化学品时，及时将中毒者转移至安全地带或送医院抢救。当苯、甲苯等液体类有毒化学品大量泄漏时严禁使用自来水冲洗，应使用沙土、泥块或适合的吸附剂予以吸附，防止污染蔓延。

（6）发现腐蚀性污染物时，应采用中和的办法，如盐酸、硫酸可用石灰进行中和处理。同时，处置人员需穿戴好防护用品。一般碱性腐蚀污染物用乙酸进行处理。

5. 应急终止条件及程序

（1）应急终止条件。凡符合下列条件之一的，即满足应急终止条件：

①事件现场得到控制，事件条件已经消除；

②污染源的泄漏或释放已降至规定限值以内，且事件造成的危害已经被消除，无继发可能；

③事件现场的各种专业应急处置行动已无继续的必要；

④采取必要的防护措施以保护公众免受再次危害，并使事件可能引起的中长期影响趋于合理且尽量低的水平。

（2）应急终止程序。

①现场指挥部确认终止时机或由事件责任单位提出，经现场指挥部批准；

②现场指挥部向所属各专业应急救援队伍下达应急终止命令；

③应急状态终止后，相关类别环境事件专业应急指挥部应根据政府有关指示和实际情况，继续进行环境监测和评价工作，直至其他补救措施无须继续进行为止。

三、天津市环境应急工作组织和建设

1. 环境应急管理机构情况

天津市环境保护局作为天津市突发公共事件应对管理办公室的成员单位，现已成立了天津市环境应急与事故调查中心，以 12369 环保举报中心为平台的全市环境应急指挥中心，具有环境监察、环境应急监测、辐射应急监测、危险废物处置 4 个环境应急专业机构。

天津市环境应急与事故调查中心于 2009 年 5 月正式挂牌，与天津市环境监察总队合署办公，核定编制 8 名。按照职能分工，分为 3 个组，应急处置组、预测预警组和应急管理组。目前各区县环境保护局均确定了 2～3 名区县环境监察支队人员兼职负责环境应急工作。逐步完善应急职能和制度，形成了辖区内风险源建档、分级、管理及监控机制，初步实现了市、区县两级风险防控体系。

2. 天津市环境应急管理体系建设

天津市环境应急管理工作总体思路：随时做好应对突发环境事件的准备工作，同时将应急工作常态化，变过去的被动应对为积极预防，以"一案三制"（应急预案、应急管理体制、机制及制度）为基础，以"四大体系（应急预案体系、应急指挥体系、应急处置体系、应急防范体系）、应急信息平台和风险源数据库建设"为重点，全面加强环境应急管理工作，最大程度地预防和减少突发环境事件及其造成的损害。

（1）四大体系建设。

①应急预案体系建设。制定和修订《天津市环境保护局突发环境事件应急预案》《天津市环保局引黄济津水环境保护工作应急预案》以及《天津市环保局雨雪冰冻灾害突发环境事件应急预案》等专项预案；协助天津市环境保护局各部门完成引滦入津应急预案、危化品应急预案、监测中心应急预案、核与辐射应急预案等一系列专项预案；指导各区县环境保护局、部分企业编制各自的应急预案，初步形成了突发环境事件应急预案体系。

②应急指挥体系建设。依据《天津市环境保护局突发环境事件应急预案》的规定，以"统一领导、综合协调、属地管理"为原则，建立健全了政府统一领导、部门分工协作、企事业单位落实的机制；确立了环境应急领导指挥机构的成员组成及职责、办事机构和执行机构的组成部

门及职责；进一步明确了《天津市环境保护局突发环境事件应急预案》的启动步骤和措施；通过桌面推演等多种形式模拟事故演练，不断完善指挥系统的畅通性、实用性、高效性，初步创建了天津市环境保护局环境应急指挥系统。

③应急处置体系建设。

第一，通过制定环境应急现场处置流程图，从受理、组织、信息发布、现场处理、后续处理等方面作了详细规定，理顺了应急处置流程。

第二，加强对空气质量和饮用水水源流域的安全监控。天津市在引滦沿线现有 11 个河流断面和 5 个湖库监测点位，实行月监测制度，汛期监测频次加大为每旬 1 次。另外，引滦沿线现有自动监测站 4 座，海河干流现有自动监测站 1 座，可提供实时监测数据。在全市范围共有 14 个国控空气质量监测站，进行 24 小时不间断的自动监测。天津市环境应急与事故调查中心先后几次对天津市饮用水水源地所涉及的水库、明渠等设施周边桥梁、渡口、畜禽养殖业、餐饮业等情况和重要自然保护区周边环境进行了全面巡查调研，以重金属及二甲苯泄漏进水源地为背景，开展桌面推演，有效地验证了处置流程的可操作性和合理性。

第三，出台了《天津市环境应急专家组工作办法（暂行）》，完善和健全了专家参与机制。

第四，建立了跨部门的应急联动机制。天津市环境应急与事故调查中心依据国家相关文件精神，与天津市安监部门沟通、研究和协商，制定了《关于建立健全环境保护和安全监管部门应急联动工作机制的通知》，初步形成了市、区县两级环保、安监部门应急联动工作机制。

第五，依托企业专业力量，加强了现场处置能力。目前天津市环境应急与事故调查中心已经与专业危废处理企业天津合佳威立雅环保服务有限公司签订了《危险废物应急清运和处理合作协议》，加强了现场处置功能。

④风险防范体系建设。天津市环境应急与事故调查中心坚持把从根本上处理环境风险、改善环境安全作为工作重点，以隐患排查整治、重金属整治专项行动、建立风险源档案等工作为抓手，通过开展隐患排查整治，建立重金属污染企业专项检查制度和建立风险源企业档案等工作，逐步形成了有效的风险防范体系。截至2010年，天津市共有807家企业的检查成果纳入了风险源档案管理中，建立了重点行业企业环境风险及化学品档案及数据库，为实现环境风险源动态管理奠定数据基础。

（2）加强应急值守，完善信息报送机制。天津市环境应急与事故调查中心通过建立应急值守制度和日常值班制度，做到了应急值守与日常值班制度双加强，严格落实岗位责任制，实行全天待命。同时，制定了《天津市环保局突发环境事件应急处置及信息报送机制（暂行）》，为事故状态下及时有效地进行信息报告提供了依据。

（3）加大培训力度，积极筹备演练。天津市环境应急与事故调查中心成立之初，就坚持内抓规范、强化素质，把打造一支业务素质高、战斗能力强的环境应急队伍作为日常工作的重要组成部分。通过邀请环境保护部领导、处置专家等进行授课，组织全市环境应急人员参加环境保护部培训班，组织参观学习环境应急先进省市的先进经验，在实战演练条件不成熟的情况下，积极开展桌面演练，不断完善事故状态下应急响应、预警、信息报告等重要环节，在全市范围内培养了一批训练有素的环境应急处置专门人才。

2009年国庆节前夕，天津市环境应急与事故调查中心参与完成了"滨海七号"反恐演习任务，并举行了"天津市处置放射性废物运输核与辐射突发事件应急演习"，达到了验证应急预案、锻炼应急队伍的目的。

（4）建设应急信息平台。按照"资源整合，规模适度，科学实用，安全稳定，指挥高效"的原则，天津市环境应急与事故调查中心初步建立了天津市突发环境事件应急平台。首批纳入 225 家环境风险源企业，待重点行业企业及化学品检查工作完成后，风险源数据库将逐步扩展至 1 000 余家，天津市环境应急管理工作将进入可视化、信息化、数字化的崭新局面。

第五章　环境信息管理

环境信息是指反映环境科学的最新信息，包括情报、数据、指令和信号及其诸多有关方面动态变化的信息，具有多层次、多因素、多结构等特点，因此环境信息源丰富、种类多、数量大且分散。只有通过推进环境信息化建设，实现环境信息的采集、传输和管理的数字化、智能化、网络化，才能从大量繁杂的信息中发现趋势，把握重点，使环境管理决策体现时代性，把握规律性，赋予创造性，提高环境管理决策的水平和能力，推动各类环境问题的有效解决。

天津市环境信息化工作，在天津市环境保护局的领导和环境保护部信息中心的支持下，在全市环保系统的共同努力下，紧密围绕环境信息化为环境保护中心工作提供技术支持和服务这条主线，不断完善发展规划和管理制度，先后制定了"十五"、"十一五"、"十二五"环境信息化建设规划和《天津市环境保护系统信息管理规定》等文件；逐步健全组织管理体系，成立了天津市环境信息化领导小组，形成了市、区县两级环境信息机构；进一步加强基础网络建设和环境信息资源开发利用，改善了天津环境信息化发展环境；不断扩大环境管理业务应用系统规模，完成了办公自动化系统、视频会议系统、天津市环境保护网站、排污费征收管理系统、12369环保举报热线指挥系统、天津市国控重点污染源自动监控、天津市环境地理信息系统、国家环境信息与统计能力建设、基层业务系统等一系列业务应用系统建设项目，逐步实现了天津环境信息管理工作从无到有、从起步到发展的跨跃，为提升天津环境保护管理水平、提高办公效率发挥了重要作用。

第一节　环境信息机构

一、天津市环境信息化领导小组

为加强天津市环境信息化工作的统一领导，天津市环境保护局于2001 年成立了天津市环境信息化领导小组，负责全市环境信息化建设工作。天津市环境信息化领导小组下设办公室。

1. 天津市环境信息化领导小组

组　长：天津市环境保护局局长

副组长：天津市环境保护局办公室、天津市环境保护科技信息中心的主管领导

成　员：各区县环境保护局，天津市环境保护局办公室、综合处、计划财务处、宣传教育处及各直属单位的主要负责同志

主要职责：负责全市环境信息化建设的总体协调工作，环境信息化建设总体规划和重大项目的审批，协调落实环境信息化建设经费；分解天津市环境保护局各处室、直属单位环境信息化工作职责，研究解决环境信息化项目建设的重大问题。

2. 天津市环境信息化领导小组办公室

主　任：天津市环境保护科技信息中心主要负责同志

成　员：各区县环境保护局，天津市环境保护局办公室、综合处、计划财务处、宣传教育处及各直属单位的环境信息化负责同志

主要职责：负责环境信息建设日常管理与组织协调工作，组织制定

全市环境信息化建设总体规划，监督、检查天津市环境保护局各处室、直属单位环境信息化规划的实施；具体负责环境信息化建设项目技术方案的审批；组织制定天津市环境保护局环境信息化建设、管理、运行制度和标准规范的分解落实，承担天津市环境信息化领导小组交办的各项任务。

二、天津市环境保护科技信息中心

1．天津市环境保护科技信息中心概况

天津市环境保护科技信息中心成立于 1996 年。1997 年机构改革并入天津市环境保护局统计信息管理处。2001 年机构改革，天津市环境保护科技信息中心完成了职能转变，从此该中心成为负责天津市环境信息化建设工作的专业部门。天津市环境保护科技信息中心为处级单位，隶属于天津市环境保护局，2004 年以前为差额拨款事业单位，2004 年以后为全额拨款事业单位。

2．天津市环境保护科技信息中心内设机构及职能

天津市环境保护科技信息中心下设综合办公室、网络室、网站室、地理信息系统室、管理信息系统室 4 个科室，其职能如下：

（1）综合办公室。

①负责发展规划与年度计划的编写，协调组织各类制度编制，保持管理规范。

②负责会议培训、技术交流、对外联络的组织保障，参与重大项目的管理、协调与督察工作。

③完成天津市环境保护科技信息中心日常事务、服务与后勤保障工作，做好单位文化建设等工作。

④完成天津市环境保护科技信息中心领导临时交办的工作。

（2）网络室。

①负责城建系统的数字城建网、天津政务网、天津市党政专网、天津市环境保护系统视频会议系统专网、天津市环境保护系统内部办公OA网等日常维护、检测、调试，保证各网络正常运行，为天津市环境保护局机关日常办公和业务管理提供基础保障，确保通信畅通，运行稳定可靠。

②及时掌握网络运行情况，处理网络突发事件，改进网络运行环境，提高网络运行质量和网络运行速度，确保网络和信息安全。

③负责网络的地址规划、虚拟网络划分、路由器和交换机设置，网间连接设置、网络规划设计等。

④完成天津市环境保护科技信息中心领导临时交办的工作。

（3）网站室。

①以推进天津市环境保护局政务公开为基础，以信息服务、交互服务为重点，做好天津市环境保护局官方网站的设计、开发与日常维护工作。

②负责天津市环境保护OA网、天津政务网、Internet等网站建设，做好天津市环境保护系统信息管理制度建设，负责环境保护系统信息化工作的年度考核评比。

③完成天津市环境保护科技信息中心领导临时交办的工作。

（4）地理信息系统室。

①熟悉国家有关环境软件开发方面的方针、政策，负责天津市环境管理应用系统软件研究开发、组织实施和环境保护部下发软件的测试、补充功能工作。

②负责天津市环境保护系统的信息技术使用与应用软件开发、信息技术和信息管理人员培训工作；组织信息系统有关项目申报方案及项目报告书的编写工作，会同有关科室做好环境保护软件工作准入和资源整合工作。

③完成天津市环境保护科技信息中心领导临时交办的工作。

（5）管理信息系统室。

①负责天津市环境保护局电子政务系统管理与保障，分析各电子政务系统结构、扩充系统功能，做好侦测修复系统缺陷或问题、日常检查与维护、电子政务系统用户权限管理、内部论坛管理、协同办公系统管理等工作，确保电子政务系统运行稳定畅通。

②负责业务应用系统管理与保障，做好分析结构、扩充功能、修复缺陷、权限管理、业务需求管理、业务系统开发、日常检测与维护等工作，保障系统连通、运行稳定。

③负责数据中心日常管理，做好数据备份、数据采集、数据加工、数据共享、数据访问控制、数据对比分析等工作流程，保证数据库建设、管理规范。

④完成天津市环境保护科技信息中心领导临时交办的工作。

第二节　环境信息化建设

一、天津市环境信息化规划

1."十五"天津市环境信息化规划

2001年，天津市环境保护局组织编制了《天津市环境信息化"十五"规划》，确定了"十五"期间环境信息化建设的总体目标和重点任务。

（1）总体目标。"十五"期间，以环境信息资源开发和利用为重点，实现环境保护系统办公自动化和信息资源共享。建立环境保护系统的信息传输四级网络体系，实施环境保护政务信息的网上发布，开展网上电子政务工程，优化工作方式，提高工作效率；实施环境保护在线监控系统工程，加强对环境监督管理；加强环境保护信息资源的开发和利用，逐步提高环境管理科学化辅助决策水平，使天津市环境保护信息化水平跨入国内同行业先进行列，做到"三网"畅通安全，"一库"可靠运行，"队伍"稳定提高。

（2）重点任务。加强环境信息基础建设；加快环境信息交流步伐；强化环境信息资源的开发利用；转变思想、强化服务，提高支持能力；强化技术培训、加强队伍建设；建设基础数据库管理信息系统、环境地理信息系统等10项重点任务。

2."十一五"天津市环境信息化规划

2005年，天津市环境保护局组织编制了《天津市环境信息化"十一五"规划》，确定了"十一五"期间环境信息化建设的总体目标和重点任务。

（1）总体目标。全面整合、改造和集成各类环境数据，初步建成天津市环境数据库；构筑集环境管理应用、信息资源共享与信息服务于一体的环境保护综合信息平台；应用计算机网络技术和信息技术，开发全方位支持政府办公、政府监管、管理决策、资源共享、信息服务等工作的各类应用系统；进一步提高天津市环境保护局官方网站的技术含量和信息量，便捷、及时地向企业、公众提供各种环境信息服务和网上办理审批审核项目；不断完善环保系统办公自动化系统功能，实现天津市环境保护专网与天津市党政专网的连通，为环保系统电子政务建设提供网络支持。

（2）重点任务。进行"四个中心"，即网络中心、数据中心、技术中心及应用中心建设。完善"十五"天津市环境保护系统主干网络，使之成为天津市环保系统的核心网络，作为环境监察、环境监测、环境教育、环境管理和应急指挥系统的业务承载网络；构架天津市环境保护综合信息平台结构，适时提升环境保护局办公自动化系统，加大电子政务系统的开发和投入力度；在构架综合信息平台的同时建设底层的数据中心，为业务流程提供数据交换平台，规范全市环境数据的交流；充分利用专业技术人力资源，将聘任制引入用人机制，建立外围技术核心及项目顾问。

3."十二五"天津市环境信息化规划

2010 年，天津市环境保护局组织编制了《天津市环境信息化"十二五"规划》，确定了"十二五"期间环境信息化建设的总体目标和重点任务。

（1）总体目标。全面整合、改造和集成各类环境数据，初步建成天津市环境数据中心；构筑集环境管理应用、信息资源共享与信息服务于一体的环境保护综合信息平台；开发全方位支持政府办公、政府监管、管理决策、资源共享、信息服务等工作的核心业务应用系统；进一步提高天津市环境保护局官方网站的技术含量和信息量，便捷、及时地向企业、公众提供各种环境信息服务和网上办理审批审核项目；不断完善环保系统办公自动化系统的功能，实现天津市环境保护专网与天津市党政专网的连通，为环保系统电子政务建设提供网络支持。

（2）重点任务。建设完善"一个中心"，即数据中心。将污染源、环境质量、行政管理等业务数据集中管理，实现基础数据库、中心数据库和专题数据库的三层管理。

建设完善"四个平台"，即基础平台、应用支撑平台、环境资源共享平台、环境资源发布平台。基础平台：建设天津市环境信息化软硬件管理基础平台，为各类业务应用及支撑系统和数据库系统提供平台，确保业务应用系统和数据库系统安全、可靠地运行。应用支撑平台：协同行政办公和业务应用工作，为各类业务应用提供系统的、统一的用户权限管理、统一的应用接口等，支撑多种应用软件的协同工作及应用系统的互联。环境资源共享平台：集成各类环境信息数据，提供统一的信息共享和交换机制，为环境管理决策者提供信息支持与服务，实现环境信息资源交换、共享、管理等。环境资源发布平台：按照政府信息公开相关法律法规的要求，接受由环境资源共享平台提供的环境信息数据，提供统一的信息发布机制，为社会公众提供信息主动公开和依申请公开等服务。

建设整合"七个系统"，即环境质量管理信息系统、污染源管理信息系统、危险废物和固体废物管理信息系统、生态保护管理信息系统、核与辐射安全管理信息系统、环境应急管理信息系统、决策支持管理信息系统。环境质量管理信息系统：对全市空气、水、近岸海域、环境噪声、辐射环境等环境质量监测数据管理信息系统，通过数据采集、传输、分析，全面、科学、及时地反映环境质量状况和变化趋势。污染源管理信息系统：以污染物减排、污染源普查、环境统计、污染防治、环境影响评价、环境监察与执法监督等为重点的污染源监控与管理的业务系统。危险废物和固体废物管理信息系统：建设固体废物产生源管理、危险废物转移管理、危险废物经营许可管理、危险废物事故应急管理等业务系统。生态保护管理信息系统：对生态功能保护区、自然保护区、湿地保护区等进行管理的业务系统。核与辐射安全管理信息系统：对核与辐射实施实时监控的业务系统。环境应急管理信息系统：对水、气环境突发事件、核与辐射实施应急监测等业务系统。决策支持管理信息系统：根据空气污染扩散、水污染扩散、污染物浓度等模型，分析污染物扩散及时空分布规律，建立污染源污染排放与环境质量变化规律的相关性，为管理者提供决策依据。

4. 天津市环境监管能力"十一五"规划

2006 年，天津市环境保护局组织编制了《天津市环境监管能力建设"十一五"规划》。围绕"污染减排"三大体系建设，《天津市环境监管能力建设"十一五"规划》确定了以环境监察、环境监测、突发环境事件应急和环境监管支撑四大体系建设为主要内容，并根据环境保护部的统一要求和天津市环境监管的发展趋势，在"建设环境执法监督体系"中确定了"污染源动态管理数据库"建设等内容。同时，确定了"用信息链整合监测、监察、监管及科研、宣教等资源，形成强有力的环境监督管理体系"的建设原则。

二、环境信息化基础能力建设

1. 基础网络建设

（1）天津市"环境保护专网"建设。1996年，天津市环境保护局利用世界银行贷款，完成了局机关局域网的建设工作，由于技术条件的限制，局域网仅有50个信息点。

2001年，对局域网进行了升级改造。同年10月，"天津市环境信息化基础设施建设一期工程"通过验收。项目涉及天津市环境保护局机关、天津市环境保护科学研究院、天津市环境监测中心等多个单位，内容包括虚拟内部电话网建设、局机关网络综合布线、网络系统集成和硬件设备改造。该项目的实施，使各单位之间实现了千兆光纤主干网连接，单位内部实现了百兆连接到桌面的高速网络运行环境。同时，为确保政府部门信息的安全性、保密性，内、外网实行了严格的物理隔离。

2003年7月，天津市环保系统专网及视频会议系统全面建成。该项目的实施，为全系统办公自动化系统、环境管理GIS辅助决策系统、12369环保举报热线指挥系统、排污费征收管理信息系统等应用的开发、使用奠定了网络基础，并为环境监测网络、执法指挥网络、污染源自动在线监测系统等提供业务承载骨干网络。此次建设内容包括：天津市环境保护局机关与21个区县（市内六区、新四区、塘沽区、汉沽区、大港区、宝坻区、武清区、静海县、宁河县、蓟县和天津经济技术开发区、天津港保税区、天津新技术产业园区等）以及天津市蓟县中上元古界国家自然保护区管理处、天津市行政许可服务中心、天津市环境保护局滨海分局的链接，共 24 个节点。同时，也实现了天津市环境保护局机关与天津市环境监测中心、天津市环境监察总队、天津市环境工程评估中心等 10 个直属单位的网络链接。

根据当时的通讯技术，采用 ATM 上架帧中继的组网方式，用此技术架构的业务承载网具有速度快、技术新的特点。天津市环境保护局中心端带宽为 155 兆。区县环境保护局等其他节点带宽为 1 兆。

2007 年，结合实施《天津市国控重点污染源自动监控项目》，建设完成了天津市环保系统 GPRS 无线网络，各个监控点在中国移动通信集团天津有限公司的中心机房落地，再与天津市环境保护局中心机房光纤连接，并入天津市环境保护专网。

天津市各区县环境保护局和天津市环境保护局所属各单位均已建成局域网，并实现了与天津市环境保护局的连接，办公自动化、污染源自动监控等业务系统均实现了网上操作。

（2）互联网网络建设。2001 年，通过实施"天津市环境信息化基础设施建设一期工程"，完成了除天津市环境监测中心和天津市环境保护科学研究院以外全部直属单位互联网网络的建设。截至 2010 年，天津市环境保护局拥有 2 条互联网出口线路，能够支撑天津市环境保护局机关及直属单位近 300 台互联网计算机的访问。

（3）安全系统建设。为确保天津市环保系统网络信息安全畅通，采取提高技术装备水平、完善管理制度等一系列手段，增强信息安全防护能力。目前，在互联网网络上，一方面建有网站保护系统，能够全面防御 Web 应用层攻击，包括 SQL 注入、跨站脚本攻击、文件注入攻击、会话劫持、非法执行脚本、非法执行系统命令、源代码泄漏和 URL 访问限制失效，能够有效地保证网页不被篡改，极大地增强了网站的可靠性，为天津市环境保护局官方网站和天津市环境保护科学研究院官方网站提供了网站防护；另一方面，架设了流量控制设备，并配置和优化了流量控制策略，不仅能够随时监控网络带宽的使用情况，保障关键应用，提高业务系统效能，增强网络安全，保护数据，防止泄密，而且提高了外网的上网速度。

同时，内、外网分别拥有两套网络版杀毒软件，内网病毒库每周由专人负责升级，外网病毒库已实现自动升级，进一步加强了整体的网络和信息系统安全。

天津市环境保护局机关所有计算机和直属单位部分计算机安装了经计算机安全部门和保密部门认可的内、外网隔离卡，要求不能在内网上处理涉密信息，不能在外网上处理办公信息，保证了信息安全。局机关设有单机，专门办理涉密信息。

2. 信息资源采集与加工

环境信息化所涉及的各类数据众多，按照《环境信息分类与代码》（HJ/T 417—2007）的分类原则，可分为四层，目前，根据环境管理中心工作所需的信息支持，重点进行了地理信息、污染源信息和环境质量信息等的采集和加工。

（1）地图数据。目前，天津市具有分辨率为 0.2 米的航空影像图；全市域 1∶10 000 电子地图；关注重点所在区域 1∶2 000 电子地图。

（2）环境质量信息。环境质量信息包括：环境功能区划、环境质量数据、环境质量报告等。

①环境功能区划。包括地表水环境功能区划、环境空气质量功能区划、噪声环境功能区划、近岸海域环境功能区划、生态功能区划、饮用水水源地功能区划等。

②环境质量数据。包括水环境质量数据、大气环境质量数据、声环境质量数据、土壤环境质量数据、辐射环境质量数据等。

③环境质量报告。包括环境质量报告书、区域环境质量评价、环境要素质量评价、环境质量日报、环境监测公报、环境监测年报/季报/月报以及其他时间尺度的监测报表、环境监测简报、污染事故应急环境监

测快报、环境背景值等。其基础数据库的建立的任务由综合办公系统完成，在综合办公系统中为上述文档提供发布渠道，并将其结果存入数据库。

（3）污染源信息。污染源信息包括工业污染源、农业污染源、生活污染源、交通运输污染源、施工工地污染源、服务业污染源、集中式污染治理设施、环境污染危险源信息、污染物信息等。

①工业污染源。包括工业废水污染源、工业废气污染源、工业噪声污染源、工业固体废物污染源等。其基础数据库包括：天津市环境监察总队建设完成的污染源普查、污染物排放申报登记、环境监察执法、污染源自动监控等，天津市环境监测中心建设的污染源监督性监测（废水监测部分），以及天津市环境保护局总量控制处建设的环境统计等现有数据库。

②农业污染源。包括畜禽养殖业污染源、水产养殖业污染源、种植业污染源等。数据主要来自天津市环境监察总队的污染源普查和来自天津市环境保护局自然生态保护处的养殖业污染源普查等基础数据库。

③生活污染源。包括生活污水污染源、生活废气污染源、生活噪声污染源、生活垃圾污染源等。数据主要依赖污染源普查数据库。

④服务业污染源。包括医院、餐饮业、娱乐服务业、旅馆业、居民服务业等。数据主要依赖污染源普查、申报登记数据库和环境统计数据库支持。

⑤集中式污染治理设施。包括城镇污水处理厂、垃圾处理厂（场）、放射性废物贮存库、危险废物处置单位等。数据主要依赖污染源普查、申报登记数据库和环境统计数据库支持。

⑥环境污染危险源信息。包括水污染危险源、大气污染危险源、土壤污染危险源、辐射污染危险源等。数据主要依赖天津市环境监察总队危险源排除结果建立数据库。

⑦污染物信息。包括污染物类型与性质、污染物去除方法等。其基

础数据库为化学品特性管理信息系统。

（4）环境管理业务信息。环境管理业务信息包括规划计划、环境管理制度、污染防治、生态环境保护与修复、核与辐射安全管理、环境污染事故、环境监察、国际合作与交流、环境宣传教育、环境信息管理等。

①规划计划。包括环境保护规划、国家规划、区域规划、流域规划、地方规划、环境保护年度计划、专项规划、财务计划等。综合办公系统作为数据入口。

②环境管理制度。包括环境行政许可和审批、排污申报和排污许可证管理、排污费管理、环境影响评价管理、污染源限期治理项目管理、污染物排放总量控制、污染集中控制、区域综合治理、流域综合治理、环境保护目标责任制、城市环境综合整治定量考核等。综合办公系统作为数据入口。

③环境污染事故与应急管理。包括污染事故管理、事故应急管理、企业环境风险管理等。根据《天津市突发环境事件管理系统》建设基础数据库系统。

（5）环境政务管理信息。环境政务管理信息包括机构人事管理、文档管理、日常政务信息、政务督察、资产管理、个人办公、会议管理、财务管理、党建管理、后勤管理等。根据《天津市环境保护系统办公自动化系统》建设基础数据库。

三、业务应用系统建设

1. 办公自动化系统

2002 年 6 月，天津市环境保护局拥有自主开发知识版权的办公自动化系统在局机关内正式运行。该系统所有的开发都是基于服务器端、客户端，不需要任何维护。主要包括以下 9 个子系统：公共服务项目子系统、领导参阅子系统、公文运转子系统、文档管理子系统、政务信息子系统、信访提案子系统、后勤管理子系统、个人办公子系统、会议管理子系统。该系统可以进行网上办理公文、网上查阅信息、网上记载个人资料、网上可视性对话等服务，基本实现了无纸化办公。

天津市环保系统专网的建设为 OA 系统的互联互通打下了基础，天津市环境保护科技信息中心在确定了各区县环境保护局OA系统主管局长、办公室主任以及具体操作人员名单后，对 OA 系统流程做了相应调整，于 2004 年 2 月将 OA 系统的使用范围扩大到全市环保系统。目前，天津市环境保护局机关、各直属单位以及区县环境保护局均能通过 OA 系统实现各类文件的发送和接收，提高了工作效率，节省了开支。

2009 年 10 月，天津市环境保护局调整办公自动化系统网上办公等功能，分别对 5 项办公业务流程重新定制，并对部分功能进行了优化。

2. 视频会议系统

2003 年 5 月，在进行大量调研的基础上，天津市环境保护科技信息中心制定了《天津市环境保护视频会议建设方案》，并随即启动工作。同年 6 月 27 日，完成了天津市环境保护视频会议项目的建设及设备安装，并进入试运行阶段。6 月 30 日，该系统第一次面向全市环境保护系统开展法制教育。系统运行顺利，数据传输和图像、音频质量均符合相应的技术要求。

视频会议系统共包括 25 个节点，采用开放型操作平台。平台在基本视频指挥功能的基础上，可以进一步实现数据应用功能，在召开视频会议的同时，无须外接数据服务器，即可进行数据的交流。2003 年 8 月，该项目顺利通过天津市环境保护局组织的专家验收，由国家环境保护总局、天津市人民政府信息化办公室、天津市科学技术委员会、国家环境保护总局信息中心和天津市环境保护局的专家、领导组成了验收组，经认真讨论，与会专家一致认为：该项目所选技术方案符合环境保护工作实际，设备选型适用，文档齐全，资金使用合理，效益明显。该项目的实施，对于进一步树立天津市环保系统的新形象、提高环境执法和环境管理水平发挥了积极作用。

2003 年，天津市环境保护科技信息中心因实施该项目，有效地提高了天津市环境信息化的整体水平，被国家环境保护总局授予"基础建设先进单位"称号，并作为 5 个典型省市之一介绍了天津环境信息化工作的先进经验。2006 年年初，天津市视频会议系统实现了与国家环境保护总局视频会议系统的连通，经运行使用达到了预期效果。

3．天津市环境保护网站建设

（1）开发过程及技术特点。天津市环境保护局官方网站（www.tjhb.gov.cn，以下简称"天津市环境保护局网站"）于 1999 年 10 月开通，由天津市环境保护局负责建设，天津市环境保护科技信息中心负责日常维护。2001 年进行了重新开发，天津环境保护局网站历经多次大规模改版，现已成为天津市环境保护综合性、交互性政务网站。改版后的网站，采用了后台远程信息维护模式，使各级页面具有承载图文、动态画面的功能。同时，在《天津市环境保护系统信息管理规定》中对信息渠道、信息栏目责任制、上网信息审批等进行了明确规定，使网上信息更加及时、准确、丰富、安全。

2010 年年初，按照环境保护部网站绩效考评指标要求，天津市环境保护科技信息中心再次对天津环境保护局网站进行了全面改版，增加了网站的承载容量，提高了网站的技术水平。2010 年 10 月，完成了网站政府信息公开版面的设计与开发，并对网站内信息进行了梳理，配合天津市环境保护局完成了政务信息的上网工作。在环境保护部网站绩效评估中受到表扬。

随着政府职能的转变，天津环境保护局网站建设也逐步以信息服务为主设置栏目，不断更新内容。目前网站主要包括信息公开、政务信息、机构职责、办事大厅、互动交流、环境管理、环境质量、环境监察、规划计划、科技标准、法律法规等板块；设置了下载服务、局长信箱、网上咨询、投诉与建议、在线访谈以及在线办事咨询、在线办理、在线查询等交互性栏目。网站的管理方式，随着技术的发展也不断同步更新，从建站时用开发工具进行网页编码维护逐渐变为使用更安全、更便捷的管理后台方式进行内容变更。后台管理平台和数据库技术的采用，实现了"一个平台，多项应用"，方便了栏目的维护操作，提高了工作效率。

（2）网站管理制度建设。天津市环境保护局网站正式开通伊始，建立由专人负责网站信息更新工作的制度，并制定了《天津市环境保护系统环境信息管理规定》，规范了信息报送程序和报送方式。2010 年，根据《市环境保护局政府信息公开工作方案》对《天津市环境保护局门户网站管理规定》和《天津市环境保护局门户网站信息更新管理规定》进行了修订，从制度与程序上规范了网站的管理与信息维护工作。

（3）网站特色。

①特色 1：以互联网用户为中心，建立"一站式、一体化"的服务平台。

根据天津市政府"各委办局均要在天津市行政审批大厅中接受审批事项，通过大厅内部网实现项目的整体申请审批工作，然后在审批外网予以公布"的要求，天津市环境保护局设定专人负责天津市政府审批网上在线事项办理工作。充分利用互联网资源，为公众提供环境保护业务审批的"一站式"服务和就每一事项提供办事指南、表格下载、法律法规、问题解答等"一体化"服务，公众可以方便地在网上进行在线事项的登记、浏览和结果查询。

②特色 2：设置"政民互动"栏目，为百姓排忧解难。

一是在天津环境保护局网站开设"局长信箱"栏目。天津市环境保护科技信息中心安排专人每天通过纸质文件形式将收到的信息转给信访部门，再由信访部门呈报局长，并以电话、电子邮件等形式联系信访人，帮助解决其提出的问题。

二是在天津北方网设立"投诉建议"、"在线咨询"、"意见征集"等栏目。按照天津市政府的要求，各委办局均要在天津北方网"政民零距离"频道中接受网上建议、举报、投诉的互动。为此，天津市环境保护局设定专人在北方网"政民零距离"栏目上对网民的咨询、举报、投诉和建议等予以解答和回复。同时，本着节约资源、提高效率的原则，天津市环境保护局网站在相关栏目上也做好充分说明，使网民更方便、更直接地到相关内容上进行在线事项的浏览、登记和查询。

三是访谈直播。按照天津市政府统一安排，天津市环境保护局信访接待日不定期地在每月中旬周中上午 9—11 点，局长做客 12369 环保信访接待室，并开通网上直播访谈栏目，解答群众的环境问题。

通过网站"政民互动"栏目的建设，进一步提高了网站的服务功能，为老百姓解决实际困难提供了便利。

③特色 3：发布环境空气质量状况，为百姓出行提供服务。

在天津环境保护局网站首页建立了动态的天津市空气质量状况服务，使公众登录网站即可直观地了解天津市环境空气质量状况，为出行安排提供及时的环境空气质量资讯。

④特色 4：开展网络环境宣传教育，提高公众环境意识。

一是建立保护臭氧层专题网站。为配合天津市环境保护局承担的国际合作项目——天津市加强地方消耗臭氧层物质淘汰能力建设项目的宣传工作，天津市环境保护科技信息中心在天津市环境保护局网站开发建设了保护臭氧层专题网站，通过开设"淘汰信息"、"科普知识"、"法规政策"、"淘汰名录"、"企业申报"、"环境保护培训"、"举报平台"等栏目，扩大了该项目的影响，普及了保护臭氧层的相关知识，为公众举报破坏臭氧层的环境违法行为提供了渠道。

二是开展全民网络低碳意识调查及低碳知识大赛。为了客观、真实地了解社会公众的低碳意识及对全球变暖问题的认知程度，增强公众全面了解低碳知识、应对气候变化的积极性和参与性，2010 年 7 月，天津市环境保护科技信息中心积极配合环境保护部宣传教育中心、美国环保协会、远洋之帆公益基金会和天津市环境保护宣传教育中心，在天津市环境保护局网站开展了"酷中国——2010 年（天津）全民低碳行动"全民网络低碳意识调查及低碳知识大赛。活动历时 2 个月，由计算机自动汇总、阅卷，按照答题得分及时间先后顺序，自动选出获奖者名单。活动得到了社会各界的广泛参与，取得了良好效果，充分体现了天津公众崇尚自然、追求健康、过低碳生活的良好愿望和意识。

4. 排污费征收管理系统建设

2004 年，为进一步提高环境监察人员排污收费工作效率，统一工作规范，更充分地发掘监察信息资源，扩大监察信息的使用范围和深度，提高决策的及时性和有效性，在天津市环境保护局的大力支持下，天津市环境保护科技信息中心完成了"天津市排污费征收管理系统"项目建设。该项目是在天津市环境保护专网上开发的环境管理应用，以天津市环境保护专网为载体，制订了具有天津市特色的工作方案和技术方案，建立了区别于其他省市自治区的管理机制和信息采集、发布机制。通过项目的实施，使先进的计算机技术替代了以往手工计算，不仅大大提高了工作人员排污费计算、其他数据处理和报表填写等方面的工作能力，节省了人力、物力，而且进一步树立了天津市环境监察系统的新形象，提高了全市环境执法和环境管理水平。该项目已作为国家环境保护总局排污收费技术支持单位的成功范例在全国宣传推广，项目技术方案也成为该系统全国培训教材的重要组成部分。

5. 12369 环保举报热线指挥系统建设

2001 年 12 月，天津市环保举报热线 12369 语音信箱分别受理系统正式在全市范围内投入使用。2002 年 9 月，天津市环境保护举报热线

12369 系统二期工程通过验收，内容包括基于 GIS 的接警系统、出警系统、指挥调度系统等。2003 年 6 月，天津市环境保护举报热线 12369 系统三期工程通过验收，内容包括天津市环境保护局中心端建设和 20 个区县端建设，业务承载网络为天津市环境保护系统专网。该系统建设了统一的举报处理信息平台，为各区县环境保护局、天津市环境保护局各处室定制了符合各自工作特点的流程和界面。系统采用多任务、开放式平台，具有举报信息的存储、查询、统计、维护功能以及实时录音存档功能，既能实现集中受理、分散处理的功能，又能实现集多种受理为一体的功能。系统支持多用户并发操作，保证了各区县环境保护局本地数据库可以同时与天津市环境保护科技信息中心后台数据库互访，实现了数据的传输和共享。

12369 环保举报热线指挥系统建设完成后，历经了几次大规模的更新改造。2008 年，配合环境保护部部署的《国控重点污染源公众监督与现场执法管理系统》，进一步提升了该业务系统的功能和技术水平。2009 年，结合《天津市"12369"环境举报、处理系统项目》的实施，在国家平台的基础上进行了深度开发，完成了《环境应急监控指挥平台》的开发，实现了该系统与其他业务系统资源的整合，完善了突发环境事件应急指挥的管理机制，为突发环境事件应急处置决策提供了便捷、综合的支持。

6. 天津市国控重点污染源自动监控项目建设

2007 年，配合国家实施《国控重点污染源自动监控项目》建设，天津市环境保护科技信息中心编制完成了《天津市国控重点污染源自动监控项目建设方案》，项目涉及天津市环境监测、环境监察和区县环境监测、环境监察部门。

（1）项目设计原则。

①标准化建设、突出重点任务的原则。按照《国控重点污染源自动

监控项目建设方案》《污染源监控中心建设标准》配置天津市环境信息资源，突出减排总量核查、创模复查、城考等工作对自动监控项目建设的要求。

②统筹全市能力建设、加强"一个中心"建设的原则。整合现有资源，统筹全市自动监控能力建设，在全市各区县环境保护局建设自动监控室，提高全市自动监控能力。在此基础上，加强"天津市污染源自动监控中心"建设。

③突出先进性、重视实用性的原则。选用先进、可靠的设备，做到技术可靠、经济合理。同时，特别关注系统的实用性，根据信息化技术、产品更新换代快的特点，充分发挥设备潜能。

（2）项目建设目标。完成全部国控重点污染源自动监控设施建设和监控数据传输网络的建设；完成天津市监控中心建设和区县污染源自动监控体系建设；开发建设功能齐全、维护方便的应用系统。

具体目标是一个网络、一个中心、三个系统。

①"一个网络"是指建设污染源自动监控信息传输网络，包括构建天津市污染源自动监控无线网络和服务器组系统集成。

②"一个中心"是指建设监控中心，包括建设天津市污染源自动监控中心和建设 21 个区县污染源自动监控室。

③"三个系统"是指应用系统建设，包括在国家下发的数据采集平台的基础上建设自动监控数据质控平台、建设天津市污染源数据库管理信息系统和建设天津市环境信息服务平台。

（3）建设情况。

①关于天津市污染源自动监控中心建设。2008 年 4 月，天津市环境保护局在完成调研、技术研讨、专家论证、制订招标方案、招标等充分准备的基础上，推动了项目建设工程施工，于 2008 年 11 月完成了天津市污染源自动监控中心的建设，经试运行，各功能均正常，达到了预期目标。2009 年 5 月，该项目建设通过验收。

②关于国控重点污染源自动监控平台建设。2009 年年初，天津市环境保护局在全国率先完成了国控重点污染源自动监控平台的安装调试任务，首批监控数据于 2009 年 3 月成功传输到环境保护部，并使用部署在环境保护部的监控平台对天津市排污企业执行了直控命令操作，成功地调取了污染物排放的实时数据，成为全国首家按照环境保护部规范要求实现全部自动监控功能的省级部门。

③关于天津市污染源数据库管理信息系统和天津市环境信息服务平台建设。2009 年 7 月，天津市环境保护局在《国控重点污染源自动监控平台》和《国控重点污染源公众监督与现场执法管理系统》源代码的基础上，深度开发了《自动监控数据质控系统》《天津市环境信息服务平台》《天津市污染源管理系统》和《天津市环境应急指挥平台》，使现有业务系统资源得到了整合，提高了业务系统的效能。

④关于各区县污染源自动监控室建设。2009 年 7 月，按照项目设计方案功能要求，天津市环境保护局完成了各区县国控重点污染源自动监控室设备安装与调试工作。各区县污染源自动监控室均实现了对本辖区内国控重点污染源的实时数据的实时监控。

7. 天津市环境地理信息系统建设

天津市环境地理信息系统建设起步于 2001 年，经过 10 年的努力，环境地理信息系统建设初具规模。

（1）天津市 12369 环保举报热线管理系统建设项目。2001 年，天津市环境保护科技信息中心承担了天津市 12369 环保举报热线管理系统建设项目，在该项目中进行了环境地理信息系统的应用探索。该项目中举报电话在拨叫"12369"后，由电信公网进入前端接入系统，在经过语音导航（IVR）后，或者进入自动拨报系统听自动语音介绍，或者留言，或者直接与接出警调度台进行电话举报。上述功能为本系统在客户端应实现的基本 GIS 功能。系统依据用户当前所打开的地图、图层和输入的信息，以及鼠标点击事件调用相应的 GIS 功能，并将结果从服务器返回给用户的浏览器；按用户指定的任意多边形选择指定属性的地图要素，并显示相关属性信息；以用户指定中心点和半径内选择一定属性的地图要素，并显示相关属性信息。

（2）天津市信息港工程项目——"天津市环境地理信息辅助系统建设"项目。2003 年，天津市环境保护科技信息中心承担了天津市信息港工程项目——"天津市环境地理信息辅助系统建设"项目。该系统以便捷、完善、直观的方式向环境管理人员提供更好的服务与支持，使环境数据得到充分利用，通过专网实现了政府部门之间以及环保系统各部门之间互联互通，建立了可操作的信息资源共享系统。

（3）基于 1∶5 万电子地图的"天津市城区水功能区划汇总"项目。2003 年，天津市环境保护科技信息中心与天津市环境保护局共同完成的基于 1∶50 000 电子地图的"天津市城区水功能区划汇总"项目通过国家环境保护总局验收。主要内容为全市入河排污口图层、全市水质监测断面图层、主要水体功能区图层、次级水体功能区图层等。

（4）"蓝天工程指挥系统"项目。2004 年，为确保创模目标的实现，天津市环境保护局委托天津市环境保护科技信息中心进行"蓝天工程指挥部"的建设。在赴沈阳市环境保护局学习创模成功经验的基础上，天津市环境保护科技信息中心迅速制订"蓝天工程指挥系统"项目实施计划书和相关工作方案，绘制"天津市蓝天工程监督管理网络图"并喷绘上墙，开发"天津市锅炉改燃 GIS 系统"，内容包括河东、河西、和平、南开、河北、红桥、东丽及北辰 8 个重点区的改燃锅炉设备的地理属性数据和环境属性数据，以及每个点位的多媒体信息资料。该系统以便捷、完善、直观的方式提供了各项查询和汇总功能，有力地支持了蓝天工程各项工作的进一步开展。目前该系统已在天津市环境保护局大气环境保护日常管理和实施蓝天工程工作中发挥了重要作用。

（5）天津市环境执法业务系统——基础地理信息系统建设项目。

①2009 年，通过实施天津市环境执法业务系统——基础地理信息系统建设一期工程，主要完成了以下任务：

主要地图数据的整理与建库：分辨率为 0.2 米全市域航空影像图数据压缩、数据整理与建库；全市域 1∶10 000 地图数据整理与建库；部分 1∶2 000 电子地图基础数据入库。

完成环境污染源图层：部分环境功能区划图层；污染源普查数据库填写详表和简表的企业都在同一个层面上标出；将集中式污染源按照污水处理厂、垃圾处理厂、危险废物处理处置场分别展示在不同图层；按照行政区划分析污染源相关信息，实现了企业数量分布、企业能耗量、企业能耗强度、企业用水量分析、企业用水强度分析、企业废水产生量分析、企业废水排放量分析、行业废水产生量分析、行业废水排放量分析、企业规模能耗强度分析；按照行政区划结合受纳水体进行分析。

完成环境质量专题图层：分别按照水环境质量监测点、国控监测点、水环境监测断面、海洋监测点、引滦引黄监测点建立图层进行展示；建立了空气质量监测点、行政区划空气质量（API 指数）图层展示信息；按照噪声功能区、噪声污染道路监测（外环线以内区域）、区域环境噪声声级分布（全市）、噪声功能区监测点（昼间/夜间）建立图层信息。

完成通用工具基本功能：采用空间数据和数据库连接，实现数据可视化。通过直接对地图要素进行查询，可以获得环境监测点位、污染源等的空间分布及其与关注区域的空间关系等信息。

②2010 年，通过实施天津市环境执法业务系统——基础地理信息系统二期工程，主要完成了以下任务：

整合现有污染源信息资源，建设"天津市污染源管理地理信息系统"，实现污染源信息的动态化管理，为环境管理、现场执法、排污收费及移动执法检查服务。

整合环境管理相关信息资源，建设"天津市污染减排地理信息系统"，实现区域总量指标的动态化管理，为天津市污染减排管理服务，为科学制订环境保护规划、安排环境保护专项资金决策服务。

8. 国家环境信息与统计能力建设项目

2009 年，《国家环境信息与统计能力建设项目》正式立项。2010 年中期设计完成并确认了《国家环境信息与统计能力建设项目——天津工作方案》。2010 年 7 月，天津市完成了网络租用方案的编制和报批工作。按照环境保护部确定的 2010 年为该项目招标年的要求，截至 2010 年 12 月，项目完成了 13 个分项目的招标工作和 27 个分项目标书的编制工作。2011 年，该项目采取统招统签、统招分签的采购方式，完成全部中央投资和天津市配套资金的支付任务。

9. 基层业务系统建设

（1）天津市环境保护局直属单位业务系统建设。天津市环境保护局下辖 12 个直属单位，大部分单位都实现了通过局域网处理业务范围内的工作，同时"十一五"期间各单位的数据管理和质控建设也都有一定的提高。下面以天津市环境监测中心和天津环境保护科学研究院为例，介绍天津市环境保护局直属单位业务系统建设情况。

①天津市环境监测中心业务系统建设。2006 年，天津市环境监测中心开发运行《天津市污染源及应急监测管理系统》。该系统针对不同用户需求与功能，实现不同的客户端解决方案，包括污染源数据管理系统、应急响应系统、WebGIS 浏览系统、系统管理及维护系统四部分功能。天津环境监测中心网站向社会公布海河三岔口的水质自动监测数据和城区空气污染指数。2010 年，研究开发了环境自动监测数据管理预警监控平台，同时，配合中国环境监测总站搭建了总站—省站—市站数据传输，对天津市环境空气自动监测系统无线传输网络进行了升级改造，实现了全部国控点空气自动监测数据与中国环境监测总站联网实

时发布。

②天津环境保护科学研究院业务系统建设。天津环境保护科学研究院以网络建设为重点，以应用促发展，坚持环境信息为环境管理服务的方向，不断创新，逐步搭建和完善了科技文献共享平台，提高了科学研究水平。该院先后为科技人员开通中文科技期刊数据库、中国学术会议全文数据库、中国学位论文全文数据库及中外标准全文数据库、外文重庆聚合 FMIF 数据库，为申报国家科技重大专项、天津市科技发展支撑计划等课题提供了强大的技术支持。同时，加强环境科学领域的国际科技交流与合作，先后与瑞典、美国、日本、德国等数十个国家的环境保护科研机构与企业建立了经常性的、有效的合作关系，引进并消化吸收了国外先进技术、设备，扩大了在国际环境保护市场上的影响。"十一五"期间，天津市环境保护科学研究院共发表论文 300 余篇，其中被国际三大检索收录 25 篇，实现了"零"的突破。

（2）区县环境保护局业务系统建设。"十一五"期间，天津市各区县环境信息化工作在当地政府的重视和支持下，在区县环境保护局干部职工的共同努力下，紧紧围绕环境保护中心工作，结合环境信息化建设要求，以需求为向导，以应用促发展，取得了显著成绩。下面以河北区环境保护局和河东区环境保护局为例，介绍天津市区县环境保护局业务系统建设。

①河北区环境保护局业务系统建设。河北区环境信息化工作全面贯彻信息化建设"统筹规划、应用主导、互联互通、资源共享、安全可靠、务求实效"的发展方针，自主研发，不断创新，逐步完善了河北区环境保护局网站，2006 年 5 月对门户网站进行了升级改版，对栏目结构、后台发布、政务功能等进行了全新设计，完成了该网站从"宣传型"向"服务功能型"的转化。2008 年 5 月，河北区环境保护局与天津市红旗环境保护科技有限公司联合开发了《污染源自动监测监控系统》，实现了对河北区境内污染源单位进行在线监测。2010 年 4 月，河北区环境保

护局对政务信息服务网站进行了升级改版，使网站在性能和应用方面有了质的飞跃，充分整合了河北区环境保护局政务信息和服务内容资源，合理优化了网站栏目，为公众提供了全面、快捷的网络服务。

②河东区环境保护局业务系统建设。河东区环境保护局坚持环境信息化工作与环境保护业务工作并重，以环境信息化促进各项业务工作，积极探索与实践环境信息化建设与应用，在队伍建设、环境管理制度建设、环境管理网络系统建设、环境管理应用软件的开发和应用等方面取得了一定成效。"十一五"期间，该局为实现环境业务管理信息化、管理信息资源化和信息服务规范化的"数字环境保护"体系，总投资 526.4 万余元，建设了局域网办公系统、政府 OA 网接入系统、天津市环境保护局广域网接入系统和国际互联网接入系统，加快了"电子政务"建设步伐，确保了环境信访热线的畅通。同时，以改善环境质量为基础，自主研究开发了《河东区环境管理地理信息系统》，随着该系统的逐步完善和应用，对提高环境保护工作科学管理水平、改善区域环境质量发挥了重要作用，成为了河东区政府实施污染源管理的重要基础依据和技术支持。

四、承担环境信息化项目情况

1. 完成《环境信息术语》的编制

2007 年 6 月，天津市环境保护科技信息中心成立了《环境信息术语》项目组，负责组织管理和编制工作，并在资料分析的基础上提出了术语标准框架、指导思想及研究工作的实施方式。

2007 年 7 月，项目组按照《环境信息术语》国家标准制定项目组第一次研讨会的要求和安排开展工作，查阅国内外相关行业标准和国内有关参考资料，访问国内外环境网站，收集环境信息方面的相关资料，汇总并就所收集的这些术语进行整理。通过收集、整理、对比分析，初步汇总筛选出了 960 个词条。经项目组多次探讨、协商、修改，最终确定了对 150 多个词条进行整理和分类，作出英文解释和定义，编写了《环境信息术语》词条汇总表和标准的《环境信息术语》（初稿），并征求了国家环境保护总局信息中心专家意见。项目组对意见和建议进行了汇总、分析，对初稿进行了修改，形成了《环境信息术语》征求意见稿第一稿，并起草了《环境信息术语》编制说明。

2007 年 8 月，项目组进一步征求国家环境保护总局各司意见，并形成了《环境信息术语》征求意见稿第二稿。

2007 年 12 月，《环境信息术语》经国家环境保护总局发布为中华人民共和国环境保护行业标准，代码为 HJ/T 416—2007。

2. 完成《环境数据访问控制技术规定》的编制

2009 年 10 月，《环境数据访问控制技术规定》的研究工作启动，并成立了项目领导组和编制组，同时开展了材料搜集和项目申报的准备工作。

2010 年 1 月，项目领导组组织了第一次调研，编制组在分析环境信息系统建设与环境数据使用现状和特点后，提出了本技术规定的编制大纲。

2010 年 2 月和 3 月，环境保护部信息中心分别在天津市和山东省青岛市组织了项目交流会座谈，进一步明确了《环境数据访问控制技术规定》的研究范围、方向和主要研究内容。并于同年 3 月底，在北京召开了标准规范编制开题论证会。

2010 年 4—7 月，编制组正式开展技术规范编制工作。编制组首先将开题论证会专家意见进行了分析，根据专家的建议有针对性地收集资料，完成了《环境数据访问控制技术规定》（初稿）的编制工作。

2010 年 8 月，初稿编制完成后，与总集成商就《环境数据访问控制技术规定》内容进行交流。

2011 年 5 月，该项目由环境保护部组织专家进行审议，并通过验收。

3. 天津市环境保护固定资产管理信息系统

2006 年年初，天津市环境保护科技信息中心自主开发了环境保护固定资产管理数据库系统，参照国家标准规范了固定资产的分类代码，将数据报送至国家固定资产清查系统软件中。同年 11 月，交付天津市环境保护系统推广使用。2007 年 4 月，配合全国固定资产清查工作，对该系统进行了完善，在此次清查工作中发挥了主要作用。

4. 建设天津市滨海新区建设项目管理辅助决策系统

2007 年，滨海新区启动了多项重点建设项目。为了加强和规范建设项目的管理，保持和改善滨海新区的环境状况，在充分认识建设项目管理工作重要性的基础上，天津市环境保护局结合自身管理需要启动了"天津市滨海新区建设项目管理辅助决策系统"建设。该系统的开通，不仅实现了对建设项目的审批和验收进行全面管理，并结合环境容量，实现了"资源共享、科学决策、高效高质审批"的目标；而且为天津市滨海新区环境管理与决策提供了信息支持和服务，提高了环境管理的工作效率和工作透明度，实现了环境管理信息化、科学化、规范化。

第三节　环境统计工作

一、环境统计概述

1. 环境统计的概念

环境统计是用数字反映并计量人类活动引起的环境变化和环境变化对人类的影响，包括环境统计工作、环境统计资料和环境统计学三部分。环境统计工作是指对环境现象的各种资料信息进行搜集、整理、分析和预测的各方面工作，包括环境统计组织与管理、环境统计设计、环境统计调查、环境统计整理和环境统计分析。环境统计资料是环境统计工作的成果，包括两方面内容：一是反映环境现象的数字资料，其反映了环境现象的规模、水平、结构、比例、发展速度等；二是环境统计的分析资料，其反映了环境现象发展变化的原因、趋势和规律。环境统计学是运用统计学的一般原理，研究环境的对象、方法、规律的科学。

2. 环境统计的范围

由于环境统计是以环境为主要研究对象，因此，它的研究范围涉及人类赖以生产和生活的全部条件，包括影响生态平衡的诸因素及其变化带来的后果。联合国统计司提出环境的构成部分包括植物、动物、大气、水、土地土壤和人类居住区。环境统计要调查和反映以上各个方面的活动和自然现象及其对环境的影响。目前我国环境统计包括：

（1）自然资源统计。反映土壤、森林、草原、水、海洋、气候、矿产、能源、旅游及自然保护区的实有数量、利用程度、保护情况。

（2）区域环境质量统计。反映水、大气、土壤和噪声情况。

（3）生态破坏与建设统计。反映土地、植被、水域生态、海洋生态和濒危物种 5 个方面的破坏与建设情况。

（4）区域环境污染与防治统计。反映城市基本情况、污染排放、区域治理和综合利用的基本情况。

（5）环境管理统计。反映环境法规和标准建设、行政管理制度的实施、环境经济手段的利用、宣传教育和科技措施 5 个方面管理工作的实施情况。

（6）环境保护系统自身建设统计。反映环境保护系统的机构、人员、房屋和仪器装备的现有规模水平。

3．环境统计的任务

环境统计是我国国民经济和社会发展统计的重要组成部分，基本任务是提供信息资料，实施统计监督，进行深入分析并提出咨询意见。其具体任务是：

（1）向各级政府及其环境保护部门提供全国和各地区的环境污染和防治、生态破坏与恢复，以及环境保护事业发展的统计资料，客观地反映环境保护事业发展变化的现状和趋势，为环境决策和管理提供科学依据。

（2）不断及时、准确地提供反馈信息，检查和监督环境保护计划的执行情况，及时发现新情况、新问题，有利于及时调整计划并采取对策。

（3）利用环境统计手段对各级政府及其环境保护部门进行环境保护工作方面的评价和考核。

（4）依法公布国家和地方的环境状况公报和环境统计公报，提供环境统计资料，提高环境保护的透明度和全民的环境意识。

（5）系统地积累历年环境统计资料，包括综合统计资料、专业统计资料和部门统计资料，并根据信息要求进行深度开发和分析，为环境决策和管理提供优质的环境统计信息咨询服务。

4．环境统计工作的基本过程

环境统计工作的基本过程大致分为 3 个阶段：

第一阶段是环境统计调查过程。从进行统计研究前的统计设计到社会调查，这是收集统计资料的过程，是统计工作的基础。

第二阶段是环境统计整理过程。对调查来的统计资料进行条理化、系统化的分组、汇总和综合，把大量原始的个体资料整理加工成可供分析的综合资料，并编制图表，是统计工作的加工过程。

第三阶段是环境统计分析过程。对已有的大量综合资料进行加工、分析、推断，研究现象的数量关系，反映现象发展变化的规律和局势，提出定量和定性的结论，对资料进行深度加工，增加其利用价值，是利用和分析资料的过程。

5．环境统计的基本原则与要求

（1）环境统计基本原则。环境统计应以我国环境保护战略目标为基础，力求为保护环境提供及时、准确、方便、有价值的环境统计数据和分析资料。

（2）基本要求。

①提高认识，加强领导。环境统计是整个环境保护工作的基础，同时又是社会经济统计的重要组成部分，环境统计工作除受环境保护部门领导外，还受统计部门的领导，它应有相应的独立性，形成自己的分支系统。

②健全环境统计机构，固定环境统计人员，努力提高环境统计人员的业务水平。

③抓好统计全过程的薄弱环节。

④坚持实事求是。环境统计人员必须遵守统计法，实事求是地反映环境状况，绝不允许弄虚作假，要维护统计工作的严肃性。

⑤做好环境统计服务和监督工作。

6．环境统计在环境管理中的作用和地位

环境统计是环境管理的一项基础工作，是我国社会经济统计的重要组成部分。环境统计在环境保护工作中具有不可替代的作用，它是全面反映环境状况、制定环境保护方针政策、编制环境保护规划、加强环境管理的科学依据，是环境保护工作成效的信息反馈系统。

7. 环境统计发展历程

（1）国际环境统计发展历程。环境统计是伴随着环境保护工作而产生的。公元 1848 年，英国伦敦发生了严重的水污染事件，许多居民患霍乱症，据当时统计机构调查，死亡人数达 14 600 人，说明在 100 多年前，已经产生了环境污染危害统计。

随着工业的迅速发展和环境污染的日趋严重，对环境污染的状况如何度量成为一个亟待解决的问题。由此，把环境统计作为研究课题于 20 世纪 60 年代初开始了。但直到 1972 年斯德哥尔摩人类环境国际会议以后，各国政府才认识到需要运用统计数字对环境状况作出评价。1973 年，联合国统计委员会和欧洲经济委员会在日内瓦举行了第一次关于研究环境统计资料的国际会议。会议决定根据现有资料编制《环境统计手册》。这次会议对环境统计工作的发展，起了重大的推动作用。同年 10 月，在华沙举行了环境统计学术会议。各国政府逐步重视全面的综合统计数字对评价环境状况的重要作用，并逐步建立起环境统计制度。

（2）我国环境统计发展历程。为了加强环境保护工作，把环境保护方针、政策以及规划的制定建立在可靠的科学基础之上，迫切需要用定量的数字来说明环境污染状况和治理水平。20 世纪 80 年代初，我国环境统计工作应运而生。

二、天津市环境统计工作开展情况

天津市环境统计工作是在原国家环境保护局和天津市统计局的领导下开展，并不断得到重视和加强。30 多年来，天津市环境统计在体制改革、基础工作以及综合协调管理方面做了大量工作，特别是在完成环境科研项目和大型统计调查以及统计改革中发挥了重要作用。

1. 理顺关系，搞好统计工作定位

天津市环境保护局为适应新时期环境保护工作的需要，积极探索科学的环境管理方式，把实行环境目标管理与深化 ISO 14000 环境管理体系相结合，与实行政务公开相结合，确立了以改善城市水、气、声、固体废物及生态环境质量为核心的环境目标管理机制，重新确定了机关环境管理职能和处室职责，理顺了管理的层次和关系，实行了工作目标责任制和责任追究制，设立了核心、执行、保障、综合管理的目标明确、责任明晰、关系清楚的 4 个管理层面，形成了个人对岗位负责、处室对职能负责、全局对环境质量负责的管理局面，调动了人员积极性，提高了办事效率，保证了全局各项工作有条不紊地进行。通过 2000 年机构改革，环境统计工作由天津市环境保护局信息处转到了综合处，改变了以前与综合处城市环境综合整治定量考核、计划规划、总量控制等综合管理工作脱节的现象。科学合理地优化了资源配置，促进了环境统计工作的顺利开展，防止了数出多门，保证了全局上报数据的协调统一。

2. 认真落实国家要求，从组织上加强统计工作力量

环境统计是直接服务于政府决策的重要基础性工作。为加强环境统计工作，提高天津市环境统计管理水平，根据原国家环境保护总局《关于在机构改革中理顺环境统计管理体制加强统计队伍建设的通知》中关于"各级环境保护行政主管部门应确定承担环境统计职能的机构，并设专人负责，执行综合归口管理职责"和"应将环境统计的具体技术性、事务性工作统一交由各级环境监测站承担"的要求，天津市环境保护局下发了《关于理顺环境统计管理体制加强环境统计队伍建设的通知》，不仅明确了天津市环境保护局、天津市环境监测中心在环境统计工作上的具体职责分工，而且为区县环境保护局在"十五"期间理顺环境统计

管理体制、加强环境统计队伍建设奠定了基础。

《关于理顺环境统计管理体制加强环境统计队伍建设的通知》中明确了天津市环境保护局综合处负责承担全市环境统计综合归口管理职能，主要职责包括：贯彻国家和地方有关统计工作的方针、政策、法律规章制度，结合本部门情况提出贯彻执行的要求，并检查落实情况；负责与原国家环境保护总局统计主管部门及政府有关部门进行统计工作联系；组织、指导天津市有关部门和各区县的环境统计工作；归口管理天津市环境保护局内各处室、单位拟订的专业统计调查方案和统计报表制度；负责组织具体承担国家和地方统计报表制度的布置、实施和管理，指导天津市环境监测中心进行相应统计报表的数据审核以及负责组织编制环境统计公报和环境状况公报等工作。天津市环境监测中心负责承担环境统计的具体技术性、事务性工作，主要职责包括：承担环境统计报表（包括环境统计年报、专业统计年报及重点流域和地区的统计月报）的催报、接收、数据审核、校验、汇总、分析等工作；负责进行日常统计分析所需资料信息的整理工作，提供环境统计分析报告；参与编写环境状况公报和环境统计公报；参与指导各区县环保部门的统计技术性工作，并提供咨询服务。

天津市环境保护局要求各区县环境保护局根据上述职责分工，明确统计人员的职责和归口管理办法，进一步理顺环境统计管理机制，加强环境统计队伍建设，为提高统计效率和管理水平提供保证。

3. 开展环保系统《统计法》和"两办通知"执行情况大检查

为了积极推进依法统计，提高统计数据质量，发挥环境统计在国民经济和社会发展中的重要作用，2001 年根据国家环境保护总局《关于开展〈统计法〉和'两办通知'执行情况大检查的通知》的精神，天津市在全市各级环保部门开展了《统计法》和"两办通知"执行情况大检查工作。天津市环境保护局成立了由局综合处、水环境保护处、大气环境保护处、固体废物及物理污染管理处以及天津市环境监察总队等有关处室、单位负责同志组成的天津市环保系统统计执法大检查工作推动组，下发了《关于开展环保系统〈统计法〉和"两办通知"执行情况大检查的通知》，对大检查的对象、内容、方法以及工作步骤做了具体安排。各区县环境保护局也组建了由主管局长任组长的专门领导小组，进一步推动了大检查工作的深入开展。

为圆满完成统计检查任务，确保完成"十五"时期总量计划，天津市环境保护局积极开展了统计数据核查工作，并以此为契机，将统计检查与污染源管理、总量控制和环境功能区达标工作结合起来，规范统计工作程序，理顺统计工作与其他环境管理工作的关系。同时，还组织各区县环境保护局对排污申报登记数据进行了核查和统计数据比较，规范了统计范围，并向电厂和年排放二氧化硫 100 吨及以上单位发了调查表。通过开展统计检查和总量核查工作，使有关人员进一步提高了对环境统计工作的重视程度，充分认识到统计工作在环境管理工作中的重要地位。

4. 认真落实环境统计报表制度，做好年报工作

根据原国家环境保护总局的要求，天津市环境保护局下发了《关于做好环境统计报表工作的通知》等有关文件，要求各区县环境保护局在搞好年报工作中加强领导，认真组织实施，并指出"做好环境统计年报工作，对于客观反映和评价'十五'期间各区、县环境状况和环保工作情况十分重要。环境统计年报工作内容多、时间紧、任务量大，请各区县环保局按照国家环保总局办公厅《关于在机构改革中理顺环境统计管理体制加强统计队伍建设的通知》的要求，落实专人负责，并从组织、技术、设备、工作经费以及时间等方面给予充分保证，确保按时保质地完成好环境统计年报工作。"同时，按照原国家环境保护总局的规定，重点明确了环境统计报表的填报范围和方法，规定了报表报送程序。环

境统计报表由各区县环境保护局负责向辖区内排污单位布置，排污单位填表后由所属主管部门审核盖章，再转交区县环境保护局审定。经审定后的统计报表，由区县环境保护局负责录入汇总并进行逻辑校验后，上报天津市环境保护局。

为了做好专业报表，天津市环境保护局下发了《关于做好环境统计专业报表上报工作的通知》，对天津市环境保护局各专业处室填写专业报表提出了要求：一是各类专业报表统计资料的收集、填报、审核、汇总工作，由各相关业务处室承担，并指定专人负责完成；报表经分管局长审签后上报；各业务处室负责人对上报数据质量负责。二是原天津市环境保护局综合处对报表实行归口管理，负责统一上报原国家环境保护总局规划财务司。三是对专业报表的具体承办处室相应作出明确分工。

5.环境统计工作全心全意为环境管理科研服务

为加强环境管理工作，在组织完成好环境统计年报（半年报）任务的同时，还编写了历年《天津市环境状况公报》和《环境统计资料汇编》，参加了相关课题和论文的研究工作，并取得了可喜的成绩，从而调动和发挥了环境统计工作人员的积极性。

第六章　环境国际交流与合作

　　天津市是国内较早重视和开展国际环境保护交流与合作的城市。在天津市环境保护工作发展的各个重要阶段，都有国际交流与合作项目支持。随着环境保护事业的稳步发展，天津市环境保护国际交流与合作也更加频繁，以"请进来，走出去"的方式，积极寻求与各个国家和地区在环境保护领域的交流与合作，取得了丰硕成果。先后与日本、德国、韩国、澳大利亚、美国、加拿大、荷兰、新西兰及联合国环境规划署等国家和机构、组织开展国际交流，组织人员到境外考察培训，了解国外环境保护政策法规和先进经验，同时邀请国外环境保护专家、学者、企业、政府官员来津考察、讲学、交流、洽谈。与瑞典、日本、德国、韩国、美国、法国、以色列、意大利及全球环境基金等国家和机构合作实施了"天津市经济发展中主要环境问题防治规划和治理技术的研究"、"天津市工业废水处理"、"工业废水无害化排放"、"中美合作于桥水库安全饮用水研究合作项目"、"Demo Environment 项目——清洁生产在天津的实施"、"海河流域天津卫星城镇污水处理技术的研究"、"工业废水脱色技术的研究"、"天津市环境保护局引进国际环境标准 ISO 14000"、"天津危险废物处理处置中心"、"海河流域水资源与水环境综合管理项目"、"电气化学系统与 MBR 组合处理技术开发"、"中意海河水环境状况调查"、"中国可持续能源项目"之"天津市国家低碳城市试点工作实施方案"等项目。通过利用外资，不断拓宽渠道，加强国际交流与合作，一方面引进了国外先进技术和经验，提高了天津环境保护技术、装备、能力与管理水平，促进了天津环境保护事业的健康发展，提升了城市形象；另一方面也向世界展示了天津环境改善方面取得的显著成效和成功经验，赢得了国际赞誉。

第一节 国际交流

一、与联合国环境规划署的交流

2004 年 8 月，应联合国环境规划署的委托，天津市环境保护局承办了联合国环境规划署区域环境法研讨班。来自亚太地区约 20 个发展中国家的近 40 名代表参加了研讨班，其中 5 名为来自联合国环境规划署和公约秘书处的专家。承办此次联合国环境规划署区域环境法研讨班对强化天津市环境法律意识、提高执法能力具有一定的促进作用，也进一步推动了天津市与联合国环境规划署等国际组织的环境合作，提高了天津大都市的国际知名度。

二、与日本的交流

1. 天津市与日本四日市市环保人才培训项目

1980 年 10 月，天津市和日本四日市市正式缔结友好城市关系。至今两市间环境保护领域的合作已历经 20 余年。在此期间，中日双方采取"请进来，派出去"双向交流的方式，开展了卓有成效的环保合作，对引进日本科学的管理方法和技术，提高天津市环境管理和技术人员的整体水平，改善天津市环境质量起到了重要作用。

自 1991 年起，天津市先后派遣人员 16 批计 116 人次赴四日市市，就"大气污染防治技术"、"水质污染防治技术"、"汽车尾气排放控制技

术"、"城市综合环境保护""固体废弃物处理、处置技术"、"ISO 14001
环境管理体系"、"建设循环型社会"、"环保法规的制定和实施"、"水污
染防治"等领域进行专题研修。研修时间最长为 50 天，最短 15 天，研
修人员包括市、区县及企业环保部门的管理人员及专业技术人员。研修
人员回国后绝大部分仍从事环保工作，并把所学的知识与经验同个人专
业结合起来，在各自岗位上发挥着重要作用。

与此同时，天津市环境保护局先后邀请日方专家 20 余人次来津，
分期举办了"大气污染防治技术国际研讨会"、"水质污染防治技术国际
研讨会"、"环境管理研讨会"和"循环经济研讨会"等。来自各区县环
境保护管理部门和监测人员的 600 余人次参加了研讨。研讨方式一是由
日方专家介绍日本环保的有关法律、法规，并以典型行业为例，介绍企
业污染防治的经验和技术；二是组织与会者到企业参观、座谈，针对该
企业的污染情况，共同研究有效的解决办法，并结合问卷调查、现场答
疑，及时沟通信息。

2. 天津市与日本北九州市的交流

2003 年,天津市与日本北九州市共同探索环境保护国际合作的新途
径。通过两市高层领导定期互访、积极开展人员交流、在津举办专题研
讨会等方式，开展了卓有成效的环保合作。

2008 年 5 月，在胡锦涛总书记和日本福田康夫首相的见证下，天津
市市长黄兴国与北九州市市长北桥健治签署了两市开展中日循环型城
市合作备忘录，由北九州市协助天津市制订天津市子牙工业园总体规划
和实施方案。双方就子牙循环经济区的发展开展了一系列广泛合作：组
织有关人员赴日研修，对北九州市循环型经济、再生资源利用领域的法
律制度、管理体制、标准等进行了深入了解和研究，为子牙循环经济区
规划的制定奠定了基础；组织天津市子牙循环经济区和滨海新区 30 余
家企业提出了对日合作技术需求；分别在北九州市和天津市共同举办天

津市发展循环经济暨子牙循环经济区招商会和中日企业节能环保商务洽谈会，进一步扩大了天津市子牙循环经济区在东北亚地区的影响，对天津市子牙循环经济区力争成为中日韩三国循环经济示范基地具有重要的推动作用。

3．天津市环境保护局与日本国际协力机构（JICA）的交流

2009 年 8 月，天津市环境保护局与日本国际协力机构（JICA）中国事务所商定并启动实施了旨在提升天津市环境综合管理能力、推动相关政府部门、企事业单位及非政府组织（NGO）之间环境协作关系的"提高天津市环境管理能力技术合作项目"。该项目为期 3 年，分 3 批组织天津市共 45 名政府人员、企业代表及从事环境宣传教育人员赴日培训；邀请 6 名日本专家来津对天津市有关人员进行了两次现场培训。通过学习日本经验，进一步提升了天津市环境管理水平，拓展了环境教育手段，增强了企业环境意识，初步建立了政府、企业、市民及社会团体间共同参与环境保护的联动机制。

4．天津市环境保护科学研究院与日本臭气香气协会的交流

1985 年，天津市环境保护科学研究院选派了 1 名技术人员赴日本进修，学习日本先进的污染研究经验和管理法规，了解恶臭污染及治理的相关理念。该技术人员归国后，天津市环境保护科学研究院积极组织学术研讨活动，让其介绍恶臭污染问题，第一次将恶臭污染治理引入中国，并成立了恶臭污染研究课题组，开始进行恶臭污染研究。1993 年 8 月，经国家环境保护总局批准，天津市环境保护科学研究院开始建设国内首家恶臭污染控制重点实验室——国家环境保护恶臭污染控制重点实验室；2002 年正式通过国家环境保护总局验收，并被正式授牌和命名。该实验室是目前中国唯一专门从事恶臭污染研究的重点实验室。它的建立，对我国建立恶臭污染排放标准和测试技术体系，促进中日两国在恶

臭污染控制领域的交流与发展，起到了积极的指导作用。

2006 年，天津市环境保护科学研究院邀请日本香气臭气协会博士岩崎好阳和研究员小川光司来津，就"炼油厂含硫废气防治技术及对策研究"项目进行指导和讲学。在培训项目的支持下，天津市环境保护科学研究院分别于 2006 年和 2009 年选派技术人员，赴日本臭气香气协会进行"炼油厂含硫废气控制技术研究"及"恶臭污染源解析技术及预警系统研究"项目培训，对日本恶臭测试方法、恶臭污染控制对策、含硫臭气测定与控制技术、嗅觉计测试恶臭、恶臭测试方法及精度管理等进行了学习及实地参观，并学习了日本在恶臭污染源解析技术及预警管理方面的先进技术和研究经验。

5. 天津市环境保护科学研究院与日本国立公害研究所的交流

1985 年，日本国立公害研究所水质环境规划室室长、博士长村岗浩尔和博士福岛武彦来津就于桥水库富营养化问题进行学术交流和实地考察，提出了切实可行的防治对策。天津市环境保护科学研究院技术人员学习并借鉴了国外先进经验和技术，促进了于桥水库、水库上游入水口以及下游输水口富营养化问题的解决。

6. 天津市环境保护科学研究院与日本名古屋大学的交流

2009 年 9 月，天津市环境保护科学研究院邀请日本名古屋大学环境学研究院地球环境科学助理教授、博士阿部理来津，就"基于 CMB/CF/箱式模型的水污染源复合解析技术研究"项目进行指导和讲学。该项目的实施，为建立污染物特征成分谱，开发基于化学质量平衡（CMB）模型、化学指纹学（CF）和箱式模型的污染源解析定量模型以及污染源贡献率计算方法提供了强有力的技术支持，为诊断水环境问题的症结、确定水污染的来源、污染控制与水环境管理奠定了坚实的基础。

三、与德国的交流

1. 天津市环境保护科学研究院与前西德水污染联合会的交流

1987 年，前西德水污染联合会高级成员、教授赫尔曼·哈恩（Herman Hahn）来津讲学，介绍用物化方法去除湖泊和水库来水中大量营养盐的富营养化治理技术，并共同讨论该技术在引滦入津沿线应用的可能性，促进了"天津于桥水库富营养化防治"课题的深化。

2. 天津市环境保护科学研究院与德国奥尔登堡市的交流

2009 年 4 月，德国奥尔登堡市代表团访问天津市环境保护科学研究院，双方就环保、能源等方面进行了交流。同年 10 月，德国奥尔登堡市代表团一行 7 人再次访问天津市环境保护科学研究院，参观了天津经济技术开发区西区人工湿地项目，双方就环境修复与处理、新能源与低碳经济等领域的技术供给和需求等进行了洽谈。

2010 年 8 月，天津市环境保护科学研究院邀请德国奥尔登堡大学商业信息系统学院院长、教授 Jorge Carlos 来津，就"天津滨海新区生态工业园区建设示范研究"进行指导和讲学。双方计划共同申请德国联邦政府 BMBF 基金 CLIENT 领域的资助，在天津滨海高新技术产业开发区华苑产业区内建设环境管理信息系统，并开展以建设零排放工业园为目标的研究工作。

四、与韩国的交流

2006 年，天津市环境保护科学研究院邀请韩国又松大学博士朴商珍等人来津，就"炼油厂含硫废气防治技术及对策研究"项目进行指导和讲学。通过项目的实施，天津市环境保护科学研究院开发了恶臭排气筒采样器，获得实用新型专利"污染源恶臭气体采样器"（专利号：

ZL200620151411.1），并对适用于炼油厂的恶臭综合处理技术进行了优化，提出了炼油厂恶臭污染处理的有效解决方案。

五、与东亚相关机构的交流

东亚经济交流推进机构成立于 2004 年 11 月 16 日，由 10 个会员城市组成，分别是日本北九州市、下关市、福冈市，韩国仁川市、釜山市、蔚山市，中国天津市、大连市、青岛市、烟台市。其下设的环境部会的职能为：①环境合作的网络化；②创建环境示范区；③再利用的国际合作。

天津市环境保护局作为天津市与东亚经济交流推进机构环境部会交流的窗口单位，积极参与东亚经济交流推进机构开展的各项活动。除派员参加历年的环境部会会议，还与其他会员城市一道分别在各自所在城市开展"我们拥有同一汪碧海，日中韩 10 城市海岸清洁活动"，清扫活动结束后制作的成果展板在下一年环境部会期间均进行了展示。通过交流，提高了公众的环境保护意识，唤起了人们对环境问题的关注和保护环境的责任感、使命感，为推动绿色社区、绿色家庭、绿色学校创建活动奠定了基础，为推动天津市生态文明建设营造了良好氛围。同时，通过与其他"东亚经济交流推进机构"会员城市同步开展海岸清洁活动，也为环黄海地区的环境改善作出了贡献，并宣传了城市间开展国际合作的重要性。

六、与澳大利亚的交流

1. 天津市环境保护局与澳大利亚墨尔本市的交流

澳大利亚墨尔本市是天津市的友好城市，继两市市长共同签署《天津市·墨尔本市友好城市关系 25 周年纪念宣言》后，应天津市环境保护局邀请，墨尔本环境交流代表团于 2005 年 5 月 30 日抵达天津，

同天津市环保系统开展了为期一周的天津—墨尔本环保宣传活动，就
环境管理和可持续发展进行了专题讲座，并在南开区开展了以"绿色
中国龙"为主题的系列环境教育演示活动。6月5日，在天津市纪念
"六·五"世界环境日大型宣传活动中，澳方代表专门向天津市赠送
了象征天津—墨尔本两市友谊的旗帜，并参加了庆祝活动的文艺演
出，以生动活泼的表演形式向公众宣传环境保护，得到了社会各界的
好评。

2．天津市环境保护科学研究院与澳大利亚新南威尔士大学的交流

2007年，天津市环境保护科学研究院邀请澳大利亚新南威尔士大
学教授蒋开云来津，就"恶臭测试方法与设备开发"项目进行指导和
讲学。在专家的指导下，天津市环境保护科学研究院对国外嗅觉计的
欠缺点进行了研究和改进，并开展了嗅觉计的比对和校准试验。在此
基础上，申报完成了天津市科学技术委员会应用基础研究计划面上项
目《动态稀释法恶臭测试研究》，设计制造出嗅觉计样机，发表文章《恶
臭测定动态稀释方法研究进展》，被 EI（工程索引，the Engineering
Index）收录；论文《动态恶臭嗅觉测定方法及仪器研究进展》，获得
了华北五省市环境科学学会第十五届学术年会论文一等奖、天津市第
八届环保科技优秀论文一等奖。天津市环境保护科学研究院现仍在进
行恶臭测定仪器的升级研发工作，已申请了多项发明专利和实用新型
专利。

七、与美国的交流

2008年10月9日，天津市环境保护科学研究院邀请美国国家大气
研究中心博士铁学熙来津，就"滨海新区石化产业发展的生态环境保护
对策研究"项目进行指导和交流。

八、与加拿大的交流

2008 年 10 月，天津市环境保护科学研究院邀请加拿大通用电气公司 Zenon 水过程技术膜处理实验室博士范凤申来津，就"可持续城市清洁水"项目进行指导和讲学。通过交流，不仅增进了对国外同行业最新研究进展的了解，也为该项目的示范工程提供了可供选择的工艺方案。

九、与荷兰的交流

2009 年 5 月，天津市环境保护科学研究院邀请荷兰格罗宁根市政厅特聘专家旺特·菲尔德斯特拉（Wout Veldstra）来津，就"生态城市规划与建设研究"项目进行指导和讲学。旺特·菲尔德斯特拉先生在津期间，应邀面向天津市环境保护局、天津市环境保护科学研究院、南开大学部分师生进行了公开讲座，介绍了荷兰城市生态网络构建理论，荷兰在生态城市建设和水生态系统修复领域的先进经验，对天津市建设生态城市具有十分重要的借鉴意义。

十、与新西兰的交流

2009 年 11 月，天津市环境保护科学研究院邀请新西兰渔业部首席专家、博士理查德·布瑞恩·福特（Richard Brian Ford）来津，就"天津沿海开发对海洋生态的影响"项目进行指导和讲学。通过项目的实施，为天津港乃至渤海湾近岸陆源污染控制、大规模填海工程的生态建设、封闭海域水质改善及科学化管理提供了技术支持及工程示范，对解决天津海岸带海域污染与生态退化瓶颈问题，促进滨海新区快速发展具有重要意义。

第二节　国际合作

一、与瑞典的合作

1986 年 10 月，应国家环境保护局邀请，瑞典皇家环境研究院访问天津，并与天津市环境保护局签署了"天津市经济发展的环境保护与污染控制技术"合作意向书。1987 年 9 月 22 日至 10 月 4 日，"中国—瑞典环保科技合作代表团"访问瑞典，正式签订了科技合作计划议定书，并于 1988 年 1 月 18 日经国家科学技术委员会批准，开始了长达 23 年历经 4 个阶段的合作研究计划。

第一阶段：1987—1991 年，天津市环境保护科学研究院与瑞典皇家环境研究院开展第一期合作项目"天津市经济发展中主要环境问题防治规划和治理技术的研究"。该项目对于桥水库水资源管理的富营养化控制技术、天津市海河（市区段）污染控制及城市污水回用、固体废物填埋技术等开展了研究，提出了于桥水库富营养化控制方案、天津海河流域"截流、冲污、恢复生态平衡"的综合治理方案，建立了实验室规模的有毒废物浸出毒性研究试验系统，为制订天津市工业固体废物处理处置规划与技术发展规划提供了可靠的依据，也为日后建立天津市危险废物处置中心奠定了基础。

第二阶段：1993—1997 年，天津市环境保护科学研究院与瑞典环境研究院开展第二期合作项目"天津市工业废水处理"。该项目针对冶金、染料、造纸、制药、化工等行业，开展了典型行业污水处理技术的研究。项目实施期间，天津市环境保护科学研究院举办了工业废水处理技术培训班；与瑞典环境研究院专家共同设计建造了具有物化和生化废水处理性能的可移动的中试设备（3 个集装箱房），对天津市工业废水处理方案的可行性和设计进行了调查。1999 年，两研究院共同出资建立了"中瑞

（天津）环境技术发展中心"，2001 年该中心发展为中瑞（天津）环境技术发展有限公司。

第三阶段：2000—2006 年，天津市环境保护科学研究院与瑞典环境研究院开展第三期合作项目"工业废水无害化排放"项目。该项目对瑞典清洁生产技术和分离技术进行了培训与中试，开展了高效废水处理系统治理方法评估与生物处理中试研究；引入了清洁生产、生命周期评估等国际先进的环保理念，并对天津市两个代表性企业进行了生命周期评估；初步开发出染料及制药等行业的清洁生产技术，建立了多个酸回收示范工程，研制出工业废水特殊污染物的追踪检查技术，为进行工业废水处理回用的生态安全研究奠定了基础。

第四阶段：2008 年，天津市环境保护科学研究院与瑞典环境研究院承担了由瑞典经济与区域发展署（Tillvaxtverket）与瑞典国际发展署（SIDA）共同支持的 Demo Environment 项目——清洁生产在天津的实施。该项目针对天津市冶金、化工、机械/汽车等行业清洁生产技术需求以及瑞典可提供的相关技术设备进行了可行性研究，通过在津召开技术研讨会、组织中方机构人员赴瑞典进行实地技术考察等形式，将瑞典先进的清洁生产技术或设备在中国企业进行设计、安装、调试及运行。该项目的实施，对促进天津市企业清洁生产水平、节能减排、提高经济效益、改善环境质量等都发挥了重要作用。

二、与日本的合作

1. 天津市与日本四日市市的合作

在加强天津市与日本四日市市环境保护人才交流、培训的基础上，天津市环境保护局组织天津市环保技术人员与四日市市有关部门专家共同开展了环境保护合作研究，内容包括"海河流域天津卫星城镇污水处理技术的研究"和"工业废水脱色技术的研究"。日方提供部分资助。

其中，"海河流域天津卫星城镇污水处理技术的研究"项目，是作为两市结好 20 周年的主要活动于 2000 年开始实施的。该项目以天津市大港区为示范区，以油田生活小区和石化公司炼油厂的污水处理为例，邀请日方专家来津实地考察，派天津市项目专家组赴日现场参观，最后由中日双方在津共同完成项目报告。此项研究为解决天津市缺水问题提供了可靠的技术参考。

2. 天津市政府与日本住友商事株式会社的合作

2005 年 4 月，天津市政府与日本住友商事株式会社共同签署了天津市人民政府—日本住友商事株式会社关于共同成立天津住友环境保护委员会的框架协议。同年 11 月，天津市政府—日本住友商事环境保护委员会第一次会议召开，天津市副市长陈质枫和住友商事株式会社机电事业部部门长荻村道男代表双方签订了《天津住友环境保护委员会——第一次会议的合作协议书》（2005.11—2008.11）。按照协议书中的规定，天津市政府和住友商事株式会社各自编制 25 万美元预算，形成了共 50 万美元的环保资金，共同委托天津市环境保护科学研究院承担了天津市生态城市建设规划思路、滨海新区循环经济的构建、天津滨海新区石油化工产业发展的生态环境保护对策、海水淡化及综合利用环境影响以及于桥库区环境保护的清洁发展机制等课题及项目的研究。此次合作开辟了天津市与国际大企业合作的新模式，按照天津市积极主动推进环境保护产业、循环经济及生态城市建设的思路，双方在追求持续性发展的同时，努力为天津市循环经济及生态城市建设与发展作出贡献，实现了天津与住友的共赢。

三、与美国的合作

1. 中美合作于桥水库安全饮用水研究合作项目

中美合作于桥水库安全饮用水研究合作项目是天津市环境保护局

同美国国家环保局（USEPA）签署的中美合作项目。该项目旨在对中国可持续城市进行清洁水研究。天津区域处于海河流域下游地区，具有鲜明的北方流域特征；于桥水库作为天津市的饮用水蓄存水库，成为该项目的实施地点。于桥水库安全饮用水合作项目自 2003 年 11 月正式启动后，中美双方专家进行了近 10 年的联合工作，完成了数据资料收集和有关调查监测工作，如污染源调查、鱼塘养殖现状调查、水库周边可浸没土壤调查、汛期径流调查与监测、周边地下水调查与监测、河流和水库水质监测、水文、土地利用以及村庄统计资料的收集，制作完成了包括桥水库到引滦上游地区范围的电子地图；制订了于桥水库研究区域最佳管理方案（BMPs），削减了于桥水库周边区域污染负荷，改善和保护了于桥水库水质；完成了示范区域沼气工程项目的可行性研究和实施。该项目得到了美方赠款项目近 20 万美元，天津市提供了部分配套资金，已进入后评估阶段。

2. 天津市环境保护局与美国贸易发展署的合作

2006 年，天津市环境保护局获得美国贸易发展署赠款 23 万美元，用于开展天津市废弃物处理处置可行性研究。通过该项目，了解了美国在放射性、医疗废物和化学品管理方面的政策、法律、法规以及管理方法，更新了在化学品环境管理、废物利用、土壤环境恢复和应急方面的新理念。

3. 天津市环境保护科学研究院与美国能源基金的合作

2010 年，天津市环境保护科学研究院承担了国家发展和改革委员会与美国能源基金共同合作的"中国可持续能源项目"中的"天津市国家低碳城市试点工作实施方案"，完成了该实施方案，编写了天津市低碳"十二五"规划，为天津市向低碳城市发展提供了有力的理论依据与技术支持。

四、与德国的合作

1997 年，中国与德国联邦经济合作与发展部合作项目"天津市环境保护局引进国际环境标准 ISO 14000"得到国家有关部门批准，并得到德国政府赠款 300 万马克。该项目历时 4 年（1998 年 9 月至 2002 年 8 月），就 ISO 14000 环境管理体系开展了可行性研究及相关咨询和培训，将 ISO 14000 环境管理体系的理念和方法引入我国，天津市环境保护科学研究院成立了我国首批环境管理体系咨询机构。2003 年 1 月至 2005 年 12 月，双方继续开展了第二阶段的合作项目"环境政策咨询与企业环境管理"项目，通过 PREMA（有效益的环境管理）模式，对 14 家企业进行了 PREMA 培训与咨询服务。

五、与以色列的合作

2002 年，天津市环境保护科学研究院与天津信托有限责任公司共同出资成立了天津环科水务公司。2007 年，天津信托有限责任公司将股份转让给以色列凯丹国际水务旗下的苏合水务集团有限公司。天津环科水务公司专门从事中、小城镇污水处理及供水项目的投资、建设及运营管理和水处理工程设计等。该公司主要采用 BOT（建设—运营—移交）、PMC（项目管理承包）等国际先进的经营模式，通过自主创新及集约化管理，最大限度地降低项目建设投资和运行维护费用，为政府和公众提供了经济、高效的专业化服务。

六、与法国的合作

2002 年，天津市工业废物交换中心、法国 Purechem Onyx Pte Ltd.，天津市津能投资公司、中国节能投资公司共同投资组建了中外合资天津合佳奥绿思环保有限公司，共同建设、管理及运营天津危险废物处理处置中心。2006 年 3 月，天津合佳奥绿思环保有限公司更名为天津合佳威立雅环境服务有限公司，并成为一家危险废物的收集、运输、处理处置和资源回收的综合性企业，拥有现代化的危险废物处理处置成套设施，严格贯彻危险废物转移联单制，实行危险废物由摇篮到坟墓的全过程管理，防止了危险废物对环境造成的污染。

七、与全球环境基金（GEF）的合作

2005 年，天津市环境保护局与天津市水利局共同承担了由全球环境基金（GEF）和中国政府共同资助，世界银行执行、水利部和国家环境保护总局共同组织实施的"海河流域水资源与水环境综合管理项目"。天津市环境保护局与天津市水利局共同组成了天津市水资源与水环境综合管理项目办公室，负责天津项目的组织管理工作。项目编制了天津市及宝坻、宁河和汉沽 3 个重点区县的水资源与水环境综合管理规划，开展了水量、水质、地下水、再生水回用、水生态修复、城市和农村非点源污染控制 6 个专题领域及潮白新河下游水资源污染研究。其中，天津市环境保护科学研究院承担了"天津市宁河县水资源与水环境综合管理规划制定"、"天津市汉沽区水资源与水环境综合管理规划制定"、"潮白新河下游流域水资源水生态综合管理规划"、"潮白新河下游流域畜禽养殖面源污染控制示范研究"、"潮白新河下游流域点源污染控制示范研究"、"评估现有规划和机构"及"城市和农村非点源污染控制研究"项目；天津市环境保护技术开发中心承担了"水生态研究"项目；天津市环境监测中心承担了"水质研究"项目。"海河流域水资源与水环境综合管理项目"的实施，对推进海河流域水资源与水环境综合管理、提高水资源利用效率和效益、修复生态环境、减轻流域陆源对渤海污染、改善海河流域及渤海水环境质量都起到了非常重要的作用。

八、与韩国的合作

2006 年 10 月，天津市环境保护科学研究院承担了中韩政府合作项

目"电气化学系统与 MBR 组合处理技术开发"。该项目针对我国难降解高浓度有机废水（化工、重金属、镀金等行业废水），引进了韩国先进的平板膜技术以及电气化学技术，并进行了焦化废水、染料废水、垃圾渗滤液处理工艺的小试及中试实验研究，实验结果表明：该工艺可确保垃圾渗滤液处理达到相关排放标准的要求，同时投资及运行费用均低于同类进口设备。同年 12 月，天津市环境保护科学研究院开始与韩国 GREENPLA（株式会社）以及韩国高等技术研究院进行合作，承担了"工业废水处理 ECR & SMBR 工程"项目，共同研发了适合我国国情的难降解高浓度有机废水处理技术与设备。项目实施期间，中韩双方重点用电化学处理系统，对染料、焦化废水和垃圾渗滤液三种不用废水进行了实验，并总结出一套以电气化学和平膜技术为核心的处理技术。以上两个项目的实施，对于提高天津市环境保护科学研究院在高浓度有机废水与工业废水处理领域的技术水平具有重要意义。

2008 年，天津市环境保护科学研究院再次承担了中韩政府合作项目"有机性污泥处理及能量再利用系统"。该项目对天津市有机污染现状、天津污水处理场污泥处理技术动向等进行了调查和预测。

九、与意大利的合作

《中意海河水环境状况调查》项目是原天津市水利局负责项目，天津市环境监测中心作为合作方，参加并负责海河水环境状况的调查。该项目是"中意海河水环境状况调查"研究中国与意大利 DFS 公司的子项目，天津市环境监测中心和天津市海河管理处负责具体实施，意大利 DFS 公司为项目提供技术支持。该项目正式启动于 2007 年 8 月，实施期限为 6 个月，于 2008 年 2 月进行了项目验收。天津市环境监测中心主要负责海河市区段二道闸以下河段的水环境质量的现状调查、水质变化特征分析以及污水处理厂和海河沿线污染源的调查工作，并编写水环境调查报告，为海河水质改善措施的提出和可行性分析提供了有力的技术支持。项目实施期间，双方的项目负责人和技术人员以及意大利专家召开了两次研讨会。天津市环境监测中心按照工作计划和进度安排，提供了自 2000 年以来海河、津河、卫津河以及新开河 4 条河流 11 个断面的月监测数据，并对 1999 年以来各断面和河流的水质变化特征进行了统计分析，编写并提交了"近十年来海河市区段水生态环境质量变化趋势分析报告"中英文版本，内容包括海河水质评价、水体富营养化评价、底质评价以及生物监测评价等，并简述了海河下游入海段的水质状况。同时还提供了 2006 年天津市运行污水处理厂水质和水文监测数据，并对天津市污水处理厂的建设和运行情况进行了详细的介绍。

第七章 环境宣传教育与公众参与

环境宣传教育是环境保护宣传机构利用各种宣传媒介或活动形式传递环境教育内容的一种教育活动。其目的是为了普及环境科学知识，提高环境意识，激发受教育者维护环境的动机和行为，以号召全体公民都支持并加入到环境保护事业中来。20世纪70年代以来，我国政府把搞好环境宣传教育，增强全民族的环境意识作为一项战略任务，持续推进环境宣传教育，普及环保知识，收到了良好效果。

公众参与是公众依据有关法律、法规或规章的规定，有权通过一定的程序或途径参与一切与环境利益相关的活动，如参与环境决策、监督、救济，使这些活动符合广大公民的切身利益。其目的是促进公众在环境保护的整个过程中广泛地参与，获取公众对与环境相关的各种活动的充分认可，并保护公众利益不受危害或威胁，进而取得经济效益、社会效益和环境效益的协调统一。

天津市环境宣传教育与公众参与工作始终以"提高公众环境意识"为目标，按照"全国一流、前所未有"的工作标准和"周围有人、参与有序、目标明确"的工作原则，大力推进环境保护宣传教育社会化进程。通过面向社会、面向社区、面向学校、面向乡村，普及环保知识，倡导绿色理念，弘扬生态文明，广泛开展户外宣传、媒体宣传、"绿色"系列创建和各种群众喜闻乐见的环境保护宣传教育与公众参与活动；加强环境信访和建设项目审批公示工作；聘请环保社会监督员；引导环保

NGO 和热心环境公益事业企业积极参与环保公益活动，大力推进环境宣传教育对象的社会化、环境宣传教育与公众参与力量的社会化、宣传教育与公众参与在时间上的经常化和在空间上的普遍化，使天津环境宣传教育与公众参与的内容不断丰富，范围不断拓展。

　　天津市环境保护宣传教育中心承担着全市环境保护宣传教育工作的宏观指导和管理。天津市环境保护宣传教育中心多年来曾荣获"十五"全国环境宣传教育先进集体，天津市创建国家环境保护模范城市先进集体，天津市"五一"劳动奖状，2003 年度、2004 年度天津市蓝天工程先进集体，2001—2005 年天津市实施妇女儿童发展规划先进集体，天津市第一次全国污染源普查先进集体，2004 年度天津市环保系统宣传教育先进集体，2010 年度天津市精神文明建设创新项目奖等荣誉称号。

第一节　组织机构

一、天津市环境宣传教育机构概况

　　为了适应和促进天津环境保护工作的发展，1985 年，天津市在政府部门成立了独立的环境宣传教育机构——天津市环境保护宣传教育中心，加强对全市环境保护宣传教育工作的宏观指导和管理。天津市环境保护宣传教育中心是具有独立法人的全额拨款事业单位，隶属于天津市环境保护局，主要任务是为天津市环境保护管理工作提供技术支持和咨询服务，组织开展各种形式的环境宣传教育活动；负责对全市环保系统工作人员的专业培训和企事业单位、绿色学校（幼儿园）、绿色社区的环境教育和培训；普及环境保护知识，推进环境宣传教育社会化；围绕环境保护中心工作，拍摄录制各种相关影视资料、环保专题片。

　　各区县环境保护局也设置了相应的机构，配备了专门人员。全市共有专职环境宣传教育人员 100 余人。

二、天津市环境保护宣传教育中心内设机构及职能

天津市环境保护宣传教育中心下设办公室（人事监察室）、环境宣传科（项目开发部）、环境教育科（培训部）、影视新闻中心 4 个部门，其职能如下：

1. 办公室（人事监察室）

职能：协助天津市环境保护宣传教育中心领导安排处理日常政务工作；综合协调天津市环境保护宣传教育中心内部及天津市环境保护局机关的相关工作；负责天津市环境保护宣传教育中心的党务、人事、财务、后勤等工作。

（1）拟订天津市环境保护宣传教育中心工作规划和年度计划、总结和工作项目，并监督检查工作计划的执行情况。

（2）负责天津市环境保护宣传教育中心各种会议的会务组织及日常接待工作。

（3）负责天津市环境保护宣传教育中心党务工作、人事管理和行政监察工作。

（4）负责档案管理，保管天津市环境保护宣传教育中心印鉴，做好用印审查和登记。

（5）负责全市环保工作动态、资料以及报刊、信息的收集、整理，编辑宣教动态以及报送宣教信息。

（6）负责天津市环境保护宣传教育中心文、电处理。

（7）负责天津市环境保护宣传教育中心干部职务的评聘和专业技术人员的职称评定工作。

（8）负责天津市环境保护宣传教育中心的财务工作。

（9）负责天津市环境保护宣传教育中心固定资产的建账管理、物资

采购、发放、保管、检修和报废。

（10）负责天津市环境保护宣传教育中心公务车辆的管理，安排车辆的调度、使用。

（11）负责天津市环境保护宣传教育中心的安全、保卫工作。

（12）完成领导交办的其他工作。

2. 环境宣传科（项目开发部）

职能：负责环境宣传工作，配合环境保护重大纪念日、环境保护新政策出台，组织、策划各类环境宣传活动；负责环境保护宣传教育项目的研发。

（1）拟订环境宣传工作规划、年度计划、总结及工作项目。

（2）负责对外环境宣传的联络、合作与交流。

（3）负责有关环境宣传文件的撰写、呈报。

（4）负责环境宣传信息编写。

（5）负责公众参与的宣传组织工作。

（6）负责对环境保护重大纪念日和重大事件、活动的策划、组织和宣传。

（7）编写环境宣传的科普知识、重要环境事件宣传资料。

（8）负责环境宣传教育项目的研发。

（9）完成领导交办的其他工作。

3. 环境教育科（培训部）

职能：负责环境教育工作，对环境专业人员、大中型企业法人及绿色学校（幼儿园）、绿色社区负责人进行培训；开展“绿色”创建活动，推进环境教育社会化。

（1）拟订环境教育工作规划和年度计划、总结及工作项目。

（2）负责对环保专业人员、企事业单位负责人的环境保护培训。

（3）推动各级党校、行政院校开设环境课程。

（4）负责环境科普教育知识读物的编写。

（5）负责环境教育信息编写。

（6）组织开展"绿色"系列创建活动。

（7）负责有关环境教育文件的撰写、呈报。

（8）组织开展"环保进社区"活动。

（9）组织开展环保知识下乡活动。

（10）负责社会公众环境意识调查工作。

（11）完成领导交办的其他工作。

4．影视新闻中心

职能：负责环境新闻的宣传报道；环境影视资料的收集、编辑；环境专题片的拍摄、制作；环境保护相关影视资料、新闻图片的提供。

（1）拟订环境新闻影视工作规划和年度计划、总结及工作项目。

（2）负责环境新闻的宣传报道；统一宣传口径。

（3）负责环境新闻采访的安排、接待及相关活动新闻稿件的撰写。

（4）负责环境突发事件的现场拍摄。

（5）负责相关环境保护工作会议以及活动现场的拍摄录制。

（6）负责环境保护专题片的策划、拍摄及制作。

（7）负责环境保护影视资料的编辑、制作。

（8）负责环境新闻信息发布。

（9）完成领导交办的其他工作。

第二节　环境宣传

一、环境宣传概述

1. 环境宣传的任务和职能

环境宣传的基本任务是提高全民族的环境意识。一是通过宣传，使人们正确认识在社会发展中人与自然的关系，达到相互协调发展，保证人类发展的健康、安全和持续；正确认识自然固有的整体性和规律性，遵循自然规律，有效地规划自己的活动和控制行为，维护自然的自我调节能力；建立新的环境价值观，彻底转变传统观念中不利于环境的价值观念，同时，树立新的环境道德观念、自觉遵从环境道德原则，形成良好的环境道德规范。二是普及环境知识，让人们掌握环境保护科学的基本知识和一定的环境保护技能。三是帮助人们树立环境法制意识，掌握环境法律知识，正确理解和自觉执行环境保护的方针政策。

环境宣传的基本职能主要有两项：一是开展环境文化建设，传播环境科学知识。用各种文化形式来宣传环境保护和环境科学知识，使人们在各种文化活动和娱乐活动中，增长环境保护知识，最终提高全民族的环境意识，这是宣传工作最首要、最基本的职能。二是围绕环境保护中心工作，为监督管理服务。环境宣传教育部门用开展宣传活动、组织记者考察等手段，配合环境保护中心工作，为环境管理服务发挥了作用。

2. 我国环境宣传发展历程

我国环境保护事业起步于 1973 年，环境宣传基本上与之同步发展，大致经历了两个阶段。

第一阶段：从 1973 年第一次全国环境保护会议至 1983 年第二次全

国环境保护会议。这个时期是我国环境保护的启蒙和初创时期。此时的环境宣传对提高环境保护队伍素质等方面起到了很大的推动作用，但从主体上看，环境宣传范围还不广、深度还不够、影响还不大，环境宣传的本质特征是比较封闭的。

第二阶段：从 1983 年第二次全国环境保护会议至今。此时的环境宣传迅速发展，主要表现在以下方面：一是提出了环境意识的概念，突出了环境宣传的地位；二是环境保护部门建立了自己的宣传阵地，如出版社、报刊、杂志以及书籍等；三是环境保护逐渐成为社会宣传舆论阵地的报道热点；四是群众性的环境宣传活动方兴未艾；五是各级领导更加重视环境宣传；六是环境保护的宣传内容和传统的文化形式相结合。总之，环境宣传在内容和形式上都极大地丰富起来。

3. 天津市环境宣传工作概况

天津市环境宣传工作始终坚持围绕中心，服务大局，积极搭建环境宣传平台，为加强环境保护、建设生态文明营造了良好的社会氛围。多年来，特别是 2001 年以来，天津市充分利用"六·五"世界环境日等环境保护纪念日开展公益宣传，不仅使各级领导对环境保护倍加关注和重视，也使"六·五"世界环境日逐步成为百姓心目中的重要节日，成为了老百姓了解环保、参与环保的重要平台；借助"津沽环保行"品牌效应，连续 16 年为环境宣传造势，深入人心，赢得了广大市民的认可；发挥新闻媒体舆论先锋作用，围绕天津创建国家环境保护模范城市、污染减排、生态城市建设等重点工作，加强环境新闻宣传，正确把握舆论导向，统一宣传口径，确保了环境新闻的及时、准确、有效；开展了"环保知识下乡"、"市民环保金点子"、"九·一六"保护臭氧层加速淘汰消耗臭氧层物质、"拒绝一次性筷子——还原一棵树 珍爱绿色家园"环保大行动、酷中国——2010 年全民低碳行动 全民网络低碳意识调查及低碳知识大赛、"聆听大地的声音"生物多样性之旅、"嘉吉亲水之旅"

等一系列环境宣传活动，将环境保护宣传引向社会各层面，使公众在参与中提高环境意识，在活动中规范环保行为。在全市上下攻坚创模之际，天津市环境宣传工作坚持贴近群众、贴近生活，面向各类人群，针对不同区域，利用各级媒体，创新思路、创新形式，营造浓厚的创模氛围，为天津市顺利通过创建国家环境保护模范城市考核验收作出了贡献。此外，天津市在全国环境新闻宣传相关活动中也多次获奖。在 2002 年第五届"杜邦杯"全国环境好新闻奖评比活动中，获 2 个一等奖、3 个三等奖；在 2004 年第七届"杜邦杯"全国环境好新闻奖评比活动中，获 1 个二等奖、1 个三等奖；在 2006 年天津市十大新闻评选中，题为《天津获"国家环境保护模范城市"荣誉称号》的新闻报道榜上有名；在 2008 年"桑德环保杯"全国环保系统摄影作品大赛中，获 1 个二等奖、1 个三等奖、2 个优秀奖，并获优秀组织奖；在 2010 年全国环保系统法制宣传暨廉政建设书画摄影作品比赛中，获 1 个三等奖、3 个优秀奖，并获十佳优秀组织奖。

二、环境保护宣传活动

1. 世界环境日主题宣传活动

1972 年 6 月 5 日在瑞典首都斯德哥尔摩召开了《联合国人类环境会议》，会议通过了《人类环境宣言》，并将每年的 6 月 5 日定为"世界环境日"。联合国系统和各国政府每年都在这一天开展各项活动来宣传与强调保护和改善人类环境的重要性。

我国从 1985 年 6 月 5 日开始举办纪念"六·五"世界环境日活动。此后，每年的 6 月 5 日，全国各省、自治区、直辖市都根据联合国环境规划署确定的世界环境日主题和环境保护部确定的世界环境日中国主题，结合实际，确定本地区世界环境日主题，举办形式多样的"六·五"世界环境日纪念活动。

（1）2001 年天津市纪念"六·五"世界环境日主题宣传。

①世界主题：世间万物生命之网。

②活动情况。为纪念 21 世纪第一个"六·五"世界环境日，天津市环境保护局、和平区环境保护局，在和平区滨江购物中心广场联合开展了大型环保宣传活动，并举行了"津沽环保行"启动仪式。天津市人大、市政府及 18 个委办局相关领导参加了活动。活动以图板演示、发放宣传材料、现场咨询、环保知识有奖猜谜、文艺演出、赠送绿色购物用品等形式，介绍了天津市实施的环境保护"六大工程"，解答了市民所关心的各类环境问题。活动共发放环保宣传资料 1 万余份，有近万名群众参加，掀起了"六·五"期间环保宣传的高潮。同时，"六·五"期间，为美化津河，环保志愿者无偿提供两艘"碧水号"环保志愿者之船，打捞河面漂浮物，天津市环境保护局、南开区政府于 6 月 5 日在津河王顶堤立交桥码头举行了"碧水号"环保志愿者之船启航仪式。此外，天津市环境保护局、天津市总工会、天津市退休职工管理委员会还共同举办了"老劳模纪念'六·五'世界环境日座谈会"。全市各区县也组织了形式多样的宣传活动。

（2）2002 年天津市纪念"六·五"世界环境日主题宣传。

①世界主题：使地球充满生机。

②活动情况：

一是召开了市级离退休老同志环保座谈会，把他们多年宝贵的环保经验留下来，传承发扬下去。

二是举行了世界环境日现场宣传活动，围绕天津市创建国家环境保护模范城市和世界环境日主题开展了宣传活动，以图板演示、发放宣传材料、现场咨询等形式宣传环保工作，解答市民关心的环境问题。

三是开展了"津沽环保行"活动，对全市生态环境建设、湿地保护等方面进行了宣传。

四是与天津电视台"鱼龙百戏"栏目组联合录制了环保特别节目。

五是举行了"第二批绿色学校表彰会暨天津市环境教育基地命名仪式"和大学生环保志愿者授旗仪式暨打捞津河漂浮物活动。

各区县环境保护局也开展了环保知识下乡、领导干部环保知识讲座、环保知识竞赛、街道社区"六·五"大行动等活动。

据统计,"六·五"期间,全市共发放各类环保宣传材料达 20 万份,制作环保宣传展牌 1 000 多块,数万群众受到环境教育。

(3)2003 年天津市纪念"六·五"世界环境日主题宣传。

①世界主题:水——二十亿人生命之所系。

②天津主题:关爱生命 保护环境。

③活动情况:

一是发表市长致辞。2003 年 6 月 5 日天津市市长戴相龙在天津市主要新闻媒体发表"六·五"世界环境日致辞,号召广大市民积极行动,关爱生命,保护环境。

二是举行"环境友好企业"授牌仪式。为全面贯彻《中华人民共和国清洁生产促进法》,发展循环经济,2003 年天津市在企业中开展了创建"循环经济型环境友好企业"活动,授予了在开展清洁生产、废物资源化和发展循环经济方面成效显著的 10 家企业为"环境友好企业",并于"六·五"世界环境日期间举行了授牌仪式。

三是开展"百家社区齐行动"活动。组织各区县选择独立或封闭的小区,开展环保科普宣传。通过社区空中环保课堂、环境保护电视周、环保工作专版和区报投递网络将环保知识送进千家万户;通过启动社区环保文化广场工程、发放环保布袋、网上环保知识竞赛等形式,引导广大市民积极参与环境保护;面向绿色学校,组织中小学生进行环保知识讲座,召开环保主题班会,征集环保论文,开展废旧物品制作展等活动,进一步增强学生的环境意识和社会责任感。同时,天津市环境保护局印制了 200 条宣传布标,3 000 册环保科普手册和 6 000 张环保宣传画,发放到各区县,利用宣传窗、科技长廊、黑板报和墙报等阵地,在社区居民中普及环保科普知识，宣传绿色生活方式。

四是开展环保志愿者活动。组织夕阳红老年骑行队带着印有纪念"六·五"世界环境日标志的刀旗、绶带，在外环线、中环线进行为期1周的骑行宣传；组织老年时报宣传队在各区中心广场向行人散发环境保护宣传单和环保科普手册。

④新闻宣传。由于正值"非典"期间，全市以媒体为重点，开展了新闻宣传。

一是报刊宣传。"六·五"期间，中央驻津媒体和天津市各大新闻媒体都对天津创模阶段性成果、"六·五"环境日主题及宣传活动等进行了系列报道，共刊播稿件70余篇。同时，为加大对新颁布环保法律法规的宣传，连续10周在《今晚报》开辟"环评法专家论坛"专栏；在《天津日报》整版刊发《天津市噪声污染防治管理办法》，做好相关报道和宣传。中高考期间，在《天津日报》《今晚报》《天津青年报》分别以"津沽环保行"、"为考生创造良好环境"为主题开展挂栏宣传。

二是电视宣传。"六·五"期间，在天津电视台制作了多期"六·五"专题节目，介绍天津市环保工作、城市环境质量状况，及时解答市民关心的医疗垃圾、废水的处理处置情况，宣传环保系统奋战一线、抗击"非典"，保证天津环境安全的事迹。同时，天津市环境保护局与天津电视台共同制作了"发展循环经济，走可持续发展之路"专题节目，以推进天津市循环经济的深入开展。

三是电台宣传。"六·五"世界环境日当天，与天津人民广播电台共同制作了纪念"六·五"世界环境日特别节目，天津市环境保护局领导走进直播间，全面介绍了天津环保系统抗击"非典"期间的工作情况，宣传了全系统涌现出的模范人物和先进事迹。

四是网站宣传。"六·五"期间，新华网等有关网站共刊载稿件10余篇。

（4）2004 年天津市纪念"六·五"世界环境日主题宣传。

①世界主题：海洋存亡，匹夫有责。

②天津主题：绿色家园·绿色天津。

③活动情况。6 月 5 日，天津市以"绿色家园·绿色天津"为主题，在银河公园设立主会场，开展大型环保主题日宣传活动暨"津沽环保行"启动仪式。活动热烈隆重，场面宏大。天津市委、市人大、市政府、市政协有关领导出席了活动，18 个委办局领导、环保 NGO、在校学生及媒体记者共 1 500 余人参加了活动。活动中，环保专家、企业代表和大专院校的环保志愿者代表分别作了主题发言；举行了"市级绿色学校"命名仪式、摩托罗拉环境宣传车"绿色巴士"启动仪式，举行了少年儿童百米长卷绘画比赛。现场还设立 130 余块环保宣传展牌，展出近百件利用废旧物品制作的各种环保工艺品，发放各种环保宣传品 10 万余份。此外，通过《今晚报》红报箱投递网络，向广大市民投送《绿色家园·绿色天津》环保宣传手册 10 万份。各区县也以环境保护论坛、环保专题摄影展、环保知识有奖竞猜、环保时装秀、环城长跑等形式开展了宣传。

④新闻宣传。"六·五"期间，全市媒体共刊播反映天津环保工作、创模成效等方面的新闻、消息和专题报道 90 余篇。《天津日报》《今晚报》《中国环境报》等媒体刊发了天津市市长戴相龙题为《携手保护环境 建设美好家园》的"六·五"世界环境日致辞，并以专版形式宣传了天津创模工作及成效；天津电视台、天津人民广播电台也对天津市循环经济工作发展情况等内容进行了专题报道。

（5）2005 年天津市纪念"六·五"世界环境日主题宣传。

①世界主题：营造绿色城市，呵护地球家园。

②中国主题：人人参与，创建绿色家园。

③天津主题：绿色家园·和谐天津。

④活动情况。6 月 5 日，"绿色家园·和谐天津"大型环保主题宣传

活动暨"津沽环保行"启动仪式在主会场——天津市银河公园举行。天津市人大、市政府、市政协及河西区委、区政府、22个委办局等社会各界共 2 000 余人出席、参加了活动。活动中，举行了 2005 年"津沽环保行"启动仪式，市领导向津沽环保行记者团代表授旗；24 个市级绿色社区、109 个市级绿色家庭和 20 个市级绿色幼儿园受到表彰；在天津市与墨尔本市建立友好城市 25 周年之际，中澳环境合作机构澳方负责人代表澳大利亚墨尔本市市政厅向天津市赠送了象征两市环境领域友好合作交流的锦旗——绿色中国龙。活动现场，"靓丽津城现场绘画"、"创模万人环保签名"、环保咨询、环保文艺演出等群众性创模宣传活动，吸引了众多市民参与。同时，天津市把在社区开展环境宣传作为"六•五"世界环境日活动的重要内容，在全市范围内开展了"区长进社区"和"创模宣传进万家"活动，把 40 万份创模宣传折页、宣传册和 15 万把创模宣传折扇送进了社区居民家中。天津市环境保护局与天津市精神文明建设委员会办公室、天津市市容环境管理委员会联合开展的创建国家环保模范市环境大清整活动也在全市铺开，数十万市民走上街头、走进社区参加环境大清整。

全市各区县也结合本辖区特色开展了形式多样的世界环境日纪念活动。西青区举办了"百米长卷绘环保"、小学生创模手抄报展览和"弘扬绿色文明，携手绿色行动"签字仪式及环保科学咨询活动；汉沽、塘沽等区县举行了"我爱我家——环保知识环保警示教育图片展"等活动；红桥、宁河等区县在中小学开展了创模书法、绘画、诗歌朗诵比赛、环保优秀活动方案设计评选等活动；大港区组织企业负责人和技术人员参观大港油田炼油厂中水回用项目，交流和推广环保经验。

据统计，全市共有 30 余万人参加了"六•五"世界环境日宣传活动。

⑤新闻宣传。"六•五"世界环境日纪念活动引起了中央和天津市多家媒体的关注。中央电视台新闻联播节目播出了天津"六•五"宣传

活动情况；天津电视台天津新闻节日以"人人参与 创建绿色家园"为题大篇幅报道了环境日当天的盛况和全市人民的积极行动；《今晚报》和《天津日报》刊发了天津市市长戴相龙题为《巩固创模成果 共建和谐天津》的"六·五"世界环境日致辞，并结合创模宣传周在头版开辟了专栏；天津人民广播电台、《每日新报》《城市快报》、天津北方网也进行了报道。

（6）2006年天津市纪念"六·五"世界环境日主题宣传。

①世界主题：沙漠和荒漠化。

②中国主题：生态安全与环境友好型社会。

③天津主题：巩固创模成果，建设资源节约型、环境友好型社会。

④活动情况。6月3日，天津市委、市人大、市政府、市政协以及23个委办局领导出席了在银河公园举行的大型环保主题日宣传活动暨"津沽环保行"启动仪式。市人大领导为2006年"津沽环保行"记者团授旗，宣布"津沽环保行"启动。与会各级领导参加了"捐闲置物品，过绿色生活，建设环境友好型社会"主题日宣传现场活动和第四批市级绿色学校、第三批市级绿色幼儿园命名仪式，慰问了现场参加中小学生废旧物品制作展示、环保咨询、环保文艺演出等环保宣传活动的工作人员及中小学师生、环保志愿者团体。

各区县结合世界环境日主题，在本辖区设置了分会场以环保签名、环保咨询、大中小学环保美术作品展、环保话剧、歌舞等喜闻乐见、生动活泼的形式开展宣传活动。和平区"捐旧还绿"再生纸交换活动，南开区建生态城区启动仪式，红桥区"环保与健康"文体展示，西青区纪念"六·五"世界环境日环保文艺演出，津南区小学生环保主题演讲比赛，东丽区"落实科学发展观，建设资源节约型、环境友好型社会"环保知识竞赛，静海县"生态安全与环境友好型社会"环保科普咨询，宁河县"环保杯"绘画大赛颁奖，天津经济技术开发区废旧电池回收、环保志愿者倡议等活动，都受到了群众好评。

全市绿色社区、绿色学校、各环保社团、企事业单位也纷纷以座谈会、环保小发明、小制作、小窍门展示等不同形式纪念"六·五"世界环境日。天津旅游管理干部学院、天津音乐学院等大学生环保志愿者联合举办了环保作品设计大赛；中国移动通信、摩托罗拉和诺基亚公司在"六·五"期间继续实施"绿箱子"环保计划，鼓励公众热心参与废旧手机、配件等电子废物回收利用活动。

⑤新闻宣传。"六·五"世界环境日期间，各级新闻媒体刊播各类环保新闻稿件近 200 篇。《新华每日电讯》《经济日报》、国家环境保护总局官方网站、《天津日报》《今晚报》、天津人民广播电台、天津电视台等媒体的重要版面、时段及时刊播了天津市市长戴相龙以《实现"三个转变"，建设生态城市》为题发表的"六·五"世界环境日致辞，以及反映天津环境保护工作成效和城市环境变化的新闻稿件、评论员文章。在做好国家环境保护总局在津召开"三会"（全国"十一五"燃煤电厂脱硫工程启动仪式、天津市国家环境保护模范城市授牌仪式、全国大气污染防治工作会议）的宣传报道工作的同时，积极配合《环境保护》杂志宣传天津创模。

（7）2007 年天津市纪念"六·五"世界环境日主题宣传。

①世界主题：冰川消融，后果堪忧。

②中国主题：污染减排与环境友好型社会。

③活动情况。6 月 5 日，在天津市银河公园举办了纪念"六·五"世界环境日大型环保公益宣传活动暨"津沽环保行"启动仪式。天津市委、市人大、市政府、市政协及 23 个委办局领导，环保社会监督员、企业代表、老年骑行队队员、环保系统人员和媒体记者共计 2 000 多人参加现场活动。天津市环境保护局领导发表致辞；摩托罗拉（中国）电子有限公司代表企业进行了发言；命名表彰了第二批市级绿色社区及绿色家庭；市人大领导宣布津沽环保行活动启动；企业向绿色社区赠送了环保书籍。现场还举办了环保咨询、少年儿童书法、绘画、环保文艺演出等

活动。

各区县也开展了丰富多彩的纪念活动,南开区举办了"迎绿色奥运建生态城区"公众环保签名活动,河东区举行了"生命杯"环保时装表演比赛活动,和平区举办了"节能降耗、污染减排、法规政策"报告会,红桥区全区党政机关、街道社区的职工以及大学生环保社团的志愿者400余人签名承诺关爱绿色家园保护生态环境,津南区向社区赠发了《社区居民环保知识手册》3 000 册。

④新闻宣传。"六·五"世界环境日期间,中央驻津媒体、《天津日报》、天津电视台、天津人民广播电台等媒体刊播了天津市市长戴相龙以《强化节能减排推进科学和谐率先发展》为题发表的"六·五"世界环境日致辞,并对天津环境保护工作取得的成效、落实污染减排目标的决心和行动、生态城市建设等进行了集中宣传,对天津市纪念"六·五"世界环境日系列活动进行了及时报道。

(8)2008 年天津市纪念"六·五"世界环境日主题宣传。

①世界主题:转变传统观念,推行低碳经济。

②中国主题:绿色奥运与环境友好型社会。

③天津主题:生态文明与绿色奥运。

④活动情况。"六·五"期间,天津市主要新闻媒体发表了天津市市长黄兴国题为《建设生态文明创建绿色奥运》的"六·五"世界环境日致辞;全市开展了以"生态文明与绿色奥运"为主题的环保系列宣传活动。活动受到了各级领导、社会各界人士和广大群众的一致好评,对扩大环保宣传声势,进一步巩固创模成果,提升公众环境意识和参与意识,建设资源节约型和环境友好型社会起到了重要的推动作用。

(9)2009 年天津市纪念"六·五"世界环境日主题宣传。

①世界主题:你的星球需要你,联合起来应对气候变化。

②中国主题:减少污染,行动起来。

③活动情况。6 月 5 日,天津市纪念"六·五"世界环境日大型宣

传活动暨"津沽环保行"启动仪式在银河公园隆重举行，市人大、市政府、市政协及"津沽环保行"活动组委会成员单位、河西区四大班子等28个委办局单位、部门出席纪念活动，市人大代表、环保社会监督员、媒体记者、企业代表、大学生志愿者、老年骑行队队员和环保系统人员共计 1 100 余人参加了纪念活动，天津市环境保护局机关各处室、各直属单位、市内六区环境保护局和部分环保 NGO 参加了现场咨询服务。

各区县也结合辖区特点开展了以节能减排、巩固创模成果、建设生态城市为内容的纪念活动。南开区的广场纪念活动、汉沽区的"节能减排和谐生态"一条街宣传活动、河东区的环保文艺演出、河北区的街头表演、红桥区的生态区建设推动会暨纪念活动、塘沽区的马路宣传、静海县的"保护环境是责任，爱护环境是美德"科技宣传活动、天津滨海高新技术产业开发区的企业环保金点子颁奖活动以及大学生环保志愿者、环保 NGO 组织开展的"真心实意做环保，洁净海河似己家"百名市民海河环保洁净活动等，既贴近群众生活，又利于提高群众环境意识。

④新闻宣传。中央和天津市共 26 家新闻单位对"六·五"活动进行了宣传报道，共刊播反映天津环境保护工作的新闻、消息和专题报道40 余篇。天津市市长黄兴国在 6 月 5 日发表了题为《推进节能减排建设生态城市》的"六·五"世界环境日致辞。

（10）2010 年天津纪念"六·五"世界环境日主题宣传。

①世界主题：多样的物种·唯一的星球·共同的未来。

②中国主题：低碳减排·绿色生活。

③活动情况。6 月 5—6 日，2010 年纪念"六·五"世界环境日大型宣传活动在天津市水上公园水晶广场隆重举行，中华环境保护基金会理事长曲格平、环境保护部副部长周建，天津市人大、市政府、市政协及"津沽环保行"活动组委会各成员单位、南开区四大班子的领导出席纪念活动，新闻媒体记者、环保社会监督员、安利（中国）日用品有限

公司、环保系统及环保 NGO 代表共计 1 000 余人参加了纪念活动。活动中，天津市环境保护局领导发表了致辞，绿色社区居民代表宣读了低碳生活倡议，表彰了先进绿色社区、绿色学校及绿色幼儿园，市人大领导宣布津沽环保行活动启动，并向津沽环保行记者团授旗。同时，还举行了安利（中国）日用品有限公司现场向中华环保基金会捐赠 1 500 万元环保公益基金的仪式以及安利环保嘉年华启动仪式。在为期 2 天的安利环保嘉年华活动中，近 10 万市民接受了环境教育。

各区县也结合辖区特点开展了"六•五"世界环境日系列宣传活动。东丽区举办了"帝达杯"环保读书系列活动表彰，和平区举办了"走入低碳生活"环保宣传活动；河西区举办了以"生态创意点亮生活，环境保护惠及未来"为主题的纪念活动；河东区举办了环保行动成果巡回展；河北区开展了环境保护法规宣传咨询、"低碳减排　绿色生活"千人签名活动；红桥区开展了"低碳校园　快乐你我"中小学环保宣传、"创建生态城区　共建绿色家园"社区环保宣传；塘沽区开展了"环保科技下乡"、纪念"六•五"世界环境日老年骑行纪念活动；汉沽区举办了"低碳减排　绿色生活"一条街环保宣传；大港区开展了"低碳减排，绿色生活"主题宣传活动；静海县举办了环保文艺晚会等活动。

④新闻宣传。"六•五"世界环境日期间，《天津日报》《中国环境报》《今晚报》等在主要版面大篇幅报道"六•五"纪念活动情况，刊发了天津市市长黄兴国题为《倡导低碳减排享受绿色生活》的"六•五"世界环境日致辞。天津电视台、天津人民广播电台、北方网等媒体也在第一时间进行了播报。据统计，共刊播反映天津市环境保护工作方面的新闻、消息和专题报道达 100 余篇。此外，国内各门户网站、外地媒体进行了广泛的转播、转载和转发，以"天津纪念 2010 年'六•五'世界环境日"为关键词在谷歌网上搜索到 163 000 条，是历年总数的近 3 倍，以"天津环保嘉年华"为关键词在谷歌网上搜索到 235 000 条。

（11）2011 年天津市纪念"六·五"世界环境日主题宣传。

①世界主题：森林：大自然为您效劳。

②中国主题：共建生态文明，共享绿色未来。

③活动情况。6 月 5 日，天津市纪念第 40 个"六·五"世界环境日大型宣传活动、第 16 个津沽环保行启动仪式暨环境保护部 2011 年"六·五"世界环境日宣传周、安利环保嘉年华天津站活动启动仪式，在天津市水上公园水晶广场举行。环境保护部和市人大、市政府、市政协有关领导以及"津沽环保行"活动组委会成员单位，南开区四大班子等 20 余个委办局和社会各界代表近 2 000 人参加了现场活动。活动中，命名表彰了天津市绿色社区和环保公益活动先进单位；市人大领导向 2011 年"津沽环保行"记者采访团授旗，宣布"津沽环保行"宣传采访活动启动；市民代表宣读了《共建生态文明，共享绿色未来》倡议书，市领导共同启动了 2011 年环保嘉年华活动。为使环保嘉年华活动覆盖天津更多的人群和更广的范围，在水上公园活动结束后，转至滨海新区，使嘉年华的活动器材得到高效利用，受众面和宣传面达到最大化。

各区县也开展了各具特色的活动。和平区开展了环保科学技能大比拼竞赛和环保知识讲座、咨询活动；河西区举办了大学生环保宣讲活动并为生态文明"实践基地"揭牌；河东区设置了低碳生活宣传栏，开办了社区环保课堂；河北区进行了环境监测仪器展示、现场时装秀、废旧物品制作展览、环保绘画等活动；红桥区表彰了绿色学校、绿色社区，同时开展了"六进社区"咨询服务活动；西青区开展了低碳、节能环保知识讲座和"低碳环保、旧物交换"活动；武清区设置宣传点，向公众讲解环保知识，发放环保宣传册，赠送环保购物袋；宝坻区开展了环境保护法律知识竞赛、"共建生态文明，共享绿色未来"主题演讲会活动；蓟县在辖区企业、市场等设置宣传展牌，张贴环保标语，开展了环保咨询服务活动。

④新闻宣传。"六·五"世界环境日期间，中央电视台、中央人民

广播电台、人民网、新华网、《中国环境报》等媒体报道了纪念活动的盛况，《天津日报》《今晚报》、天津电视台、天津人民广播电台、北方网等地方媒体也在第一时间对"六·五"纪念活动进行了播报。据统计，媒体共刊播转发反映天津市环境保护工作方面的新闻、消息和专题报道已达100余篇（次）。

2．"津沽环保行"

1993年，为提高全国人民和各级领导干部的环境保护意识、法律意识，推动我国环保事业的发展，全国人大环境与资源保护委员会、中共中央宣传部、国家环境保护局、水利部、农业部等13部委共同成立了"中华环保世纪行"组委会。每年由全国人大环境与资源保护委员会牵头，围绕一个主题到基层开展新闻采访活动。在全国人大倡导下，各省区市也相继开展了各具特色的"环保世纪行"活动。

"津沽环保行"作为"中华环保世纪行"的组成部分，从1996年至今已10余年。10多年来，每年确定一个宣传主题，并围绕主题和宣传内容举办有声势、有影响的"津沽环保行"活动启动仪式，召开记者采访团成员培训会，组织记者到基层采风，在新闻媒体开设专栏集中报道，逐步成为天津市委支持、人大重视、政府参与、新闻单位积极参加的社会化环保宣传活动。在组织规模上，组委会成员单位已由3家发展到19家，新闻单位由5个发展到20个；在宣传范围和内容上，由单纯宣传环境污染防治扩展到整个可持续发展领域；在宣传深度上，由普及环保知识、提高公众意识深化到进行舆论监督、提供决策依据。

（1）2001年"津沽环保行"。

①活动主题：环境保护——我们共同的责任。

②记者采风。为全面配合天津市人大常委会环保执法检查活动，2001年"津沽环保行"宣传活动分集中采访和集中报道两个阶段。集中采访阶段从5月中旬至6月初，记者团成员参加了环保执法检查中政府

自查阶段的重点抽查和现场采访。集中报道阶段是从 6 月 5—14 日，各新闻单位将集中采访阶段积累的素材整理成稿进行集中报道；6 月 12—13 日在天津市人大常委会"一法一条例"环保执法检查期间对检查情况进行专题报道。记者采访团先后对天津大学锅炉并网、天津大学第三学生食堂、南开区第一幼儿园、天津药物研究院创建无燃煤区、河东区劝业超市、丹海股份有限公司进行白色污染治理、中豪世纪花园住宅工地、轻工业学院学生宿舍工地建筑扬尘污染治理、东洋油墨宝洁公司污水治理、同生化工厂及周边地区乡镇企业污染治理情况、公交车加气站建设、蓟县于桥水库周边村落生活垃圾、废水污染及控制、八仙山国家级自然保护区、蓟县中上元古界国家级自然保护区贯彻落实《中华人民共和国自然保护条例》等情况，热电一厂粉煤灰综合利用情况，贯庄垃圾处理场建设情况进行了深入采访。"津沽环保行"活动期间，新闻媒体共刊播稿件 122 篇。

（2）2002 年"津沽环保行"。

①活动主题：珍惜资源，保护环境，促进可持续发展。

②记者采风。活动中，记者采访团先后对天津市南开区创建环境保护模范社区、环保课堂、群众自发硬化绿化裸地；河北区创建环境保护模范城区、国家大气监测 1.5 千米半径内环境质量状况；大港区湿地保护和生态保护区建设；津南区科技园、生态园、生态村建设；天津经济技术开发区污水处理厂中水回用和盐碱地绿化、诺和诺德公司生物肥无偿支持农业生产；蓟县防风固沙林带、生态居民区、绿化学校、生态细胞工程、八仙山国家级自然保护区、蓟县中上元古界国家级自然保护区贯彻落实《中华人民共和国自然保护条例》及青山岭绿色植被；引滦入津丰宁滦河源头、围场小滦河源头、承德市、潘家口水库、于桥水库的保水治污、水土保持、防沙治沙等工作情况进行了采访。"津沽环保行"活动期间，新闻媒体共刊播稿件 101 篇。

（3）2003 年"津沽环保行"。

①活动主题：倡导清洁生产，发展循环经济。

②记者采风。在"津沽环保行"活动期间，记者团成员充分发挥了舆论监督作用，大力宣传了天津石油化工公司化工厂、中国石油天然气股份有限公司大港石化分公司、天津东洋油墨有限公司、天津振兴水泥有限公司等单位实施清洁生产、改进工艺、资源能源的循环再利用等情况；宣传了被授予天津十佳"环境友好企业"的单位发展循环经济、减少废物排放、废物综合利用的情况。"津沽环保行"活动期间，全市共 11 家新闻单位共刊播稿件 76 篇。

（4）2004 年"津沽环保行"。

①活动主题：珍惜每一寸土地。

②记者采风。2004 年津沽环保行宣传活动分为两个组：第一组从 6 月 23—28 日，对七里海湿地保护进展情况、武清区土地实行"招、拍、挂"出让做法、蓟县国家地质公园、塘沽区碱渣山生态公园建设情况进行采访；第二组从 6 月 27 日—7 月 11 日，对天津市环湖医院、天津地矿宾馆、天津友谊商厦锅炉改燃情况；红旗南路快速路施工工地、3527 厂集中供热储煤场、天津市第一中学操场控制扬尘情况；纪庄子污水处理厂扩建、津南区污水处理厂建设情况；津河、卫津河、复兴河等景观河道水质管理情况；于桥水库、引滦河道饮用水水源保护工程情况进行集中采访。"津沽环保行"活动期间，全市 16 家新闻单位共刊播稿件 116 篇。

（5）2005 年"津沽环保行"。

①活动主题：绿色家园·和谐天津。

②记者采风。6 月 5—11 日，天津市开展了创模宣传周活动，记者团先后赴红桥区、北辰区、开发区、西青区、河东区、蓟县，对地源热泵技术示范工程、资源再生利用企业、循环经济典型企业、环境优美乡镇、绿色学校、绿色小区进行了采访报道。各新闻媒体在重要版面、主

要时段开设了"津沽环保行"专栏，集中刊播了反映天津市创模成果的报道、文章。"津沽环保行"活动期间，全市 19 家新闻媒体共刊播稿件 86 篇。

（6）2006 年"津沽环保行"。

①活动主题：巩固创模成果，推动资源节约和环境友好型社会建设。

②记者采风。6 月 5—15 日，记者团先后对杨柳青发电厂、第一热电厂烟气脱硫、金鹏源辐照技术利用、天津市放射性废物暂存库辐射安全管理、三星电机有限公司中水回用、爱尔建材（天津）有限公司粉煤灰综合利用、膜天膜公司水处理技术、摩托罗拉绿色企业文化、开发区生态水源地（森林公园自来水厂）、碱渣山紫云居住区二期开发建设工程、海域海岸科学管理、沿海防护林工程、钢管公司节水工程、泰达垃圾焚烧发电厂垃圾综合利用、京津防沙治沙工程、津西北防沙治沙工程、养殖场粪便制沼气等先进单位的典型经验进行了采访报道。"津沽环保行"活动期间，新闻媒体共刊播反映天津市巩固创模成果，建设资源节约型和环境友好型社会的报道、文章 222 篇。

（7）2007 年"津沽环保行"。

①活动主题：推动节能减排，促进人与自然和谐。

②记者采风。6 月 18—29 日，记者采访团先后采访了天津纺织工业园、天津钢铁公司及天津石化公司节能降耗情况，天津港务局煤码头和铁矿粉现场污染治理情况，东丽污水处理厂污水处理和中水回用情况，天津经济技术开发区热源公司，天津机车车辆厂，蓟县大唐盘山电厂节能降耗、削减污染物的典型经验，西青区张窝镇环境优美乡镇建设情况，蓟县、宝坻区农村户厕改造情况，市区铁路沿线综合治理成果，和平区、河东区旧楼改造情况。此外，2007 年的"津沽环保行"活动还组织部分市民代表参观了双港垃圾焚烧发电厂和堆山公园。"津沽环保行"活动期间，全市 30 家新闻媒体 40 余名记者参加了采访报道活动。

（8）2008 年"津沽环保行"。

①活动主题：生态文明与绿色奥运。

②记者采风。6 月 5—15 日，记者团先后对天津市西青区辛口镇环境优美乡镇及生态建设情况、荣程钢铁公司节能减排情况、南京路和和平区小白楼地区、南开区体育场馆周边市容环境综合整治、迎绿色奥运情况、施工工地扬尘控制情况、滨河、丽苑公交站发展绿色公交情况、入市口津滨大道和市区道路绿化情况、军粮城发电厂烟气脱硫等先进单位的典型经验进行采访报道。"津沽环保行"活动期间，新闻媒体共刊播稿件 200 余篇。

（9）2009 年"津沽环保行"。

①活动主题：让人民享受良好生活环境。

②记者采风。6 月 5—19 日，记者团深入 20 多个企业和现场，采访了天津市生态环境规划，北塘排水河、先锋河、大沽排污河河道治理，城际铁路两侧环境综合整治，小海地锅炉房节水、北辰区津鸿热力公司供热计量，天津经济技术开发区泰达热电公司节煤固硫，红桥区桃花园南里大板楼建筑节能改造、政府办公建筑和大型公建能耗数据采集系统、华厦津典建筑节能及再生资源利用，睦南公园、南翠屏公园、河东公园提升改造，子牙循环经济产业园区废旧资源回收利用，咸阳路污水处理厂升级改造、国华能源二氧化硫减排，开发区环境预警监测中心启用、企业环境行为评级等内容，大力宣传了以规划为龙头开展新一轮市容环境综合整治，建设大气洋气、清新靓丽新天津活动中的先进典型；宣传了生态城市建设、节能减排和水环境治理的先进典型；宣传了环境与资源保护法律法规，督促政府有关部门及企业认真履行社会责任，集中展示了天津在环境变化上的新亮点。"津沽环保行"活动期间，全市 20 家新闻媒体，共刊播稿件 160 篇。

（10）2010 年"津沽环保行"。

①活动主题：让人民呼吸清洁空气。

②记者采风。6月5—13日，记者团深入10余个企业和现场，集中采访了天津市奥林匹克体育水上中心施工扬尘防治、南开区华智里燃煤小锅炉并网、河西区环卫局机扫公司道路机扫洒水降尘、天直创业机动车检测服务有限公司尾气检测、天津津能大神堂风电场风能发电、天津市环境监测中心国控空气自动监测站空气质量监测、海河新天地和东丽湖温泉度假旅游区地热梯级利用以及荣程联合钢铁集团有限公司、天津钢管集团、振兴水泥有限公司清洁生产控制大气污染等情况。围绕城市节水和餐饮垃圾处理采访了天津市节水科技馆、友谊公园节水灌溉工程和小站餐饮垃圾处理场。"津沽环保行"活动期间，全市10余家新闻媒体，共刊播稿件100余篇。

（11）2011年"津沽环保行"。

①活动主题：水是生态之基。

②记者采风。6月7—16日，各新闻单位通过新闻媒体专项采访、专题报道与跟踪采访、连续报道、深度报道相结合方式进行的集中报道，使广大群众进一步了解了天津市实施清水工程的主要内容，以及我们所喝的水从哪里来、怎么来的，污水是怎么处理的，水环境如何保护，海水是如何淡化的，怎么才能有效地防汛排涝等一系列民生问题，有效促进了市民节水、护水意识的提高。"津沽环保行"活动期间，全市10多家新闻媒体近30名记者参加采访团。

3. 创建国家环境保护模范城市宣传活动

（1）户外宣传。

①2002年，在市内六区和有条件的部分郊区县，设立了200个宣传点和宣传栏，发放各种宣传单、宣传手段、折页和宣传画，近22万份；与天津市交通局、天津市公交集团联合在2条公共汽车专线的大型公交车上喷印了创模宣传公益口号，并印制了3 000张出租车公益口号，开辟了流动宣传阵地。

②2003 年，仅天津市内六区就增设了环保宣传橱窗和宣传栏 589 个，全市共发放各种环保宣传单、宣传手册、宣传折页及宣传画近 300 万份，在 30 余条公交线路的公交车和出租车上张贴创模公益宣传贴 1 万余张，在 20 辆大型公交车上喷印了创模宣传公益广告。各区县也积极开辟创模专栏，制作专题网页，并以在火车站设立创模宣传电视大屏幕、在交通干路制立大型创模宣传广告牌等形式，强化了创模宣传力度，丰富了创模宣传内容。

③2004 年，在巩固创模户外宣传成果的基础上，通过《今晚报》红报箱投递网络向市民发放 10 万余份《绿色家园·绿色天津》环保宣传手册，把创模和环保知识送进了千家万户。

④2005 年，在高速公路、滨海新区、市区 82 条主干道路所涉及的迎宾线、人流量大的重点区域的主要高层建筑物上设置了大型创模宣传公益广告 1 200 多块。面向社区、街道、学校、企业，张贴、悬挂了创模宣传画、宣传布标、宣传刀旗，在 15 个大型电子显示屏上滚动播出创模宣传口号；面向车站、宾馆、饭店等人流较大的场所，放置创模宣传卡、提示牌，利用电梯厅和大堂内液晶电视发布创模公益广告；针对手机覆盖面广、传输途径快、容易接受等特点，面向百万手机用户，通过中国联通、中国移动向全网 200 万用户各发送创模公益短信 6 条；面向社区百姓，发放创模宣传折页、宣传册 40 万份，宣传布标、刀旗 2 100 条，创模宣传画 10 万套，出租车张贴画 10 000 张，通过红报箱把 15 万把创模宣传折扇送进了千家万户。

（2）主题活动。

①2002 年。天津市环境保护局与天津市精神文明建设委员会办公室共同开展了"环保进社区"的宣传教育活动和以"争当环境保护模范市民"为主题的"提起菜篮子，环保走进家"、"随手作环保，天津更美好"系列活动。为广泛发动市民为环保献计献策，参与环境决策和环境保护工作，天津市环境保护局与绿色之友共同举办了"天津市民环保金点子

行动"，共收到来稿 1 300 余份。

②2003 年。天津市环境保护局与共青团天津市委员会共同开展了保护母亲河活动；与天津市妇女联合会、天津市教育委员会在绿色学校联合开展了"争当环保小卫士"环保实践活动；与天津市教育教学研究室策划组织了"共建绿色家园"活动；与天津市关心下一代工作委员会联合开展了"青少年绿色承诺行动"，并获得天津市青少年绿色承诺行动贡献奖；配合天津市消费者协会开展了"三·一五营造放心消费环境，倡导绿色文明生活"公益宣传活动等。

③2004 年。天津市环境保护局与天津市教育委员会联合在全市中小学校开展了"绿色家园——变化中的津城"创模征文活动；与天津市精神文明建设委员会办公室、天津市妇女联合会、共青团天津市委员会继续开展"环保进社区"、"保护母亲河"等宣传活动。

④2005 年。5 月，天津市环境保护局与《今晚报》联合开展了创建国家环境保护模范城市环保知识竞赛活动，竞赛内容分 10 期共 100题介绍天津市创建国家环境保护模范城市成果及环境保护相关知识。活动共收到创模答题 10 406 份。

8 月，天津市环境保护局联合天津红星美凯龙国际家居广场和武警天津市总队政治部文工团，先后在河西、红桥等市内六区开展了"参与创模 关注环保"为主题的创模文艺巡回演出和环保咨询等群众性创模宣传活动，规模大、持续时间长、影响范围广，得到了各区委、区政府的高度重视和大力支持。同时，通过创模知识竞答、有奖竞猜等形式，向广大市民发放创模宣传折扇、折页、书签等创模宣传品，进一步提高社会公众的环境意识和创模认知度。《天津日报》《中国环境报》以及区有线电视台都进行了专题报道。

此外，天津市环境保护局组织近万名环保志愿者和市民参加了"中国城市绿色健康万里行"、"北京—深圳国家环保模范城市万里行"活动。

（3）问卷调查。

①2002 年。按照创模工作部署，在全市开展了"环境保护"问卷调查。被调查人员涉及 18 个区县的各个层面。调查结果显示，天津市 89.1% 的人了解天津市创模工作；认为天津市市委、市政府重视和基本重视环保工作的人占被调查人数的 95%；对天津市环境状况感到满意和基本满意的占 81.8%。

②2003 年。"群众对城市环境满意率"的问卷调查，被调查人员分 8 个类型，涉及 18 个区县的各个层面。调查结果显示，认为天津市市委、市政府重视和基本重视环保工作的人占被调查人数的 88%；对天津市环境状况感到满意和基本满意的占 89.8%。

③2004 年。天津市环境保护局委托天津市城市社会经济调查队开展"公众对城市环境满意率"问卷调查工作，按城区人口的千分之一比例发放调查问卷 10 000 份。调查结果中显示，98.5% 的被访者认为 3 年创建国家环境保护模范城市，实施环境保护"六大工程"，给天津市整体环境带来了巨大变化；94.9% 的人认为天津市市委、市政府对环境保护工作非常重视或比较重视；81.8% 的人了解天津市创建国家环境保护模范城市，并且 98.6% 的人非常支持这一活动，公众对环境的满意率超过 90%。

④2005 年。公众环境意识调查工作在国家环境保护总局对天津创建国家环保模范城市考核验收期间进行。调查结果显示（5 000 份问卷），天津市公众对创模的认知度达到了 98.1%，公众对天津市政府重视环保工作的满意率达到了 96.3%，公众对城市环境状况的满意率达到了 92.2%，均超过了 90%，达到了国家创模考核验收标准。

4．其他主要宣传活动

（1）"环保下乡"活动。

①2002 年"环保下乡"活动。按照国家环境保护总局《关于认真开

展"环保知识下乡"活动的通知》要求，2002 年在天津市有农村人口的区县广泛开展了"环保知识下乡"活动。活动以加强农村环境宣传教育、推进农村环保工作、提高广大农民的环境意识为目的，以宣传环保知识、传播精神文明为内容，以刷写标语口号、竖标语牌以及各种环境宣传活动为形式开展，突出以下特点。

特点一：形式多样，把"活动"搞活。在"环保知识下乡"活动中认真做好 5 个结合：一是与精神文明建设相结合；二是与创建绿色学校相结合；三是与重大环境纪念日宣传相结合；四是与严肃查处环境违法行为，遏制污染反弹相结合；五是与包村工作相结合，普及环境保护知识。

特点二：突出重点，把"活动"抓实。一是重点向各区县决策层宣传；二是重点协调天津市教育委员会，推动各类学校的标语、口号上墙工作；三是以向企业法人代表、经理宣传为重点，推动乡镇企业的标语、口号上墙工作；四是重点向广大农民宣传。

②2010 年"环保下乡"活动。为进一步做好农村环境保护宣传教育，把环境保护知识送到乡村，将环保理念深化到每个农民家庭，提高农民的环境意识，2010 年，继续在全市范围内开展环保下乡系列宣传活动。一是召开"环保下乡"宣传活动专题座谈会，组织相关人员对天津市有村镇的区县进行调研，了解天津农村现状，制订工作方案。二是编写、出版、发放农村环保系列读物。三是制作、发放环保下乡系列宣传品。四是开展农村环保系列宣传活动。如津南区深入村镇宣传普及环保知识、静海县举办"环保之夜"大型环保消夏晚会、蓟县组织电视台宣传节能企业等。结合环境保护工作重点以及社会主义新农村建设实际，聘请有关专家学者，开展农村环保课堂活动，定期向辖区环保员开展环境保护法律法规以及农村低碳环保知识培训；联合华润万家共同启动了"亲爱一家·自然派"华润万家第二届环保节能季活动。

（2）"九·一六"保护臭氧层加速淘汰消耗臭氧层物质宣传活动。

2006 年 9 月 16 日，天津市在全市街道、社区、学校、企业开展了大规模环保宣传活动。天津市环境保护局、和平区环境保护局、新闻媒体、老年骑行队、大学生环保志愿者、节水义务宣传队等 200 余人参加了活动。现场发放了 10 000 余份环保宣传品，演出了环保文艺节目，开展了环保知识有奖问答活动，并为市民解答了臭氧层保护的有关问题。各区县也设立分会场，开展了内容丰富的臭氧层保护宣传咨询活动。活动期间，全市主要道路、学校、超市、社区等悬挂宣传布标 500 余幅，印发宣传品 25 万余份，直接参与人数超过了 10 万人。天津电视台、《天津日报》《今晚报》《每日新报》《城市快报》《天津工人报》、北方网、《中国环境报》驻津记者站及区县有线电视台、区县报刊等新闻媒体共刊播稿件 50 余篇。

2007 年 9 月 16—20 日，为更好地履行《保护臭氧层维也纳公约》和《关于消耗臭氧层物质的蒙特利尔议定书》，天津市以"淘汰消耗臭氧层物质，建设臭氧层友好城市"为主题，开展了一系列环保宣传活动。活动期间，市内六区环境保护局均设立会场，开展了环保主题宣传活动。其他区县也开展了关于保护臭氧层的宣传咨询。据统计，全市共发放宣传单和手册 10 万余份，环保布袋 2 000 余个，宣传钥匙链 6 000 余个，并在主要道路、商场、超市、广场等人员集中的地方悬挂宣传标语 200 余幅。

2008 年北京奥运会期间，结合保护臭氧层工作，天津市对有危险化学品、煤烟型污染（二氧化硫污染）、挥发性有机化合物等的企业进行了检查，采取了相应的措施，开展了相应的宣传活动，并把保护臭氧层宣传工作纳入迎奥运专项保护行动当中。《天津日报》、天津人民广播电台、天津电视台等多家媒体对天津市迎奥运环境保护工作和保护臭氧层活动进行了报道。

2009 年，为配合"六·五"世界环境日活动，天津市开展了大型环境保护宣传活动及保护臭氧层宣传活动。"九·一六"臭氧层国际日期间，天津市召开了天津市汽车维修行业制冷剂回收循环利用暨"九·一六"臭氧层国际日宣传工作会议，使汽车维修企业的代表对淘汰消耗臭氧层物质的重要性有了更深刻的认识，对如何开展日常维修、回收工作有了更明确的目标。

2010 年，天津市充分利用纪念"六·五"世界环境日宣传活动规格高、场面大、覆盖面广、参与人数多等优势，把保护臭氧层的宣传内容融入"六·五"宣传活动中，在主会场液晶大屏幕连续两天滚动播出保护臭氧层宣传口号，并在覆盖全市 800 多个社区的生态电子宣传屏上滚动播出保护臭氧层宣传口号及相关内容。"九·一六"国际保护臭氧层日当天，天津市开展了集中宣传活动，各区县悬挂保护臭氧层宣传横幅；在社区、学校开设宣传点，讲解臭氧层相关知识，发放宣传资料，据统计，全市共发放《低碳减排 绿色生活》《低碳生活手册》宣传手册 6 200份、宣传布袋 2 000 个、宣传笔 4 000 支、宣传伞 400 把、宣传钱包 100个、宣传单 2 万份。同时，利用媒体广泛开展保护臭氧层新闻宣传，天津人民广播电台、天津电视台、《渤海早报》《每日新报》、北方网等媒体刊播全市"九·一六"国际保护臭氧层日相关宣传稿件共 18 篇次。

（3）"减塑"宣传活动。2008 年 6 月，天津市环境保护局与天津市青少年活动中心联合开展了"关爱环境，从我做起"环境宣传活动，并发出倡议："号召广大社会公众积极参与减塑活动，改变不可持续的生活方式和消费方式，用自己的实际行动，改变生活习惯，改善我们的地球，从现在做起，从身边做起，从小事做起，从你我做起。"

（4）"控制吸烟危害立法研讨会暨推动'无烟奥运'环保行动（天津）新闻发布会"活动。2008 年 8 月，为配合第 29 届奥林匹克运动会组委会"绿色奥运、无烟奥运"活动，提高天津市民对吸烟以及被动吸烟危害的认识，中华环保联合会和天津市环境保护局在天津共同举办了"控制吸烟危害立法研讨会暨推动'无烟奥运'环保行动（天津）新闻发布会"。中华环保联合会秘书长曾晓东主持研讨会。天津市环境保护局、天津市精神文明建设委员会办公室、天津市教育委员会、天津市人大常委会、天津市总工会、共青团天津市委员会、天津市妇女联合会等有关单位负责同志参加了研讨会。会议介绍了中华环保联合会控烟项目的意义、实施情况以及天津市为控制和减少吸烟危害、净化公共场所卫生环境、保护公民健康的情况，并向全社会发出了"无烟奥运、绿色奥运"的倡议。《天津日报》、天津人民广播电台、天津电视台等媒体对此进行了报道。

（5）"拒绝一次性筷子——还原一棵树 珍爱绿色家园"环保大行动。2009 年 6 月，为进一步倡导节能减排，大力发展绿色经济，天津市环境保护局、天津市林业局、天津市生态道德教育促进会联合今晚传媒集团《渤海早报》等单位共同举办了"拒绝一次性筷子——还原一棵树 珍爱绿色家园"环保大行动。活动为期 100 天。活动期间，举行"生活方式与生态城市"专题讲座和"环保论坛"，举办"争做环保小卫士"专题讲座，开展"绿色天津我的家园"环保主题征文；启动市民环保袋 DIY创意大赛；先后 3 次组织 1 000 余名环保志愿者深入天津大街小巷、社区、学校、餐饮企业、白领写字楼开展宣传，开展"环保横幅全市传递签名，表达你我环保决心"和"拒绝一次性筷子"万人签名环保嘉年华活动等。同时，天津市环境保护局、天津市林业局、天津市生态道德教育促进会、《渤海早报》携手天津市烹饪协会，向全市餐饮企业发出"主动拒绝向消费者提供一次性筷子"的倡议，得到了商务部有关领导的肯定。《渤海早报》对此次活动进行了连续报道，累计达 40 余篇。

（6）"关爱海河"环保公益活动。2009 年 11 月，天津市环境保护宣传教育中心和天津海信广场共同举办了为期 1 个月的"关爱海河"环保公益活动。活动特邀香港著名演员刘嘉玲参加了启动仪式，并招募了 80名"绿色环保小精灵"，向海信广场的顾客们发放环保宣传单，并进行环保公益善款募集，捐款用于改善海河水质和环境保护的宣传。

（7）酷中国——2010 年全民低碳行动全民网络低碳意识调查及低碳

知识大赛活动。2010 年 7—9 月，环境保护部宣传教育中心、美国环保协会、远洋之帆公益基金会和天津市环境保护局共同举办了"酷中国——2010 年全民低碳行动"全民网络低碳意识调查及低碳知识大赛。活动历时 2 个多月，共有 10 015 名网民参与了网络低碳意识调查和竞赛活动。从结果分析来看：一是参与活动青年人、学生居多，学历层次不均衡；二是低碳宣传成效显著，但有待进一步加强；三是低碳生活的宣传已经对公众的日常生活产生了深刻的影响。

（8）"聆听大地的声音"生物多样性之旅天津站活动。2010 年 12 月，由环境保护部宣传教育中心主办，李嘉诚基金会赞助，天津市环境保护宣传教育中心承办了"聆听大地的声音"生物多样性之旅巡展天津站活动。环境保护部宣传教育中心、天津市环境保护局、天津市文化广播影视局、天津市教育委员会的领导出席活动，环保 NGO、高等院校环保志愿者、小学生、新闻媒体以及各界群众代表共计 300 余人参加了启动仪式和现场互动。巡展期间，著名华裔建筑师林璎女士展示其最新作品"什么正在消逝"——艺术造型与多媒体播放装置的综合体，循环播放关于稀有、濒危以及灭绝物种、栖息地及相关议题的短片。天津市部分大学生环保志愿者深入社区、学校开展保护生物多样性演讲宣传。

（9）"嘉吉亲水之旅"活动。2011 年 4 月，天津市环境保护局、嘉吉食品（天津）有限公司共同开展了"嘉吉亲水之旅"活动，并持续 10 天。天津市环境保护局、天津市精神文明建设委员会办公室、天津市节约用水办公室、天津市民政局、和平区政府相关负责人以及环保 NGO、环保志愿者和各界群众 300 余人参加了启动仪式现场活动。启动仪式上，环保志愿者代表宣读了节水倡议，与会嘉宾为环保志愿者代表授旗。现场以海河为主题的互动拼图活动、水质监测、社区宣讲等形式，向公众宣传节水、爱水知识。

三、环境新闻宣传

1. 新闻报道

2001 年，全市 16 个新闻单位在报纸、电台、电视台、新闻网络等新闻媒体刊登反映天津市环保工作内容的新闻、信息 600 余篇。中央电视台、新华通讯社、《中国改革报》和《中国绿色时报》也分别对天津环保工作进行了宣传。

2002 年，全市新闻媒体报道创模及环保工作有关新闻、专题、专访 1 900 余篇，中央媒体报道刊播 76 余篇，新华社"每日电讯"向全国播发了天津市创模消息，并利用海外版向世界播发。

2003 年，全市新闻媒体共刊播天津市创模及环保工作的新闻、专题、专访 800 余篇。新华通讯社《瞭望》新闻周刊、《人民日报》及其海外版、央视国际频道、新闻频道以及人民日报社《新安全》杂志等多家中央媒体对天津市经济社会全面协调可持续发展情况、天津市危险废物处理处置中心、"安静居住小区"创建、南开区"社区环保课堂"等工作给予关注，进行了专题报道。特别是抗击"非典"期间，《中国环境报》《天津日报》《今晚报》、天津电视台、天津人民广播电台等 15 家媒体共刊播稿件 46 篇。天津电视台"新闻视线"、"今日聚焦"、"天津新闻"等栏目连续播放天津环境保护局抗击"非典"工作情况。"严查污染环保行动"期间，在《天津日报》《今晚报》等天津市重要媒体的头版头条也连续数日进行了及时报道。同年底，《中国环境报》头版头条刊发了《联合国环境规划署称赞天津市环保工作——世界需要你们的经验》通讯稿件。

2004 年，全市新闻媒体共刊播反映天津环保工作和创模进展、成果的新闻近 900 篇，其中中央媒体刊播的稿件 66 篇。天津电视台、天津人民广播电台、《天津日报》《今晚报》《中国环境报》等媒体分别以"发

展循环经济　推动经济环境双赢"、"创模让津城天更蓝、水更清"、"水清天蓝好家园"、"老百姓是天"等为题，围绕天津创模取得的显著成效进行了一系列宣传报道。

2005年，全市新闻媒体共刊播新闻稿件1 921篇，其中中央媒体刊播新闻稿件90余篇。中央人民广播电台《经济之声》频道连续6周对天津创模成果进行了系列报道，并把内容译成22种文字通过中国国际广播电台"国际在线"网站对外发布。天津电视台6个频道和天津人民广播电台7个频道的每天黄金时间高频率播出创模公益宣传广告。同时，天津市环境保护局与天津人民广播电台，面向全市3万名出租车司机，联合开展了"与的士司机互动宣传创模"活动。

2006年，全市宣传报道环境保护工作的新闻、专题、专访1 850余篇。在"两会"前国家为天津市创模成功授牌期间，中央及天津市媒体重要版面、时段刊播了反映创模成果及城市环境面貌变化的新闻稿件、评论员文章；《环境保护》杂志也刊发了天津巩固创模成果、建设生态城市的新举措和新经验。

2007年，全市宣传报道环境保护工作有关新闻、专题、专访1 900余篇，其中中央媒体报道350余篇。特别是以宣传推动天津市污染减排工作的专题环境新闻《落实责任守护津城蓝天》在天津电视台"天津新闻"栏目播出后，受到了市领导充分肯定和关注。

2008年，全市新闻媒体刊播反映环境保护工作的新闻稿件1 200余篇。特别是奥运会前夕，根据环境保护部要求，积极配合相关部门，做好在天津市主要媒体同时发布《关于发布北京奥运会残奥会期间极端不利气象条件下空气污染控制应急措施的公告》和《北京奥运会残奥会期间极端不利气象条件下空气污染控制应急措施》的工作，并及时向公众宣传报道天津市环保系统加大奥运场馆周边环境空气质量巡查，加强环境质量监测等情况。

2009年，围绕迎接创模复查和生态市建设，充分利用媒体宣传天津开展节能减排、推进生态市建设"三年行动计划"等方面的工作及成果，全市新闻媒体共刊播天津环境保护工作的新闻稿件 960 余篇。

2010 年，中央及天津市各媒体刊播、转载有关天津市环保工作的新闻稿件近 1 000 篇次。天津电视台、天津人民广播电台及网络等视、音频媒体播发和转播发天津环保新闻累计时长近 300 分钟。特别是"六·五"世界环境日期间，《香港商报》在头版以"绿色天津 2015 年跻身生态城市"为主题，整版报道了天津生态城市建设进展情况。

2．新闻专栏专版

（1）"说理说法"专栏。2001—2002 年，为扩大警示教育宣传面，天津电视台在"说理说法"等栏目中，以案说法，开展环境警示宣传，向社会公众宣传环境保护的重要性和紧迫性，鼓励广大群众自觉参与环境保护。

（2）"环评法专家论坛"专栏。为深入学习贯彻《中华人民共和国环境影响评价法》，2003 年"六·五"世界环境日期间，在《今晚报》"生活与科学"栏目中开辟了"环评法专家论坛"专栏，连续 10 周刊登由环保专家、学者撰写的论文，宣传《中华人民共和国环境影响评价法》。

（3）《天津市噪声污染防治管理办法》专版。2003 年，针对广大市民关心的高考期间噪声污染问题，天津市环境保护局与《今晚报》《天津青年报》联合开设了"还您一个安静的环境"、"青报、环保局联手监察，为考生创造良好环境"专栏节目，并开通热线电话，接受群众举报，对违反环保法律法规、干扰高考顺利进行的行为予以曝光。

（4）"环境空气质量日报、预报"专栏。2003 年 8 月 1 日起，天津市通过《天津日报》《每日新报》《天津青年报》、天津电视台、天津人民广播电台、北方网站等主要新闻媒体在发布市区环境空气质量日报、预报的同时，对市内六区、北辰区、东丽区及滨海新区等 9 个区域分区发布了城区环境空气质量日报。在此基础上，2004 年 1 月 1 日起，又通过新闻媒体每日向社会公布全市 18 个区县的区域空气质量状况。

（5）《中国环境报》天津专版。2004 年，为了让社会公众更加了解天津的环境保护情况，推动创模工作的开展，根据国家环境保护总局创建国家环境保护模范城市加大宣传力度及天津市市委、市政府提出的"争创全国一流"的要求，天津市环境保护局与中国环境报合作举办天津地方新闻版。专版设置历时 4 年。面向全国共计发行 125 期，每期 20 万份，共 125 万字，刊发 1 870 余篇报道。

（6）"创建国家环境保护模范城市"专栏。2005 年，天津市在新华网、人民网、北方网、《今晚报》《天津日报》《中国环境报》等媒体相继开设创建国家环境保护模范城市宣传专栏、专题网页，历时 9 个月，在全社会营造了浓厚的创模宣传氛围。

（7）《天津日报》环境保护专版。2006 年，为落实天津市市长戴相龙在滨海新区综合配套改革试验总体方案编制工作会议的有关要求，天津市环境保护局在天津日报报业集团的大力支持下，开设了《天津日报》环境保护专版。专版设置历时 3 年，在读者中引起了较好反响，也对提高各级领导的环境意识发挥了作用。

3. 环境新闻宣传制度建设

天津市环境新闻宣传紧紧围绕环境保护中心工作，坚持正确把握舆论导向和团结、稳定、鼓劲、正面宣传为主的方针，唱响环保主旋律，营造积极、健康、向上的舆论氛围。为适应不同时期环境保护工作的需要，不断加强了环境新闻宣传制度建设，逐步健全了环境新闻发布制度，规范了新闻发布程序，力求实现环境新闻发布的及时、准确、高效。

2003 年，天津市环境保护局根据中共天津市委规划建设工作委员会和天津市建设管理委员会《关于加强对外宣传报道管理工作的通知》

精神，按照对外宣传报道"既要积极宣传城建战线的大好形势，又要加强管理，严格把关，防止报道失真、失当"的要求，制定了《天津市环保局环境新闻发布暂行规定》，并下发《关于加强环境新闻宣传管理的通知》。

2004 年，为进一步严格环境新闻宣传制度、规范程序、加强管理，天津市环境保护局印发了《关于进一步加强环境新闻宣传管理的通知》和《关于重申加强环境新闻宣传管理和新闻信息发布工作的通知》。

2010 年，根据新时期环境新闻宣传工作的需要，天津市环境保护局在原有的环境新闻发布规定的基础上，经修改完善，颁布实施了《天津市环境保护局环境新闻宣传工作暂行规定》。

四、环境保护影视专题片

1. 专题片《天津自然保护区》《改革开放中的天津环境保护》

2000 年，天津市环境保护局组织拍摄了《天津自然保护区》《改革开放中的天津环境保护》两部环保影视专题片。专题片《天津自然保护区》，全面介绍了天津市蓟县中上元古界国家自然保护区、天津古海岸与湿地国家级自然保护区、八仙山国家级自然保护区、盘山自然风景名胜古迹自然保护区、团泊鸟类自然保护区、北大港湿地自然保护区、大黄堡湿地自然保护区、青龙湾固沙林自然保护区的具体情况和各自特色。专题片《改革开放中的天津环境保护》，介绍了改革开放以来，天津环境保护事业发展的历程，总结了天津市消烟除尘、推广清洁能源、引滦入津、流域治理、渤海碧海行动、工业固体废弃物噪声治理，工业污染源达标排放、自然保护区建设、环境基础设施建设等方面环境保护工作进展情况及成果。这两部环境保护专题片先后在天津电视台进行播出，并制作成 VCD 光盘赠予天津市部分学校。

2．专题片《生态文明的前奏》

2005 年，为迎接国家对天津市创建国家环境保护模范城市检查验收，天津市环境保护局拍摄制作了专题片《生态文明的前奏》。该片以纪实手法，再现了天津市创模工作历程，总结了天津实施工业东移战略，实行新一轮产业结构调整，加快节约型城市建设，全力解决群众关注的环境问题，全方位提升城市的载体功能的重要成果，得到了各级领导和创模评估组、验收组成员的好评。2007 年，该专题片在全国"科学发展共建和谐"网络作品大赛中获优秀作品奖。同年，为配合天津市人民政府外事办公室做好驻京国外媒体来津采访迎奥运会期间大气污染控制情况的接待工作，天津市环境保护局制作了专题片《生态文明的前奏》英文版。

3．专题片《亮点·天津——开启环境优化发展的新篇章》

2007 年，为落实中共中央宣传部关于宣传津、沪等城市落实科学发展观、加强环境保护工作的要求，天津市环境保护局拍摄制作了反映天津市落实科学发展观、以环境保护优化经济增长、全面推进生态市建设的专题片《亮点·天津——开启环境优化发展的新篇章》。该片用于国家环境保护总局在全国范围内集中开展津、沪等城市落实科学发展观加强环境保护工作新闻宣传。

4．专题片《保护环境　服务社会——天津市环保局窗口建设巡礼》

2006 年，为深入落实天津市委规划建设工委关于拍摄纪念窗口建设 20 年专题电视片工作的指示精神，天津市环境保护局拍摄制作了专题片《保护环境服务社会——天津市环保局窗口建设巡礼》，总结了天津环保系统落实科学发展观，开展窗口建设所做的工作，展现了全系统不断提升干部队伍整体素质，高水平服务经济社会发展的良好精神风貌。该片在规划建设系统窗口建设 20 年专题电视片展播评比活动中获二等奖。

5. 专题片《一个视环保为生命的实干家》

2007 年，配合天津市申报全国第四届中华宝钢环境奖，天津市环境保护局组织拍摄制作了以时任天津市环境保护局党组书记、局长邢振纲为典型，全面反映天津环境保护工作取得突出成绩的专题片《一个视环保为生命的实干家》。该片作为天津申报第四届"中华宝钢环境奖"的申报资料，得到了第四届"中华宝钢环境奖"组委会专家的一致认可。同年 7 月，邢振纲同志成为全国环保系统在第四届"中华宝钢环境奖"角逐中唯一的获奖者。

6. 专题片《天津市环境监察总队标准化建设纪实》

2008 年，为配合环境保护部对天津市环境监察标准化建设验收工作，天津市环境保护局历时 3 个月，拍摄制作了专题片《天津市环境监察标准化建设纪实》。该片反映了天津市环境监察工作以创模为契机，逐步提高环境保护执法能力、建章立制、提高素质、规范执法的环境监察能力建设历程。同年 10 月，环境保护部考核组通过观看《天津市环境监察标准化建设纪实》专题片、听取汇报、实地考察后，确认天津市环境监察标准化建设工作各项指标符合《全国环境监察标准化建设标准（东部地区）》一级标准，通过验收。

7. 专题片《构筑生态宜居高地》

2009 年，为全面总结天津市巩固和提高创模成果经验，推进生态城市建设和污染减排工作，迎接国家对天津创建国家环境保护模范城市工作的复查验收，天津市环境保护局、天津电视台联合拍摄制作了反映天津市巩固提高创模工作的环保专题片《构筑生态宜居高地》。该片站在

"科学发展、和谐发展、率先发展"高度，展示了天津在加速推进滨海新区开发开放、用好项目大项目建设促进发展方式转变、创新推动服务业发展、实施海河综合开发改造和市容环境综合整治以及"水环境治理三年行动计划"、推进"蓝天工程"和大绿化工程、加速推进农村生态建设等方面所取得的显著成果。

8. 专题片《环境保护优化经济增长的服务员》

2010年，为充分发挥环保典型的引领示范作用，推动天津环保系统创先争优活动的深入开展，天津市环境保护局拍摄制作了专题片《环境保护优化经济增长的服务员》。该片以建设项目环保审批岗位上的优秀共产党员代表为切入点，展示了环保系统在天津规划设计、重点工程建设、服务企业等方面涌现出的先进人物和先进事迹。同年，该片汇入《规划建设交通系统创先争优活动优秀共产党员事迹》影视光盘，在中共天津市委城乡规划建设交通系统各基层党组织进行宣传展示。

第三节　环境教育

一、环境教育概述

1. 环境教育概念

环境意识是衡量社会进步和民族文明程度的重要标志。环境教育则是培养全民环境意识、提高公众意识水平和改变人们行为方式的主要手段。环境教育包括环境伦理道德教育、环境知识教育、环境法律教育、环境意识的培养等多方面。环境与经济社会发展的紧密联系，使环境教育成为这种渗透和协调的汇集点。广义的环境教育是指借助于教育手段使人们认识环境、了解环境问题，养成环境意识，并获得治理环境污染和防止新的环境问题产生的知识和技能，在人与环境的关系上树立正确的态度，通过社会成员的共同努力保护人类环境。狭义上讲，环境教育是指环境教育者对受教育者施以环境知识、环境问题等环境教育内容，促进受教育者环境意识、环境技能和环境心理、环境素质形成和发展的各种活动。

2. 我国环境教育发展历程

我国环境教育起步于 1973 年，现已初步形成了一个多层次、多形式、多渠道的环境教育体系。整体上看，我国环境教育经历了 3 个阶段。

第一阶段：1973 年第一次全国环境保护会议至 1983 年第二次全国环境保护会议，为环境教育的萌芽和起步阶段。这 10 年，环境保护和环境保护的宣传教育在我国得到了高度重视，通过新闻宣传、专题讲座以及学校环境教育等多种方式对公众进行环境教育。

第二阶段：1983 年第二次全国环境保护会议至 1992 年第一次全国环境教育会议，为环境教育的探索阶段。在这一阶段，国家明确提出了提高全民族环境意识的历史任务和环境教育社会化的重要途径。

第三阶段：1992 年至今，是环境教育发展阶段。我国环境教育的结构和形式不断丰富，与国际间的交流也逐步加强，环境保护更加引起社会公众的广泛关注，开始从社会生活的边缘走向中心。

3. 天津市环境教育工作概况

天津市环境教育工作坚持以"绿色"系列创建为抓手，以绿色学校（幼儿园）、绿色社区、绿色家庭和环境教育基地创建为载体，通过开展"争当环境小卫士"、青少年环保征文和绘画系列比赛、"节约资源、保护环境、做保护地球小主人"、"环保进社区"、"社区环保课堂"、"老社区、新绿色"、"酷中国"全民低碳行动、"低碳家庭·时尚生活"等环保主题活动，使社会公众特别是社区居民和广大青少年的环境意识明显提升。同时，加大了对中小学（幼儿园）、社区、企事业单位的环境教育培训，加强了环境教育领域的国内外交流与合作，促进了全市环境教育质量和水平的不断提高。特别是 2001 年以来，天津市环境教育在积极探索、勇于实践中，取得了丰硕成果，各项工作走在了全国前列。

2001 年，天津市在全国"支持北京申办奥运，十万青少年齐行动"环保公益广告设计比赛中，获 1 个二等奖，2 个三等奖，并获优秀组织奖。

2002 年，天津市在全国"争当环保小卫士"活动中，获得小学生环保知识大赛 1 个一等奖，2 个二等奖，3 个三等奖；在全国环保系统文艺汇演中，获三等奖；在全国中小学生废旧物品雕塑比赛中，获 3 个三等奖，5 个优秀奖；在全国环保书法绘画比赛中，7 幅作品获奖，并在上述活动中均获优秀组织奖。同年，在第六届地球奖评选活动中，天津市首次同时有 2 人获得该奖（天津大学陶建华教授和南开大学朱坦教授）。

2003 年，天津市获全国创建绿色学校活动优秀组织单位奖；"天津市青少年绿色承诺行动"贡献奖；全国保护母亲河行动先进集体称号。

2004 年，天津市在全国青少年环保系列活动中，获 1 个一等奖，3 个二等奖，12 个三等奖，15 个优秀奖，并获最佳组织奖和优秀组织奖，其中天津市开发区滨海中学学生在全国"利乐杯"环保英语大赛中入选代表中国参加 2004 年在美国举行的联合国国际儿童环保会议；在全国拜耳青年环境特使评选活动中，南开大学学生作为青年环境特使，代表中国天津出访了德国。

2005 年，天津市在第三批全国绿色学校创建活动和全国绿色社区创建活动中，分获优秀组织单位奖；在全国保护母亲河行动中，3 个单位获先进集体称号；在全国青少年环保系列活动中，获 2 个一等奖，4 个二等奖，2 个三等奖，4 个优秀奖，并获优秀组织单位奖。

2006 年，天津市在全国青少年环保系列比赛活动中，获 2 个二等奖，5 个三等奖，3 个优秀奖，并获优秀组织单位奖；在全国"五·二二国际生物多样性纪念日"纪念活动中并获先进单位称号；在"富士施乐杯"我环保·我时尚全国中小学生环保社会实践活动征文大赛中，获 1 个三等奖。

2007 年，天津市在全国绿色社区创建活动中，获优秀组织单位奖；在第四批全国绿色学校创建活动中，获先进单位称号；在"节约资源能源，建环境友好型社会"全国青少年环保系列比赛中，获 2 个二等奖，13 个三等奖，3 个优秀奖，1 个优秀指导教师奖，并获优秀组织单位奖；在全国"绿色小记者——我家乡的节能减排明星"新闻作品比赛中，获 1 个一等奖，3 个二等奖，1 个三等奖，并获优秀组织单位奖；在全国绿色奥运青少年征文大赛中，获 1 个一等奖，1 个二等奖，8 个三等奖，并获优秀组织单位奖；在天津市实施妇女儿童两纲、两规中期监测评估工作中，获先进集体称号。

2008 年，天津市在"做节能减排明星、夺绿色奥运金牌"全国青少年环境保护系列比赛中，获 1 个二等奖，4 个三等奖，5 个优秀奖，5 个优秀指导教师奖，并获优秀组织单位奖；在全国社区环境圆桌对话项目活动中，获优秀组织单位奖；在绿色奥运·全国青少年 Flash 大赛中，获 1 个优秀奖。

2010 年，天津市在"酷中国"全民低碳行动项目中，获优秀组织单位奖；在全国环境小记者项目新闻作品大赛中，获 1 个最高奖，1 个一等奖，1 个二等奖，5 个三等奖，并获优秀组织单位奖；在我们未来的能源全国中小学生征文比赛中，获 17 个二等奖，32 个三等奖；在寻找中华绿色小记者博文大赛中，获 2 个一等奖，5 个二等奖，14 个三等奖。

二、"绿色"创建工作

1．绿色学校（幼儿园）

（1）创建总体情况。天津市绿色学校创建活动始于 1997 年，以"教育一个孩子，带动一个家庭，影响整个社会"为目标，通过开展不同形式的环保实践活动，把环境教育向课外延伸，向校外延伸，使绿色学校（幼儿园）的创建内容更加丰富，形式不断创新，范围逐步扩大，普及了环保知识，提高了广大师生的环境意识和环境生态道德素质，同时，也带动了家庭共同参与环保，推动了天津市学校环境教育工作的深入开展。截至 2010 年，全市有绿色学校（幼儿园）1 016 个，其中市级绿色学校（幼儿园）302 个，国家级绿色学校（幼儿园）34 个，中小学环境教育普及率达到了 98%以上。

（2）领导机构及职责。天津市创建绿色学校协调领导小组由天津市环境保护局、天津市教育委员会、天津市科学技术委员会组成，负责全市绿色学校（幼儿园）创建工作的组织和协调，监督各成员单位创建工作的落实。天津市创建绿色学校协调领导小组办公室设在天津市环境保护局。各成员单位主要职责如下。

天津市环境保护局：负责全市绿色学校（幼儿园）创建活动的组织、推动，教师环境教育培训和创建指导工作。天津市创建绿色学校协调领导小组办公室设在天津市环境保护宣传教育中心，负责各级绿色学校（幼儿园）创建日常工作。

天津市教育委员会：负责组织全市学校（幼儿园）绿色创建活动的组织和开展，结合教育部颁发的《中小学环境教育实施指南》，在各学科中开展渗透环境教育，推动、使用统一的环境教育教材，在各级各类学校（幼儿园）中普及环境教育，逐年提高全市环境教育普及率。

天津市科学技术委员会：负责实施全市绿色学校（幼儿园）科普实

践活动及项目的监督，将科普实践活动与环境教育相结合，提供环境科普教育基地，培养学生科学思维方法，树立创新意识，提高学生动手动脑认知能力，培训科技教师，丰富绿色学校（幼儿园）创建内容。

（3）评估标准。

①成立创建绿色学校（幼儿园）领导小组，分工明确，责任到人，全员参与，持续改进和完善创建绿色学校（幼儿园）档案工作。

②建立健全学校（幼儿园）环境管理规章制度，环保措施有力，降低污染、垃圾分类和减量、节约资源等方面效果明显。

③学校（幼儿园）为环境教育课程和各种环境教育活动提供必要的设备、教具、环保藏书等物质保障和资金保障。

④结合各学科教学实际对学生进行环境教育，提倡在校本课程中开设环境保护选修课，环境课内教育效果良好。

⑤创建绿色学校（幼儿园）负责人和主管教师定期参加各级环境教育培训班，提高创建绿色学校（幼儿园）水平。

⑥探索环境教学新模式，积极组织学生开展环境保护研究性学习。

⑦组织学生开展各种形式的环保主题系列活动，学校（幼儿园）特色突出，校园环境文化氛围浓厚，同时组织学生开展好与社区的共建活动。

⑧开展未成年人环境道德观和价值观教育，倡导绿色环保生活方式，培养绿色消费观念，规范绿色行为习惯。

⑨校园环境优美，布局合理，可绿化面积均已绿化。

⑩环境教育成果显著，师生环境意识显著提高，鼓励学生成立环保社团组织，参与学校环境管理。

（4）创建特点。在"绿色"创建工作中，天津市根据学校（幼儿园）不同特点，按照"因地制宜，因材施教"的原则，开展绿色学校（幼儿园）创建活动，主要呈现如下特点：

①层次性。在幼儿园、小学、中学的每个年级都有针对性地进行环

境教育，让不同年龄、层次的孩子各有所得。

幼儿园主要实施环境保护认知教育，在认识动植物、进行环保游戏时，培养孩子亲近自然，保护生态环境的意识。

小学主要以感性环境教育为主，通过学科渗透、观看影视资料、废旧物品回收、自己动手制作环保工艺品等环保劳动，树立学生节约资源、保护环境理念。

中学主要以理性环境教育为主，在老师的引导和启发下，将所学的各学科知识有机地与环保问题相结合，创造性地进行研究性学习，提高中学生环境意识和环保动手能力。

②渗透性。在各学科渗透环境教育的模式有两种：一种是单一式渗透，将环境保护某一方面内容渗透到某一学科中。如天津市岳阳道小学，在语文课《黄河的变迁》一课中让学生了解植树造林、保护生态环境的重要意义；数学课上，教师指导学生算一算"节约粮食"账、"节约水电"账、人口增长率等，使学生们认识到节约资源的重要性。

另一种是系统式渗透，就是围绕某一环境教育内容各学科协同实施环境教育。以天津市实验中学初二年级为例，以"水资源保护"为主题，物理学科强调水的性质；地理学科强调地球上水资源的分布；生物学科强调水与生命的关系；班主任组织学生调查海河水污染情况；校德育处带领学生赴于桥水库、山区农村采集水样，并在语文老师指导下写出考察报告，不仅使学生们课内外知识得到融会贯通，而且环境意识有了明显提升。

③参与性。创建绿色学校就是要让更多学生通过接受环境教育，树立环境保护理念，自觉参与环境保护。天津的环境教育不仅在普教、幼教战线得到了普及，而且已渗透到了特教学校。以天津市津南区培智学校为例，在环保部门、教育部门的支持和共同努力下，针对智残孩子特点探索出了"一句话"环境教育和"环保三字经"的教学方法，从身边熟悉的生活小事，向智残孩子传播环保理念。连重度智残学生，每到洗

澡时都会脱口而出"节约用水"。

④延伸性。实施环境教育，不仅要在各学科中渗透，而且要在提高学生环境意识的同时，挖掘学生潜能，鼓励学生参与教学科研和科技立项，在潜移默化中培养环保科技人才。如原天津市津华中学（现天津市102中学），充分利用学科优势，针对城市环境污染问题引导学生开展研究性学习，建立实践基地。高三学生"运用落叶培养食物菌"的研究课题获全国"长江杯小小发明家"二等奖；高二学生运用所学的各学科知识，大胆设计了符合生态和环保原则的"五环立交桥"和"未来停车场"模型，受到了中央及天津媒体和市区领导的关注。

⑤辐射性。天津市许多学校都把环境教育活动引向了社区、家庭和社会。在社区建立环境教育实践基地，清整环境卫生，义务进行环境宣传；以"致家长一封环保信"、与家长签订环保公约、与企业和部队开展环保共建等形式"小手牵大手"，形成学校、社会、家庭共同关注环保、参与环保的环境教育模式。

（5）环境教育活动。

①保护母亲河行动。自1999年开始，天津团市委会同天津市人大城建环保委、天津市政协城建环境委、天津市绿化办、天津市水利局、天津市环境保护局、天津市林业局等单位，共同实施了保护母亲河行动。截至2011年，动员了1000万人次青少年参与活动，筹集资金数百万元，在全市建设了12个青少年生态环保实践基地和10个市级青少年绿色家园，植树造林3000余亩。在河北、甘肃、内蒙古、湖北等省区捐种了青少年生态林。大力培育青少年环保社团42个。全市组建了近百支保护母亲河生态监护队，设立了30个保护母亲河生态监护站，其中12个保护母亲河生态监护站被命名为全国保护母亲河生态监护站。通过开展"我和环境共友好，携手保护母亲河"、"珍惜水资源，保护水环境"、"清洁海河水，保护母亲河"、"青春在绿色工程中闪光"和共建"新世纪林"、"青年心向党"纪念林等青少年植绿护绿等活动，引导青少年和全社会

关爱生态环境、保护母亲河。

②天津市青少年绿色承诺行动。2000 年，天津市何国模等 6 位离退休的老同志面向全市广大青少年，发起了"走可持续发展的道路，保护地球，保护人类共有的家园"为主题的天津市青少年绿色承诺行动大型系列活动。活动从 2000 年 4 月起至 2003 年 4 月，历时 3 年。内容主要涉及 3 个方面：一是提一项绿色倡议（或制定绿色承诺公约）、种一棵树、回报地球家园一把沃土；二是"我的绿色承诺行动"，包括实施保护海河、大运河，保护蓝天，保护蓟县黄崖关长城、盘山旅游风景区、八仙山国家级自然保护区、中上元古界地质剖面、七里海湿地和保护市容市貌等"绿色承诺"活动；三是开展多种形式的绿色承诺文化活动。活动期间，全市 141.4 万青少年参加绿色承诺行动，参加各项公益活动达 652 万人次，建立护河护绿小分队 2.65 万支，清除垃圾 72.1 万多吨，清除白色垃圾 82 万多公斤，回收废电池 428.1 万节，认养或承包绿地 7.7 万多亩，植树 270 多万株。

③"争当环境小卫士"活动。2001 年，国家环境保护总局、教育部和中国少年先锋队全国工作委员会共同举办了"争当环境小卫士"系列活动。天津市积极参与，经层层评选，76 名小学生获全国优秀环境小卫士称号，715 名小学生获天津市优秀环境小卫士称号。

④警示教育活动。2002 年，按照中共中央宣传部、国家环境保护总局、国家广播电影电视总局的要求，天津市成功举办了"全国环境警示教育图片巡回展"。据统计，全市各界共计 20 000 余人参观了展览。同时，塘沽区也举办了"科技成果及环境警示教育图片展"。

⑤"天津市中学生入世、环保、创模"报告会。2002 年 6 月，天津市环境保护局、天津市青少年活动中心、天津市耀华中学共同举办了"天津市中学生入世、环保、创模"报告会。天津市耀华中学、天津市新华中学、天津市实验中学等 10 所中学向全市中学生发出了倡议，号召全市中学生珍惜水源，节约用水；不用含磷洗涤用品，减少水污染；随手

关灯，不浪费一度电；使用公共交通工具或环保型交通工具——自行车；自备菜篮子或布袋购物；在所在学校和家中实行垃圾分类、回收再利用……关心环境动态，学习环保知识；宣传环保理念，带动身边人加入环境保护事业中。

⑥"绿色家园——变化中的津城"创模征文活动。2004年，天津市环境保护局与天津市教育委员会联合在全市中小学校开展了"绿色家园——变化中的津城"创模征文活动。通过活动，使广大青少年学生环境意识和环境道德素质进一步提高。在全市加强环境保护和环境卫生工作动员会议上，天津市第一中学王雅楠同学代表全市中小学生发言，受到了市领导的赞扬和肯定。

⑦"靓丽津城"——中小学生创模环保绘画大赛。2005年，天津市环境保护局与天津市教育委员会联合在全市中小学校开展了"靓丽津城"——中小学生创模环保绘画大赛活动。活动中，学生们用手中的画笔描绘出家乡天津天蓝、水清、地绿、人美的城市形象，进一步激发了他们关注环保、热爱环保的自觉性。

⑧"环境管理和绿色高校"环境交流活动。2005年6月，天津市环境保护局组织南开大学、天津大学、天津师范大学等高等院校20余位教授、讲师，与澳大利亚维多利亚商务促进中心联合开展了"环境管理和绿色高校"环境交流活动，深化了中国天津市和澳大利亚墨尔本市在环境保护领域的合作与交流。

⑨首届国际中学生环保知识技能大赛。2005年10月，在天津市实验中学举行了首届国际中学生环保知识技能大赛，英、美等10国中学生参加了此次活动，进一步推动了天津市中学生与世界各国青少年在环境教育领域的交流与合作。

⑩"节约资源、建设环境友好型社会"环保主题活动。2006年6—12月，天津市环境保护局与天津市教育委员会、天津市科学技术委员会在全市中小学、幼儿园联合开展了"节约资源、建设环境友好型社会"

环保主题活动，以社会、社区、家庭、学校等区域的资源能源利用状况和身边的环境问题等为素材，征集评选青少年儿童环保工艺模型、环保设计方案和教师多媒体环境教育课件。经专家评审，共评出获奖学生作品 139 件，教师多媒体课件 114 件，10 个区县环境保护局荣获优秀组织单位奖。

⑪天津市"节约资源、保护环境，做保护地球小主人"活动。2006年 6 月，在全国第 16 个土地日之际，天津市国土资源和房屋管理局、天津市环境保护局、共青团天津市委员会联合举行了天津市"节约资源、保护环境，做保护地球小主人"活动启动仪式。中国少先队事业发展中心、"节约资源、保护环境、做保护地球小主人"活动全国组委会以及天津组委会成员单位相关领导出席活动，及各区县少工委、区县环境保护局有关负责同志，少先队员代表约 70 人参加启动仪式。

⑫"关爱母亲河、珍惜生命之水"保护母亲河水质调研活动。2007年，天津市环境保护局与天津市水利局、天津自然博物馆、天津人民广播电台等单位共同开展了"关爱母亲河、珍惜生命之水"保护母亲河水质调研活动，组织学生进行水样检测、水质分析，开展保护母亲河系列宣传活动。

⑬"创建生态城市，畅想绿色奥运"环保绘画比赛。2007 年 9—12月，天津市环境保护宣传教育中心与诺维信（中国）生物技术有限公司共同开展了全市中小学、幼儿园"创建生态城市，畅想绿色奥运"环保绘画比赛活动。活动共收到作品 1 000 余件，经专家评审，共评出优秀学生作品 180 幅、优秀指导教师 30 名、活动组织先进个人 19 名、优秀组织单位 5 个和热心环境宣传教育奖 1 个。

⑭"绿色奥运，健康快乐"环保主题教育活动。2008 年 1—12 月，天津市教育委员会在全市幼儿园中开展了以"绿色奥运，健康快乐"主题活动，通过在幼儿园一日生活中渗透环保生态知识，开展绿色健康教育和体能锻炼，使儿童从小树立环境生态道德意识，养成生态文明的行

为习惯。

⑮"畅想绿色未来奥运城市之旅"活动。2008 年 3 月，天津市环境保护局承办了由国家环境保护总局、大众汽车集团共同发起的"畅想绿色未来奥运城市之旅"天津站活动。国家环境保护总局宣教中心、大众汽车集团（中国）相关领导，环境教育专家、奥运冠军、奥运火炬手组成了专家宣讲团。专家宣讲团分别在天津市河东区六纬路小学和天津市第五十四中学以互动形式组织开展了绿色环保活动。

⑯"认识地球、和谐发展"征文、绘画比赛。2008 年 4 月，天津市国土资源和房屋管理局、天津市环境保护局、共青团天津市委员会在全市共同开展了"认识地球、和谐发展"征文、绘画比赛活动。活动中，少年儿童以征文、绘画的形式记录了自己的亲身经历、所见所闻以及对地球环境的认识。经专家评审，共评出一等奖 10 名、二等奖 77 名、三等奖 250 名。其中，5 件绘画作品获全国优秀奖，被收入全国组委会编辑的《用画笔，讲我和地球的故事——李四光中队科普丛书》。

⑰"绿色奥运，健康同行"全市青少年环保主题活动。2008 年 5 月，天津市环境保护局与天津市青少年活动中心共同开展了"绿色奥运，健康同行"全市青少年环保主题活动，开展了发放环保购物袋、制作生命树、利用废旧物品制作环保工艺品等活动。

⑱天津市青少年环保征文、绘画、时装模特系列比赛。2009 年 4 月，天津市环境保护局、天津市教育委员会、天津市科学技术委员会在全市中小学、幼儿园联合开展了环保征文、绘画、时装模特系列比赛活动。全市共收到绘画作品 2 000 余幅，环保征文 1 000 余篇、时装模特作品 200 余件。共评选出 105 幅绘画、70 篇征文、46 件时装模特作品，分获环保绘画类、征文类、时装模特类比赛一、二、三等奖，评选出 6 个优秀组织单位奖、10 个组织单位奖和 36 名优秀指导教师奖。同时，将绘画、征文获奖作品汇编成《天津市中小学生环保征文选》和《天津市青少年儿童环保绘画作品选》。

⑲第五届全国大学生环保创意大赛天津赛区活动。2010 年 9—11 月，天津市环境保护局、远洋地产（天津）有限公司、远洋地产"老社区、新绿色"环保公益行动、北京远洋之帆公益基金会、新浪网共同举办了第五届全国大学生环保创意大赛天津赛区活动。活动共收到绘画作品 427 幅，Flash 作品 10 件。经网上不记名投票和专家评选，来自全国各地 25 所高校的 37 幅作品分别获奖，天津美术学院等 3 所高校环保社团荣获团体奖。

⑳"李四光杯"观赏石知识进校园征文活动。2010 年 11 月，为贯彻落实"节约资源、保护环境，做保护地球小主人"活动全国组委会要求，天津市国土资源和房屋管理局、天津市环境保护局、共青团天津市委员会联合举办了天津市"李四光杯"观赏石知识讲座走进校园活动。活动期间，"节约资源、保护环境，做保护地球小主人"活动天津组委会向天津市河西区四号路小学赠送了观赏石科普读物《观赏石的故事》；邀请清华大学专家现场授课；组织参观蓟县地质博物馆；开展府君山公园捡拾垃圾公益活动；举办"李四光杯观赏石知识进校园"征文。全市共有 7 200 余名少先队员参加活动。

㉑创建国际生态学校活动。2010 年 12 月，国际生态学校创建活动在天津市双闸中学启动。环境保护部宣传教育中心、天津市环境保护局、津南区有关部门领导以及天津市双闸中学全体师生和部分环保志愿者 800 余人参加了启动仪式。启动仪式后还开展了冬季植树活动。与会来宾和师生共同植下了 1 000 棵杨树，用实际行动参与"造林增汇"活动。

㉒"儿童环境教育"活动。2010 年 9 月—2011 年 1 月，天津市环境保护宣传教育中心与天津松下汽车电子开发有限公司联合开展了天津市"儿童环境教育"活动——"环境小卫士"环保主题教育活动，历时 4 个月。在津南区环境保护局、津南区教育局等各方面的共同努力下，圆满完成了首期 4 000 名儿童环境教育目标。

㉓"盲童的环保世界"活动。2011 年 3—4 月,天津市环境保护局、中华环境保护基金会与安利(中国)日用品有限公司天津分公司共同开展了"安利在行动——盲童的环保世界"大型环保普及实践活动。此次活动是天津市首次在视障学校开展环境教育主题实践活动,是天津市绿色学校创建活动的延伸,本着环境保护宣传教育不落下任何一个角落、不落下任何一个群体的宗旨,先后开展了绿色学校(幼儿园)与视障学校结"爱心对子"、共植"爱心树"、"我环保我友爱"废旧物品制作、环保征文等校园系列环保实践活动。

㉔"卡特彼勒公益森林(中国)计划"天津地区种植活动。2011 年 4—12 月,由中华环境保护基金会、天津市环境保护局与卡特彼勒(中国)投资有限公司联合开展了"卡特彼勒公益森林(中国)计划"天津地区种植活动。中华环境保护基金会、天津市环境保护局、津南区有关领导以及天津市视力障碍学校、津南区部分学校师生及环保志愿者参加了活动。此次活动分春季、秋季两次进行,树种为国槐,数量 2 100 棵,共 30 亩,保存率不少于 94%。

㉕"送三精蓝瓶回家"环保公益活动。2011 年 4 月,为倡导发展循环经济、推进资源再生利用,环境保护部宣传教育中心、天津市环境保护宣传教育中心、哈药集团三精制药股份有限公司联合启动了"送三精蓝瓶回家"环保公益活动。天津作为首批开展此项活动的重点城市之一,在全市市级绿色学校(幼儿园)和绿色社区中设立 40 个回收点位,开展为期 1 年的"蓝瓶回收"工作,直接涉及 3 万~4 万学生及家庭。

2.绿色社区

(1)创建总体情况。2001 年根据中共中央宣传部、国家环境保护总局、教育部的精神要求,天津市启动了绿色社区创建工作。2002 年,全市把绿色社区创建纳入了创建国家环境保护模范城市"细胞工程"。2005

年，根据国家环境保护总局《关于进一步开展"绿色社区"创建活动的通知》精神和"完善城市居民自治，建设管理有序、文明祥和的新型社区"的社区发展总体要求，天津市精神文明建设委员会办公室、天津市民政局、天津市环境保护局、共青团天津市委员会和天津市妇女联合会决定在各区县已开展创建活动的基础上，继续在全市广泛开展绿色社区、绿色家庭创建活动。截至 2010 年，全市有绿色社区 799 个，其中市级绿色社区 97 个，国家级绿色社区 7 个。

（2）领导机构及职责。天津市绿色社区创建工作领导小组由天津市环境保护局、天津市精神文明建设委员会办公室、天津市民政局、共青团天津市委员会、天津市妇女联合会组成，负责全市绿色社区创建工作的组织和协调，以及对各责任单位工作落实情况的监督检查。天津市绿色社区创建工作领导小组办公室设在天津市环境保护局。各成员单位主要职责如下。

天津市环境保护局：根据《天津市"绿色社区"创建活动实施方案》《天津市"绿色社区"评估标准》和《天津市"绿色家庭"评估标准》，负责对申报社区进行具体指导，并做好环境宣传教育活动的组织、协调及舆论宣传工作。

天津市精神文明建设委员会办公室：负责协调有关委、办、局和职能部门，调动社会各界创建绿色社区的积极性，形成创建合力，共同开展好绿色社区创建活动。

天津市民政局：负责推进社区基础设施的建设和管理，按照创建标准进行规划并督促落实。

共青团天津市委员会：负责组织青少年参加社区各种环境宣传教育活动，营造全社会共同参与绿色社区创建的良好氛围。

天津市妇女联合会：负责组织家庭参加社区各种环境宣传教育活动，创建绿色家庭，组建环保志愿者队伍，增强公众关心环保、参与环保的自觉性。

（3）评估标准。

①群众对社区环境的满意率大于 85%。

②群众环境问题信访解决率为 100%。

③成立社区居委会为牵头单位，物业管理公司、业主委员会、社区成员单位和居民代表为成员的绿色社区创建领导小组，日常工作有专人负责。

④制定绿色社区环境管理制度，有社区环保公约。

⑤制定和完成年度绿色社区创建计划、措施和总结报告。

⑥建立完整、规范的绿色社区创建档案，包括文字、图片、影像 3 种形式，有专人负责。

⑦绿色社区领导机构成员定期参加相关学习和培训。

⑧建立社区绿色志愿者队伍。

⑨建立公众参与环境监督机制，有兼职和专职社区环保监督员，定期对社区环境管理进行评议。社区根据社区环保监督员的意见、建议，认真分析，制定并严格落实整改措施。

⑩严格执行建设项目环境管理制度。

⑪社区内各种污染源（污水、废气、噪声、有毒有害废物等）达标排放。

⑫扬尘污染控制有效。

⑬生活污水排放去向符合有关规定。

⑭社区环境清洁，无死角。

⑮有便利的垃圾分类收集设施，做到日产日清，无高空抛撒、随意丢弃、焚烧垃圾现象。

⑯社区定期开办环保课堂或举办讲座等，对居民进行环保知识和环保法制的教育。

⑰定期开展环保宣传，通过板报、橱窗等形式宣传环保知识和政策法规，公布空气质量日报，张贴环保公益宣传画，营造浓厚的社区环保

氛围。

⑱结合"六·五"世界环境日等重要环保纪念日，组织开展各类环保主题活动，参加活动人次在社区居民总数的 30%以上。

⑲组织环保志愿者队伍开展经常性的社区环保宣传活动。

⑳与周边学校、企事业单位开展环保共建活动。

㉑开展年度绿色家庭评选活动。

㉒倡导使用清洁能源。

㉓推广使用布袋子、菜篮子等非一次性用具，减少白色污染。

㉔倡导绿色消费，提倡购买无公害环保的产品。

㉕家庭装修崇尚简约，装修各环节体现环保意识，降低环境污染。

㉖开展节水、节电等节约资源的活动。

㉗保护动物，不销售、食用受国家保护和对环境有益的动物。

㉘爱护花草树木，社区内绿化得到有效保护。

㉙社区可绿化面积均已绿化，2002 年后新建社区的绿化覆盖率大于 35%。

㉚社区景观用水循环使用率大于 50%。

㉛提倡用循环水浇灌社区花草树木。

㉜公共设施中节能灯和节水龙头使用率大于 70%。

（4）创建特点。在"绿色"创建工作中，天津市根据社区不同特点，按照"软件从严，硬件从实"的原则，开展绿色社区创建活动，主要呈现如下特点。

①针对环境硬件建设较好、环境整洁优美的新建社区，推广实行 ISO 14000 环境管理体系，实行环境痕迹管理，建立了完整的档案管理资料。

②针对人文环境较好、有一定基础的社区，把建设社会主义精神文明、提高社区环境管理水平与推动环保公众参与相结合，积极开展群众性环保互动活动。

③针对老社区、环境基础薄弱的社区，以"普及环保知识、提高环境意识"为目的，坚持开设环保课堂，在社区内开展节水节电、垃圾分类、清脏护绿等活动。

（5）环境教育活动。

①"共创美好家园"拒绝白色污染活动。2001年，天津市环境保护局与《今晚报》团委共同组织了"共创美好家园"拒绝白色污染活动，并向市民发出了题为《管住自己的双手，共创美好家园》的倡议书。

②"环保进社区"活动。2002年至今，天津市环境保护局深入落实天津市"六进社区"活动要求，在全市开展了"环保进社区"活动。活动坚持集中宣传与分散宣传相结合、家庭创建与社区创建相结合、抓正面典型与抓整体推进相结合、抓硬件建设与抓软件建设相结合，不仅为社区居民参与环境保护提供了有效载体，而且为天津创建国家环境保护模范城市、建设生态城市作出了贡献。

③"社区环保课堂"活动。2002年5月至今，天津市充分利用社区精神文明创建"五个一"活动阵地、社区未成年人学校、社区党校、社区图书室、社区文化娱乐室等场所，开设规模不等的"社区环保课堂"。尤其是以"课堂设在家门口，专讲百姓身边环保事"为特色的南开区"社区环保课堂"影响最大，不仅授课主体多层次，授课对象也多层次，以群众身边的、关注的环境热点问题为内容，以简便易行、生动活泼的活动为形式，以推行ISO 14001环境管理体系为重点。其经验和做法得到了国家环境保护总局的充分肯定。2003年，《人民日报》《光明日报》、新华社、中央电视台、中央人民广播电台、《中国环境报》等中央媒体专程来津进行采访报道。2004年，《中国环境报》以它为切入点，在全国掀起了"环保平民化"大讨论。截至2010年，全市有380多个社区开设了"环保课堂"，组织专题讲座720多期，近40万社区居民直接受到了环保知识系统教育。

④"1+1 000"活动。2005年3月，天津市启动了"1+1 000"活动，

即在每个街道创建 1 个绿色社区、1 000 户绿色家庭。为配合此活动的深入开展，天津市妇女联合会在社区开展了绿色家庭创建活动；共青团天津市委员会组织青少年参加"爱护母亲河"活动；天津市民政局积极采取措施改善社区环境基础设施，丰富社区环境文化建设，为"1+1 000"活动推力加油。

⑤"捐闲置物品，过绿色生活，建环境友好型社会"环保主题宣传活动。2005 年 6—7 月，按照国家环境保护总局要求，天津市环境保护局、天津市民政局联合开展了天津市"捐闲置物品，过绿色生活，建环境友好型社会"主题宣传活动，历时 1 个月。全市 27 个绿色社区、27 个绿色学校、46 个环境友好企业，共计 3 万余人参加了活动，共捐赠衣物、文具、小家电、玩具、书本等物品 5 万余件。活动期间，天津市环境保护局组织系统内干部职工踊跃参与，共捐赠闲置物品 4 000 余件。活动捐赠物品由天津市民政局建立的爱心超市收集，一部分提供给社区内贫困户和低保户，另一部分适时发往边远贫困山区。

⑥社区环境圆桌对话项目。2007 年 7—12 月，为拓宽公众参与平台，进一步推动绿色社区创建工作，天津市开展了社区环境圆桌对话项目试点工作。在和平区崇仁里社区和河北区大江里社区分别召开了社区环境圆桌对话会，针对社区内有关环境问题，利益方与责任方代表进行了平等对话和协商，达成了共同维护社区环境，营造良好生活环境的共识，并签订了整改协议。社区环境圆桌对话探索出了民主解决社区环境问题的新途径。

⑦"社区 1 000 家碳排放调查及公众环境教育项目"交流活动。2008 年，根据环境保护部的安排，天津市和平区庆有西里与江苏社区开展了"社区 1 000 家碳排放调查及公众环境教育项目"交流活动。活动中，天津市和平区庆有西里社区展示了绿色社区创建成果，得到了兄弟省市的好评，同时也学习了江苏社区开展环境教育活动的新方式和新方法，促进了自身创建水平的提高。

⑧"老社区，新绿色"环保公益行动。2009年4月，环境保护部宣传教育中心、天津市环境保护宣传教育中心、远洋之帆公益基金会、远洋地产"老社区，新绿色"环保公益行动、远洋地产（天津）有限公司联合开展了"老社区，新绿色"环保公益行动天津项目。在项目实施过程中，河东区试验楼社区完成了8个楼栋的楼道粉刷，安装了6个雨水樽，开展了跳蚤市场活动；塘沽区文安里社区完成了3个楼门文化建设的改造，安装了9个雨水樽，开展了环保知识讲座，使昔日老社区楼道面貌焕然一新，社区环境得到了一定改善。

⑨"我助社区创绿色"活动。2009年5月，天津市环境保护局、南开区环境保护局、南开区王顶堤街道办事处以及南开大学、天津师范大学等4所大学的大学生环保社团共同开展了"我助社区创绿色"高等院校环保社团与创绿社区结对子活动。参加此次结对子的社区有南开区观园里社区、宁乐里社区、沱江里社区、龙井里社区。大学生环保志愿者向社区递交了《绿色社区达标合理化建议书》和针对社区环保盲点制定了《助力绿色社区达标一年规划》，通过开辟社区环保宣传栏、建立流动环保图书角、开设环保课堂等形式，助推了社区绿色创建活动的开展。

⑩"酷中国——示范社区建堆肥栏、楼门文化"项目。2010年，环境保护部宣传教育中心、美国环保协会、远洋之帆公益基金会和天津市环境保护局共同开展了"酷中国——示范社区建堆肥栏、楼门文化"项目，并确定在天津市市级绿色社区南开区观园里社区实施该项目，建设两个堆肥栏，在两栋楼开展楼门文化建设。堆肥栏选用废旧家具、废弃PVC板及外购环保木板条制成，并在堆肥栏上张贴文字说明牌，发动居民在小区收集落叶，最终超额完成了堆肥栏建设目标。对参与楼门文化建设的楼栋进行粉刷，选择可重复使用的画框制成环保宣传画悬挂在楼道，宣传画内容为历届全国大学生环保创意大赛获奖作品。

⑪"低碳环保课堂"社区公益活动。2009年11月，天津市在南开

区观园里、宁乐里、沱江里等绿色社区开展了以低碳大讲堂、观看环保电影和低碳环保展览为主要形式的"低碳环保课堂"社区公益活动。环保专家和大学生走进社区低碳大讲堂,向社区居民讲授低碳环保知识和低碳生活小窍门;组织居民阅览低碳生活环保展板、观看环保电影、制作并张贴环保标语,开展环保咨询和知识竞赛等低碳减排公益活动。

3. 绿色家庭

(1)创建总体情况。2001 年,天津市精神文明建设委员会办公室、天津市妇女联合会、天津市环境保护局以创建国家环境保护模范城市活动为契机,在全市开展了创建绿色家庭活动。特别是 2003 年以来,天津市妇女联合会和天津市环境保护局以"唤起更多家庭成员保护环境的自觉意识,促使更多的家庭成员加入到绿色家庭创建的行列中来"为目标,以"倡导绿色生活,营建绿色家庭"为主题,以家庭喜闻乐见的形式,广泛开展了绿色家庭知识竞赛、环保征文演讲、环保作品展示等丰富多彩的宣传活动,教育引导了广大家庭成员自觉树立保护环境从我做起、从家庭做起的意识,把创建绿色家庭作为家庭生活的重要内容,作为文明家庭创建活动的重要内容和争创"学习型家庭"的条件。截至 2010 年,全市有绿色家庭 143 744 户,其中市级绿色家庭 309 户,国家级绿色家庭 18 户。

(2)领导机构及职责。天津市绿色家庭创建活动与绿色社区创建活动领导机构同隶属于天津市绿色社区创建领导小组,办公室设在天津市环境保护宣传教育中心。天津市妇女联合会负责组织开展全市绿色家庭创建工作,各级妇女联合会与环保部门配合开展绿色家庭创建工作。

(3)评估标准。

①家庭成员掌握一定的环保知识,有较强的环境法制观念和环保意识。

②家庭成员行为符合环保规范,如不制造影响他人生活的噪声等。

③家庭装修简约，装修各环节体现环保意识，降低室内环境污染。

④家庭环境绿化美化，种植花草，室内空气清新。

⑤家装用具为节能型，节约使用资源。

⑥家庭生活垃圾分类，废旧物品得到充分利用。

⑦选用环保清洁产品，如无磷洗涤剂等，拒绝使用一次性用品。

⑧爱护动物，不销售、食用受国家保护和对环境有益的动物。

⑨爱护花草树木和公共设施。

⑩每年至少参加一次社区环保公益活动，自觉维护公共卫生，绿化美化社区。

（4）环境教育活动。

①"智慧环保，简约生活"家庭环保展示大赛。2006年，天津市妇女联合会与天津市环境保护局联合开展了天津市绿色家庭"智慧环保，简约生活"环保展示大赛活动，来自18个区县的绿色家庭发明、制作了200余件环保和简约的生活用品，创作了多篇生活小窍门稿件并发出倡议，号召全市家庭进一步强化环境保护意识，在生活中崇尚自然，厉行节约，为建设节约型社会作出努力。

②"妇女携手迎奥运 节能减排我先行"示范活动。2008年，天津市妇女联合会、天津市环境保护局、天津市科学技术协会、河西区区委、天津电视台联合举行了"妇女携手迎奥运·节能减排我先行"科技活动周示范活动。活动现场为绿色家庭代表和节能环保志愿者代表发放了节能灯具、环保布袋和宣传品，向在"节能环保、简约生活"小发明小制作DIY大赛中的获奖单位颁发了荣誉证书。社区居民代表表演了节能减排文艺节目，并发出了"节能减排、简约生活"的倡议。南开大学、天津师范大学环保社团开展了宣传咨询、环保游戏、节能环保知识科普讲座、有奖竞答、家庭环保小制作和"绿色进我家"园艺盆景展示等活动。同年，在全国绿色家庭资源节约行动DIY大赛上，天津市妇女联合会、天津市环境保护局获优秀组织奖。

③"拒绝塑料袋、使用布袋子"行动。2008年5月,天津市妇女联合会、和平区妇女联合会联合开展了"拒绝塑料袋、使用布袋子"行动。活动中,为群众发放了环保布袋、环保科普宣传画、宣传折页,利用展牌宣传环保知识和环保窍门。大学生环保志愿者也进行了咨询宣传活动。

④"酷中国"全民低碳行动项目——家庭碳排放调查环保公益行动。2009年6月—2010年6月,环境保护部宣传教育中心和天津市环境保护宣传教育中心联合开展了"酷中国"全民低碳行动项目——家庭碳排放调查环保公益行动。南开区观园里社区、宁乐里社区、沧江里社区的330户家庭参加了低碳排放调查,建立了家庭调查管理库。该项目受到了新闻媒体的广泛关注,共刊播、转载活动稿件40多篇。

⑤"低碳家庭·时尚生活"环保主题活动。2010年,天津市精神文明建设委员会办公室、天津市妇女联合会、天津市环境保护局联合开展了"低碳家庭·时尚生活"主题系列活动。广泛发动妇女和家庭成员参与"低碳家庭·时尚生活"知识竞赛、读书征文、"从点滴做起,低碳环保,保护家园"倡议签名承诺以及家庭低碳档案活动,全市20 000余个家庭参与建立低碳档案,记录家庭节能过程。同时,以"创建低碳家庭"、"低碳社区"等群众性创建活动为载体,评选表彰了100户市级低碳生活优秀家庭,推荐报送了36户全国低碳生活创新明星家庭。

⑥"百万家庭低碳出行行动"系列宣传实践活动。2011年,为引导和带动广大家庭成员提高文明出行意识,营造文明出行良好氛围,天津市妇女联合会开展了"百万家庭低碳出行行动"系列宣传实践活动。活动期间,在天津妇女网开设了"文明交通从我做起"活动专栏、半边天家园"低碳出行宣传栏",发动巾帼宣讲团、家庭志愿者深入社区开展宣传;在天津人民广播电台交通台开设了"低碳出行、时尚生活"大家来提醒栏目;开展了家庭低碳达标示范活动和低碳家庭健康万里行活动。

三、环境教育基地

1. 天津市环境教育基地概况

环境教育基地是开展环境教育、提高社会公众环境意识和参与环保实践能力的重要场所。充分发挥环境教育基地的作用，是做好环境教育工作的基本保证。2000 年，为落实国家环境保护总局、中共中央宣传部、教育部《全国环境宣传教育行动纲要》(1996—2010 年)和《2001—2005年全国环境宣传教育工作纲要》的要求，天津市启动了环境教育基地建设工作，每年召开研讨会，根据环保重点工作研究年度环境教育基地工作计划和实施方案，明确分工，落实责任，逐步形成了以环境教育基地为主导，环保部门为指导的工作机制。截至 2010 年，天津市共命名了天津自然博物馆、天津市少年儿童图书馆、天津市蓟县中上元古界国家自然保护区、摩托罗拉（中国）电子有限公司 4 个市级环境教育基地。

多年来，天津市紧紧围绕环境保护中心工作，以绿色社区、绿色学校创建活动为依托，加强环境教育基地建设，发挥环境教育资源优势，充分利用各种环境保护纪念日和有利契机，开展了一系列丰富多彩的环境教育活动。天津市自然博物馆的临时展览、巡回展览、"植物造就乐园"——《假日 100 天》读者走进自然博物馆主题活动；天津市少年儿童图书馆的环保征文、绘画、读书比赛等环保主题实践活动；蓟县中上元古界国家自然保护区常年坚持开展的环保地质科普专题宣传、地质遗迹保护展览，以及摩托罗拉（中国）电子有限公司的"绿色中国项目"等，对普及环境保护知识，开展全民环境教育、提高公众环境意识都起到了促进作用。据统计，天津市环境教育基地年平均访客量达到 42 万余人次，不仅为广大社会公众提供了感受环保、参与环保的公共场所，也进一步扩大了环境宣传教育的覆盖面。

2．天津市环境教育基地

（1）天津自然博物馆。

①简介。天津自然博物馆是国家首批科普教育基地，国家一级博物馆，丰富的馆藏资源、丰硕的科研成果以及独特的科普阵地成为该馆进行自然科学普及和宣传的重要资源。基本陈列展示以序厅、海洋世界、恐龙大观、古哺乳动物厅、动物生态厅、世界昆虫厅、海洋贝类厅、电教厅为板块，从不同领域和角度表现物种的多样性、生态的多样性以及人与自然的和谐。天津自然博物馆具有先进的科技展教设施，自主研发了恐龙拼图、昆虫变态、多媒体触摸屏等参与项目，并力求达到一流的管理与服务。2001 年 4 月 22 日，天津市自然博物馆被命名为天津市环境教育基地。

②环保公益活动。2008 年，天津自然博物馆举办专题展览 7 个，3 个展览赴青海省博物馆、广东省博物馆等省市巡回展出，6 个展览在天津市各大学、有关单位、区县、社区巡回展出，接待观众 8 万人；举办科普讲座 12 次，3 200 人参加活动；举办了"关爱生灵、保护鸟类"主题活动，在博物馆界首创环保科普情景剧——《鸟儿的心声》。该剧于 2008 年 4—12 月在天津自然博物馆展厅、天津市和平区中心小学、天津市塘沽区第十五中学及北京全国农业展览馆等地巡回演出 35 场，30 000 人参加观看。该剧公演后产生了巨大的社会效益，获得了全国科普场馆科普互动剧创作表演大赛优秀提名奖。

2009 年，天津自然博物馆举办、引进专题展览 4 个，3 个展览赴太原动物园、广东省巡回展出，4 个展览在天津市各区县、社区巡回展出；举办科普讲座、报告 28 次，7 600 人参加活动；组织科普活动 10 余次，参与人数达 10 万人次。其中影响较大的有：与《假日 100 天》共同发起的"植物造就乐园"读者走进自然博物馆主题活动；绿色节水宣传使者征集令节水宣传活动；第十七届"世界水日"，第二十二届"中国水周"，"落实科学发展观，节约保护水资源"——大型现场宣传活动；第二十八届爱鸟周，"关注鸟类、保护自然"主题宣传活动；"快乐自然走进津南"系列科普活动；"祝福祖国花朵"主题活动；"呵护多彩的大自然"纪念"六·五"世界环境日活动；"小记者探秘动物王国"暑期活动；七天行动改变世界——国际爱护动物行动周活动。同年，天津自然博物馆增设了《走进野生动物王国——肯尼斯·贝林捐赠标本专题展》展区，新增展品 135 件、展板 14 件、挂图 18 件。

2010 年，天津自然博物馆共接待观众 33.5 万余人，全年完成讲解 2 506 场，组织科普讲座 48 场，以情景剧、舞蹈、相声、小品等艺术形式，举办科普知识演出专场共演出 18 场，开展科普活动 8 项。其中影响较大的有：3 月为迎接世界水日，开展的"认识奇妙的水知识"讲座；4 月开展的爱鸟周活动；5 月开展的科技周系列主题活动。全年展出临时展览 3 项：包括《永远的达尔文》图片展（英国大使馆文化教育处捐赠）、野生虎保护展（国际动物基金会与天津自然博物馆合作）、《聆听大地的声音》生物多样性之旅巡展（环境保护部宣传教育中心与天津自然博物馆合作）；巡回展览 3 项：包括《生态城市》展览赴湖北宜昌博物馆展出，《昆虫展》《珊瑚展》在广东境内巡回展出为期 1 年。此外，还完成了天津市科学技术委员会资助项目"古生物大探秘实验室"展览设计工作，并于当年 12 月 24 日试对外开放。

（2）天津市少年儿童图书馆。

①简介。天津市少年儿童图书馆是天津市青少年的信息中心、文化中心、教育中心、阅读中心，是公益性文化事业单位，总建筑面积 5 022.47 平方米，是全国最早设立的少年儿童图书馆之一，已故国家名誉主席宋庆龄曾为该馆题写馆名，现已形成"以阵地借阅服务和阵地活动为立足点，以社会读书活动和分馆建设为双翼"的"一点两翼"办馆特色。2000 年以来，天津市少年儿童图书馆致力于旨在实现均衡阅读的理念，在全市及外省市陆续建立分馆，数量已达 68 个。2007 年，由天津市少年儿

童图书馆发起主办的全国第一个"天津动漫文献基地"在当年"六一国际儿童节"正式对外开放。同年 11 月，"全国图书馆联合编目中心少年儿童图书馆中心"在天津市少年儿童图书馆成立。多年来，天津市少年儿童图书馆先后荣获国家一级图书馆、全国"维护妇女儿童权益"先进单位、天津市第二届读书节先进单位、天津市"十五"立功先进集体、天津市实施妇女儿童发展规划先进集体等荣誉称号。2011 年被中国图书馆学会命名为"全民阅读示范基地"；2012 年 2 月 8 日被中央文明委授予"全国未成年人思想道德建设先进单位"称号。

②环保公益活动。1997 年至今，天津市少年儿童图书馆每年都与国际爱护动物基金（International Fund for Animal Welfare，IFAW）合作，定期举办爱护动物行动周活动。现已举办 13 届，发动天津市内六区及郊县共 37 所学校、幼儿园参加，其中 500 余人获奖。

1997 年、1999 年，为了让天津市中小学生更直接、更深入地了解保护环境、爱护动物的重要性，天津市少年儿童图书馆与国际爱护动物基金会合作，进行了一系列动物保护的展览及活动，内容包括保护藏羚羊、黑熊、亚洲象等。

2000 年，爱护动物行动周活动以"紧急救助动物"为主题，通过走进社区，号召社会公众保护野生动物，进而认识到"保护自然环境就是保护我们自己"。

2001 年，爱护动物行动周活动以"科学救助动物"为主题，组织小读者观看纪录片、参与"一棵树周围的野生动物"问卷调查、参加动物明信片设计大赛等活动。

2002 年，爱护动物行动周活动以"为后世子孙保护鲸类"为主题，开展青少年绘画活动，并将部分作品制作成明信片在世界各地向人们传达着动物福利的信息。

2003 年，爱护动物行动周活动以"保护地球上最后的大象"为主题，走进分馆，发动学生用画笔为大象签名请愿，以此告诉人们动物们每时每刻都在因遭受不断增加的人为威胁而走向灭绝边缘。

2004 年，爱护动物行动周活动以"它们属于大自然——拒绝野生动物贸易"为主题，组织学生通过活动了解野生动物及其制品的商业开发和贸易导致野生动物走向灭绝，向社会公众呼吁"保护野生动物，保护自然环境，珍爱生命"。

2005 年，爱护动物行动周活动以"关爱我们身边的动物朋友"为主题，走进校园，在学生中征集体现人与动物和谐共处的 DV 和照片，协办了"和它在一起"人与动物 DV 影像作品征集比赛、展播活动及北京自然博物馆大型图片展。

2006 年，爱护动物行动周活动以"海豹的劫运"为主题，走进各个分馆、阳光书屋，通过展示图文并茂的宣传板，组织观看影片、开展参与游戏，普及保护海豹的观念。

2007 年，爱护动物行动周活动以"抢救生命，与时间赛跑！动物紧急救援"为主题，走进校园，组织学生参加主题绘画、观看纪录片、参与问卷调查等活动。

2008 年，爱护动物行动周活动以"海洋中的精灵"为主题，组织各分馆开展观看宣传片，举办知识竞赛、绘画、写作竞赛等活动，让公众更多地了解世界各地海洋生物的情况及如何行动来保护它们。

2009 年，爱护动物行动周活动以"同一蓝天下"为主题，开展了环保袋设计、课本剧表演等活动，使学生进一步了解保护动物的重要性，生物多样性和生态系统的联系，以及人类活动对此产生的影响。

此外，天津市少年儿童图书馆还与民间环保团体"自然之友"合作，进行了环境教育流动教学"羚羊车"环保宣传教育活动（"羚羊车"项目是中国首家与德国"拯救我们的未来"基金会合作创办的，车上有各种教学设备、环保游戏所需材料、书籍、图文录像资料和各种文具，用于现场教学，可以让学生轻松、愉快地接受环保教育）。该活动为期 3 天，参加人数超过 500 人。

2002 年 5 月 30 日，天津市少年儿童图书馆被命名为天津市环境教育基地。

（3）天津市蓟县中上元古界国家自然保护区。

①简介。天津市蓟县中上元古界国家自然保护区是 1984 年 10 月经国务院批准建立的，是以保护特殊地质遗迹——蓟县中上元古界标准地层剖面为对象的中国第一个国家级地质类自然保护区。天津市蓟县中上元古界国家自然保护区北起长城脚下的常州村，南至县城北府君山，总面积约为 900 公顷。保护对象中上元古界地层总厚度 9 194 米，划分为 3 系、12 组、105 个地层单元，记录着地球形成距今约 18 亿年前至 8 亿年前间的地质演化史。该地层以岩层齐全、出露连续、保存完好、构造简单、变质极浅和古生物化石丰富等得天独厚的特色闻名于世。赋存着反映当时的古地理、古生物、古气候、古构造、古地磁等大量的自然信息和多种金属、非金属矿产资源。因此，保护好、管理好、规划好、建设好蓟县中上元古界国家自然保护区意义重大。天津市蓟县中上元古界国家自然保护区的建立，不仅填补了中国地质类自然保护区的空白，而且为天津乃至全国的地质科研、科普宣传、特殊地质遗迹保护、自然资源和生态环境的恢复等方面提供了一个良好的展览和演示场所。1999 年 11 月，中国科学技术协会命名天津市蓟县中上元古界国家自然保护区为"全国科普教育基地"。同年 12 月，科技部、中共中央宣传部、教育部和中国科学技术协会联合命名天津市蓟县中上元古界国家自然保护区为"全国青少年科技教育基地"。2003 年 4 月 18 日，天津市蓟县中上元古界国家自然保护区被命名为天津市环境教育基地。

②环保公益活动。天津市蓟县中上元古界国家自然保护区管理处始终把地质科普知识的宣传教育作为工作重点，充分发挥该保护区全国科普教育基地和天津市环境教育基地的作用，不断向广大社区公众和中小学生进行科普知识的宣传教育。每年利用"四·二二"地球日、"六·五"世界环境日和科技周，深入村、镇发放宣传材料，传播科学思想，普及

科学知识；深入中小学，讲解地质知识，组织学生参观学习；同时在不影响和破坏区内生态环境的基础上，组织相关专业大中专学生参观考察地层剖面。每年来参观中上元古界地质陈列馆或到此接受地质科普知识教育活动的有近万名大、中、小学生和社区公众。

2008年4月，作为全国科普教育基地，与中央电视台合作完成《中国地理探奇》3集，社会反响强烈。

2008年5月，科技周期间，与天津市蓟县城关镇东北隅小学联合开展了"爱家乡，爱自然"主题活动，全体师生参观了中上元古界地质陈列馆。

2009年10月，与日本神户大学建立了友好关系，接待理学部师生20余人，以中上元古界为载体，建立了国际交流平台。

2009年12月，向辖区内21个自然村发放了中上元古界科普知识挂历、台历，宣传了科普知识。

2010年7月，接待了河北泥河湾国家级自然保护区人员来津交流学习，为进一步提高管护水平、实现规范化建设奠定了基础。

2010年9月，中国石油公司东方地球物理分公司人员参观了中上元古界地质陈列馆，并到保护区剖面进行了实地考察。

2010年10月，中国海洋石油公司研究总院人员参观了中上元古界地质陈列馆，并考察了大红峪沟剖面。

2011年3月，河北地质勘察院人员参观了中上元古界地质陈列馆，并到剖面进行了实地考察。

2011年5月，天津农业大学师生参观了中上元古界地质陈列馆，并到剖面进行了实地考察。

2011年7月，中国地质大学（武汉）人员参观了中上元古界地质陈列馆，并到剖面进行了实地考察。

（4）摩托罗拉（中国）电子有限公司天津生产基地。

①简介。摩托罗拉（中国）电子有限公司是摩托罗拉全球最大的

生产基地之一。不仅拥有现代化工厂和精湛技术，而且在每个生产环节都注重环保，每年投入大量资金引进先进的环保设备，并投入大量的资金和人力保证环保设备的正常运行。1994—2006 年，摩托罗拉（中国）电子有限公司天津生产基地获得了由天津市政府、天津经济技术开发区管理委员会、天津经济技术开发区环境保护局颁发的环保奖。2004 年 6 月 5 日，摩托罗拉（中国）电子有限公司被命名为天津市环境教育基地，是天津市唯一设在企业内的环境教育基地。2005 年 11 月 29 日，摩托罗拉（中国）电子有限公司被授予天津市环境友好企业称号。

②环保公益活动。自 2004 年被命名为天津市环境教育基地以来，摩托罗拉（中国）电子有限公司多次组织学生到其天津生产基地参观，接待国外研究院学生，履行了企业参与社会环境教育的责任。

2004 年 6 月 5 日，摩托罗拉（中国）电子有限公司在天津市银河公园隆重举行了"绿色中国项目"启动仪式。该项目致力于绿色制造，推出绿色服务快车，在全国范围内开展面向学校和社会的环保宣传，倡导环保行为。

2005 年 6 月，天津经济技术开发区环境保护局开展了"营造绿色城市，呵护地球家园"环保宣传活动。摩托罗拉（中国）电子有限公司积极参与其中，现场回收摩托罗拉手机和零部件，为参与回收活动的消费者免费发放购买摩托罗拉原装配件的优惠卡。

2005 年 11 月，摩托罗拉（中国）电子有限公司、北京市朝阳区政府和北京工业大学共同启动了"废旧电子电器资源化成套技术及关键设备"研发项目。摩托罗拉（中国）电子有限公司为该项目提供了技术研发的支持。

2005 年 12 月，中国移动通信、摩托罗拉和诺基亚 3 家企业联合在全国 40 个重点城市共同开展了"绿箱子环保计划——废弃手机及配件回收联合行动"。约 1 000 家中国移动自办营业厅和摩托罗拉及诺基亚的各 150 家销售中心、维修服务中心长期设立专用于回收废弃手机及配件的"绿箱子"。该活动回收的废旧手机及配件由中国移动通信、摩托罗拉、诺基亚三方共同委托专业公司进行无害化处理，并对其中部分成分进行回收再利用。

四、环境教育培训

在环境教育工作中，需要有一批掌握环保知识、热衷环境教育的学校领导、骨干教师和街道、社区负责人。他们的教育教学水平和管理水平直接影响着环境教育的质量和效果。为此，天津市注重面向学校（幼儿园）、社区定期开展环境教育培训班，并把培训情况作为绿色学校（幼儿园）、绿色社区评估验收的重要指标。培训班通过邀请国家和地方环境教育专家进行专题讲座，国家级、市级绿色学校（幼儿园）、绿色社区代表进行经验交流与成果展示，使广大环境教育工作者更新了环境教育理念，交流了环境教育经验，更促进了全市环境教育质量的提高。2001 年以来，为提高党政领导干部、企业员工的环境意识，天津市每年除举办绿色学校（幼儿园）、绿色社区环境教育培训，还举办了以下培训。

2003 年，国家环境保护总局有关专家和天津市环境保护局领导在中共天津市委党校分别以"循环经济与新兴工业化道路"和"认真实践'三个代表'，促进环境与经济双赢"为题，进行专题报告，使环境教育纳入了党校课程，实现了环境宣传教育向高级决策层的拓展延伸。

2004 年 7 月，天津市环境保护局领导在中共天津市委党校局级领导干部培训班通过多媒体演示、教学互动方式，进行了"树立和落实科学发展观　努力改善天津生态环境质量"专题讲座。

2004 年 8 月，为落实天津市政府《关于对小型化工企业污染实行综合治理的通知》要求，天津市环境保护局举办了区县企业法人环保法律法规培训班，为综合治理小型化工企业环境发挥了积极的作用。

2006 年 7 月，天津市环境保护宣传教育中心、天津市环境监察总队联合举办了天津市环境法制教育培训班。天津市环境保护局相关领导出席了培训班开幕式并致辞。全市各区县 100 余家大中型企业、重点排污单位的环保负责人 120 余人参加了培训。培训班上，天津市纪委、市监察局及环保系统的 9 位专家分别就《环境保护违法违纪行为处分暂行规定》，大气、固体废物、噪声等环境污染防治和排污费征收使用管理等方面的法律法规作了详细讲解，耐心解答了学员们结合实际工作提出的防治企业环境污染方面的难点、热点问题。

2006 年 12 月，天津市环境保护宣传教育中心举办了"护环境　爱自然"——2006 大学校园环保知识讲座。来自全市各大学的 28 个环保协会的 300 名大学生志愿者参加了活动。天津市环境保护局有关专家以"巩固创模成果，创建生态城市"为主题，以天津创模、创建生态城市为内容，为大学生们上了一堂生动的环保课，使大学生们普遍感到课时虽短，但受益匪浅。

2007 年 1 月，天津市环境保护局、天津经济技术开发区经济技术培训中心和一汽汽车丰田有限公司联合举办了一汽汽车丰田有限公司高级管理人员环境教育培训班。该公司 30 余名高级管理人员参加了培训。此次培训以"发展循环经济，保护生态环境，促进天津可持续发展"为内容，面向公司日本籍高级管理人员进行环保知识讲座。

2009 年 4 月，天津市环境保护局、天津格林园酒店联合举办了格林园酒店员工环境教育培训班。该酒店 70 多名员工参加了培训。天津市环境保护局有关专家作了题为"宾馆环境保护"的专题讲座。

2009 年 5 月，天津市环境保护局举办了蓟县企业法人环保法制、清洁生产环境教育培训班。蓟县 110 名企业法人参加了培训。天津市环境保护局、天津市环境保护科学研究院有关专家就清洁生产的意义、清洁生产的经济效益和环境效益以及企业肩负的社会责任、应遵循的社会道德和环境执法常见的问题进行了讲解。

2010 年 11 月，天津市环境保护宣传教育中心与天津市环境保护局联合举办了 JICA 提高天津市环境管理能力培训班。天津市环境保护局相关领导出席了培训班开幕式并致辞。来自全市环保系统、教育系统、市级绿色学校（幼儿园）、绿色社区、环境教育基地、环保 NGO 及热心环保公益事业的企业代表共 100 余人参加了培训。培训班由天津市部分赴日研修人员做研修专题报告，日方环境教育专家观摩了天津市部分市级绿色学校（幼儿园）和绿色社区环保课堂。

2010 年 11 月，天津市环境保护宣传教育中心与中沙（天津）石化有限公司共同举办了企业环境教育培训班。中沙（天津）石化有限公司安全环保部和各装置环保管理人员共 20 余人参加了培训。培训主要围绕水污染和固体废物的相关法律法规及标准进行了专题讲座。

五、环境教育法制化进程

为推动天津市环境教育立法工作，2010 年天津市实施了推进环境教育立法调研项目。该项目旨在探索通过立法，规范环境教育工作的必要性和可行性，并达到明确政府部门、企事业单位、社会团体、公民对环境教育的责任、权利和义务，加强环境教育工作，增强全社会的环境保护意识，有效推动天津生态城市建设进程，促进人类、自然和社会的可持续发展的最终目标。为推动《天津市环境教育条例》立法，天津市环境保护局专门成立了以局主要领导为组长的推进环境教育立法研究工作领导小组，环境保护部宣传教育司和宣传教育中心也给予了大力支持，专门组织北京师范大学教育专家来津座谈、研讨、论证、指导天津开展环境教育立法工作。《天津市环境教育条例》已列入天津市人大常委会 2011 年度立法计划的预备项目，条件成熟后，适时安排审议，这是天津在推动环境教育立法工作上取得的阶段性成果。

第四节　公众参与

一、公众参与概述

1. 公众参与的概念

公众参与是指公众依据有关法律、法规或规章的规定，有权通过一定的程序或途径参与一切与环境利益相关的活动，如参与环境决策、监督、救济，使这些活动符合广大公众的切身利益。这里的公众包括公民、法人或其他团体组织。公众参与是社会主义民主原则在环境保护领域的延伸和发展，是公众的一项基本权利。无论是在环境法理论还是实践中，都具有十分重要的地位和作用，其目的是促进公众在环境保护的整个过程中广泛地参与，获取公众对与环境相关的各种活动的充分认可，并保护公众利益免受不合理的危害或威胁，进而取得经济效益、社会效益和环境效益的协调统一。我国现行的法律、法规、规章如《中华人民共和国环境保护法》《中华人民共和国环境影响评价法》《中华人民共和国行政许可法》《环境影响评价公众参与暂行办法》都对公众参与制度作了相应的规定。

2. 我国公众参与的主要模式

（1）听证会。在公开场合收集相关利益人的意见。2005 年国家环境保护总局曾举行了圆明园防渗工程环境影响听证会，不仅大幅度提高了公众的环境意识，也有效地提高了政府决策的质量和公信度。《环境保护行政许可听证暂行办法》规定了 2 类建设项目和 10 类专项规划都可以实行环保公众听证。

（2）污染控制报告会。由环保部门和农村乡镇政府共同召集，组织地方经济管理部门、工业企业负责人、人大代表与普通居民参加，企业、政府与公众面对面地进行对话与讨论，以达到相互了解、相互谅解、相互促进的目的。

（3）环境司法诉讼。环境保护法律主体的民事权利受到或者可能受到损害时，为请求国家保护自己的合法民事权利而向人民法院对侵权行为人提起的诉讼。我国虽然还没有专门的环境诉讼立法，但依据现行环境保护法律、法规以及有关民法、诉讼法的规定，受到环境污染危害的单位和个人有权提起诉讼。

（4）通过环保非政府组织（NGO）参与。从早期的拯救藏羚羊系列活动、披露淮河污染到抗议怒江建坝，环保非政府组织在其中都发挥了不可忽视的作用。

3. 公众参与的意义

（1）公众参与有助于减少环境决策的失误。群众与环境紧密相连，对环境状况的好坏最为敏感，获取环境相关信息也最为便捷，让公众参与环境决策一方面可以使政府掌握完备信息，另一方面有利于集思广益，克服政府环境决策的有限理性，从而提高环境决策的正确性。

（2）公众参与有助于增强政府环境监管的实效。环境质量好坏直接关系到公众的切身利益，公众最具环境保护的热情和动力，且期望扭转环境状况恶化形势的愿望也最为迫切。合理引导公众对环境污染破坏者进行监督，由公众对污染和破坏环境的单位及个人进行检举和控告，使污染和破坏行为无所遁形。

（3）公众参与增强了公众对环境政策与政府环境决策的认同和支持，减少了环境政策推行过程中的阻力和因相对人不满环境管理行为而请求救济所导致的行政行为的反复，有利于环境政策和环境决策的推行。

（4）公众参与在一定程度上可以解决政府人、财、力紧张的问题。

面对政府资金、人力、物力不足的问题，需要发挥全社会的力量，吸纳更多的社会资金和环保志愿者投入环境保护事业。

二、环境信访

1. 天津市环境信访机构历史沿革及主要职责、职能

（1）历史沿革。20 世纪 80 年代初期，天津市环境保护局人民来信来访工作由天津市环境保护局办公室的专人具体负责。负责天津市辖区内环境污染和环保建议来信、来访的登记、转办、交办工作。由于环境信访工作量不断增加，1994 年设立信访办公室，独立办公，隶属于天津市环境保护局办公室，工作人员也由 1 名增至 2 名。此后，随着信息技术的发展和应用，天津市环境保护局信访办公室对市民通过电话、邮件等形式反映的问题也进行登记、转办、交办。

2001 年 12 月，天津市环境保护局 12369 环保举报中心成立，并向社会公布了 12369 环保举报电话，机构设置在天津市环境监察总队，主要负责环境污染举报工作。2002 年天津市环境保护局信访办公室担负的电话投诉工作移交至 12369 环保举报中心统一管理和受理，其职责也发生了变化，电话举报的信访问题由 12369 环保举报中心协调、交办、督办、调查、回复等。

（2）主要职责。天津市环境保护局信访办公室主要职责：一是执行国家和天津市有关环境保护法律、法规，落实上级领导的指示。二是接收、接待、接听群众来信、来访举报，并进行登记，交办各区县环境保护局及天津市环境保护局各相关业务处室、有关单位对环境污染的举报案件进行限时办理。三是承办上级机关转办、交办的环境信访事项；承办、协调领导交办的环境信访事项和领导交办的其他事项。四是向信访人宣传相关的环保法律、法规、标准和有关规定。五是督促检查环境信访事项的处理和落实情况，督促承办单位反馈处理结果。六是参

与调查处理有关环境信访事项，并向信访人按时反馈举报案件的查处情况。七是研究、分析环境信访情况，排查环境矛盾纠纷，对存在的不稳定因素尤其是可能引发群体性事件的苗头、事端，进行梳理和协调排解；及时向局领导和上级机关提出改进工作的建议。八是总结交流环境信访工作经验，检查、指导区县环境保护局的环境信访工作，组织环境信访工作人员培训。

（3）主要职能。

①受理群众的来信、来访等形式的举报工作，进行登记、整理、汇总，经领导批示后转天津市环境保护局各相关处室及各区县环境保护局调查处理；承办部门在 30 日内反馈天津市环境保护局信访办公室；反馈后登记备案，答复举报人。每季度向天津市环境保护局领导汇报交办和反馈情况，定期将环境信访工作通报各区县环境保护局。

②负责安排协调局长接待日工作。每月第一周周二上午天津市环境保护局领导亲自接听、接待群众的举报电话，现已坚持 20 余年。当天接待的情况，局领导当天批示，由天津市环境监察总队直接查处或转天津市环境保护局业务处室和区县环境保护局共同调查处理，办结时限为 15 个工作日，反馈后备案登记。

③信访转办工作。负责领导批办件（环境保护部、天津市委、市政府、市人大、市政协）的转办工作，当天批当天转，办结时限为 30 天，反馈后登记备案。按照规定时限，负责要求反馈件的反馈工作，报局领导审签后上报。负责向上级信访部门的报表工作，半年和年终向信访有关部门报告工作情况。

④群众来访工作。除局长接待日外，由天津市环境保护局信访办公室工作人员接待，随时上报接待情况，报天津市环境保护局主管领导批示后进行办理，反馈时限为 15 个工作日，反馈后登记备案。

⑤负责矛盾排查化解，预防和处置环境信访应急事件工作，按要求上报工作情况。

2. 天津市"九五"至"十一五"期间环境信访情况

"九五"期间，全市环保系统共受理环境污染问题的投诉、意见、建议共 24 104 件次，从来信、来访及电话反映的问题来看，噪声和大气污染投诉较为突出。其中：噪声污染问题 12 421 件，占总数的 52%；大气污染问题 8 993 件，占总数的 37%；水污染问题 1 717 件，占总数的 7%；固体废物污染问题 206 件，占总数的 1%；其他问题 767 件，占总数的 3%。

"十五"期间，全市环保系统共受理环境污染问题的投诉、意见、建议共 85 413 件次，从来信、来访及电话反映的问题来看，噪声和大气污染投诉较为突出。其中：噪声污染问题 43 735 件，占总数的 51%；大气污染问题 30 588 件，占总数的 36%；水污染问题 5 231 件，占总数的 6%；固体废物污染 1 211 件，占总数的 1%；其他污染问题 4 648 件，占总数的 5%。

"十一五"期间，全市环保系统共受理反映环境污染信访问题 82 152 件次。其中，来信 8 988 封、接待来访 2 402 批 4 766 人次、电子邮件 1 144 件、电话投诉 69 618 个，做到了件件有着落，事事有回音，处理率 100%。从来信、来访及电话反映的问题来看，噪声和大气污染投诉较为突出。其中噪声污染 38 929 件，占总数的 47.3%；大气污染 25 129 件，占总数的 30.6%；水污染 944 件，占总数的 5.5%；固体废物污染 248 件，占总数的 0.3%；电磁辐射污染 156 件，占总数的 0.2%；建设项目类 390 件，占总数的 0.5%；其他 12 782 件，占总数的 15.6%。

3. 天津市环境信访工作主要做法和成效

天津市环境保护局环境信访工作由浅入深，由粗到细，机构设置日臻完善，逐步形成了一套较为长效、科学、完整的工作体系，为做好环境信访工作提供了有力保证。

（1）领导重视，实施责任管理。天津市环境保护局党组始终把环境信访工作列入重要议事日程常抓不懈，并对局各业务处室和区县环境保护局实施有效的监督、检查、考核。市区两级环保部门严格落实环境信访领导责任制，均成立了党政一把手为组长的环境信访工作领导小组，做到了主要领导负总责，分管领导具体负责，其他领导按分工负责；定期研究环境信访工作，听取工作汇报，研究、分析环境信访案件的处理情况；亲自处理重要来信，亲自接待重要来访，亲自协调处置疑难信访事项。特别是针对夏季群众反映施工噪声扰民比较突出的问题，每年六七月天津市环境保护局组织执法人员进行夜查，对违法施工单位进行严厉查处。中、高考期间，为使学生有一个安静的考试环境，对各施工工地进行布控、检查，有效减少了施工扰民的投诉，全市各考点从未发生因噪声问题影响学生考试的情况。

（2）加强制度建设，逐步形成按制度办事、靠制度管人的管理机制。为规范环境信访工作程序，及时依法妥善地处理环境信访问题，2000年9月，天津市环境保护局依据《天津市信访条例》、国家环境保护总局《环境信访办法》和《环境信访规则》及有关规定，制定出台了《天津市环境保护局环境信访办理规则》。该规则明确了环境信访工作总则、遵循的原则、受理范围、办理程序及时限、督促办理、结案与归档等相关要求。新的信访条例实施后，为更快适应新时期环境信访工作的要求，天津市环境保护局依据国务院《信访条例》《天津市信访工作若干规定》、环境保护部《环境信访办法》和环境保护有关法律、法规，于2009年6月制定了《天津市环保局环境信访工作办法》，明确规定了办理环境信访工作总则、职责、程序及时限，进一步规范环境信访秩序，强化办理单位的责任。

为进一步加大环境信访突出问题化解处置力度，确保社会稳定，天津市环境保护局先后下发了《关于印发〈市环保局关于开展党政领导干部大接访活动实施方案〉的通知》《关于做好2009年天津市环境信访工

作的通知》《关于下发〈关于做好 2010 年环境信访工作的意见〉的通知》
《关于做好 2011 年天津市环境信访工作的通知》，对完善领导干部接访
和下访制度、做好因环境问题引发的矛盾排查化解工作、加强敏感时段
的环境信访工作等方面提出了具体要求。

（3）加强能力建设，做好矛盾纠纷排查化解工作，防范因环境问题
引发社会矛盾。多年来，天津市环境保护局始终把环境信访矛盾纠纷排
查化解作为经常性工作来抓，坚持矛盾纠纷排查化解工作月报告制度，
注重从源头预防和化解矛盾。在做好初信、初访的同时，将排查化解工
作重心下移、关口前移，把问题解决在当地，做到了有事抓化解，及时
消除矛盾纠纷；无事抓预防，从源头上减少不稳定因素。

（4）着力解决环境信访突出问题，提升工作水平。以"事要解决"
为核心，对有影响稳定的集体访和进京访苗头的环境信访案件，坚持用
综合办法妥善处置，防止矛盾激化引发新问题，同时坚持领导接访和下
访，切实解决影响群众生活的环境问题。通过领导干部接访和下访、局
长接待日、"公仆走进直播间"、《行风坐标》等，与群众面对面、零距
离接触，使一些影响群众生产生活中的环境污染问题得到了及时解决。
如武清区豆张庄乡村民联名反映西洲染整厂和大汉涂装厂水污染问题，
经武清区环境保护局现场检查发现，西洲染整厂排放的水污染物浓度超
过规定标准，大汉涂装厂的生产废水达标排放。该区环境保护局依法责
令西洲染整厂限期治理并处罚款。企业停产治理期间，天津市环境保护
局又多次收到武清区豆张庄乡村民联名反映西洲染整厂和大汉涂装厂
水污染问题。期间，天津市环境保护局相关业务处室负责人带案下访，
到企业现场调研，并安排执法人员对污染企业进行重点抽查和突查，均
未发现该企业有生产迹象。同时，天津市环境保护局、武清区环境保护
局、乡政府负责同志现场与村委会及村民代表面对面进行沟通反馈，并
请武清区环境保护局将调查意见书面回复信访群众。经过市、区环境保
护局和乡政府等有关部门反复对信访群众做深入细致的疏导工作，联名

来信大量减少，未造成村民集体上访事件，有效遏制了集体越级访和进京访的发生。

（5）加大对各区县环境信访工作的考核力度。为确保环境信访工作落到实处，天津市环境保护局始终把进京访和越级访纳入对区县政府年度城市环境综合整治定量考核指标。2010 年 6 月新修订的《天津市区县城市环境综合整治定量考核指标实施细则》，进一步加重了对环境信访工作的考核分值权重，考核分值由 2 分增至 5 分。同时，考核指标由 2 项调整为 3 项，即对集体上访、进京上访和重复上访 3 项指标进行考核，强化了各区县政府的责任，把环境信访问题化解在基层、解决在当地，确保了信访案件处理不拖延，部门之间不扯皮。

多年来，在天津市环保系统各单位及环境信访一线同志的共同努力下，天津市环境保护局信访工作取得了可喜成绩：1997 年被评为全国环保系统信访先进单位，1998 年被评为天津市信访系统先进集体，1998—1999 年度被评为天津市城建系统信访先进单位，1998—2002 年度被评为天津市为民服务网络专线电话工作优秀集体，2000 年度在天津市城建系统信访工作考核评比中被评为先进集体，2001 年在天津市规划建设系统窗口建设工作中被评为城建系统规范服务管理升级单位，2002 年被评为天津市规划建设系统窗口建设先进集体，2003 年被评为天津市城建系统信访先进集体，2003—2004 年度、2005 年度先后被评为天津市规划建设系统信访工作先进单位，2005—2006 年度被评为天津市规划建设系统社会治安综合治理和稳定工作先进单位，2007 年被评为天津市信访系统先进集体。2007—2010 年天津市环境信访总量在环境保护部信访统计排名中位居全国 31 个省市区的后 7 位，连续 4 年环境信访总量持续保持低位，没有发生大的集体访和进京访。在 2010 年全国环境信访工作视频会议上，天津市环境保护局环境信访工作得到了环境保护部的肯定和表扬；同年 3 月，天津市环境保护局信访办公室、天津市环境监察总队、河东区环境保护局被授予全国环境信访工作优秀集体。

三、建设项目环保审批公示

1. 天津市建设项目环保审批公示制度的提出和形成

环保部门在审批建设项目时，既要促进经济的发展，又要确保环境质量的改善，还要维护好老百姓的切身利益，环保审批要求越来越高、责任越来越大、矛盾越来越尖锐。为解决好这个问题，按照"三个代表"重要思想的要求和天津市委提出的"创新上水平"精神，2000 年，天津市环境保护局提出把人事工作中的"公示制度"和国际上通用的"听证"制度引入建设项目环保审批工作中，在重大、敏感项目中实行建设项目审批公示制度。

2000 年 3 月，在审查天津大沽化工责任有限公司的一个技改项目时，天津市环境保护局邀请人大代表、政协委员、工会成员参加环境影响评价大纲和报告书审查会，认真听取他们对项目的意见和要求，他们认为天津大沽化工责任有限公司通过技术改造项目的实施，可以大大削减污染物的排放量，支持项目的建设。对此，国家环境保护总局给予了很高评价，认为推行"公示制度"，增强了建设项目审批的透明度。《中国环境报》也先后以《增强建设项目审批透明度，天津请公众作参谋》《"开门开窗"讲透明》为题进行了专题报道。此后，天津市环境保护局在一些重大、敏感项目中积极推行审批公示制度，鼓励公众参与，并将做法总结归纳，在全市范围内推广。

2000 年 7 月，《天津市建设项目环境保护管理办法》颁布实施，在第 13 条中明确规定了"建设单位编制环境影响报告书应设立公众参与专章，并应当依照有关法律、法规征求建设项目所在地有关单位和居民的意见"。至此，公众参与作为一项制度逐步形成，天津市建设项目环保审批公示制度得到了认可。

2. 天津市建设项目环保审批公示制度的意义和作用

建设项目环保审批公示制度广泛听取市、区人大代表和政协委员及建设项目选址周边群众、环保专家与相关部门的意见，做到了项目审批的公开、透明和规范化操作，维护了群众利益，保障了社会安定，促进了经济发展。公示制度的推行，加大了建设项目的环境管理力度，提高了公众的环境意识。该制度对一些不符合产业政策和环保要求，或者未通过环保公示的建设项目行使了"一票否决权"，取得了很好的效果。一方面化解了企业与群众间的矛盾，推进了项目的顺利实施，如天津钢铁集团有限公司东移项目、天津港散货物流中心起步区项目；另一方面维护了群众的利益，得到了群众的支持，也形成了解决重点环境问题及地区环境问题的强大影响力和推动力，提高了环保参与综合决策的能力和水平，如天津大沽化工有限责任公司二氯乙烷裂解和聚氯乙烯处理装置技术改造项目、天津二建建筑工程有限公司搅拌站迁建工程项目。

3. 典型案例

（1）天津钢铁集团有限公司东移项目。天津钢铁集团有限公司（以下简称"天钢"）东移项目是天津市工业结构调整的一个重点项目，通过淘汰落后工艺、生产技术的升级换代，有利于天津市区环境的改善。为了做好该项目环境保护工作，天津市环境保护局在天津钢管公司主持召开了天钢东移项目公示座谈会，东丽区人大代表、政协委员，无暇街代表，以及天津市环境保护局、天津市环境保护科学研究院、东丽区环境保护局、工业东移指挥部、设计单位、第三煤气厂及天津钢管公司代表共 23 人参加会议。与会代表一致认为：天津市环境保护局召开公示座谈会，形式非常好，充分听取群众意见，体现了对当地百姓利益的重视，也可避免很多后遗症，同时表示天钢东移项目无疑会给当地的经济发展创造一个好的机遇，是一件好事、实事。但是，由于冶金工业区居民点与工业企业混杂，当地百姓对天钢东移项目建设心存疑虑，因此希望建设单位能够严格按照环境影响评价的结论和环保部门的要求，认真落实各项环保治理设施，不走"先污染、后治理"的老路；希望有关部门尽快落实居民点搬迁工作，根治污染扰民问题。会后，天津市环境保护局对代表意见高度重视，并通过《环保重要情况》立即向天津市政府进行了汇报。最终确定了天钢东移项目1 000米卫生防护距离内居民点实施搬迁，并解决周边企业"三煤气"、"海绵铁"项目的原有污染，通过"以新带老"削减污染物排放总量，为冶金工业区今后的发展壮大铺平了道路。

（2）天津港散货物流中心起步区项目。2001年9月，天津市环境保护局在天津港务局主持召开了天津港散货物流中心起步区项目公示座谈会，参加会议的有市、区人大代表和政协委员，渤海石油公司和渤海石油蓝苑小区物业公司居民代表，以及塘沽区环境保护局、天津市环境影响评价中心、天津港务局和天津港散货物流中心代表共23人。代表们肯定了这种形式，认为体现了市环保局想问题、办事情真正把老百姓摆在了一个重要位置来考虑。居民代表说："在对该项目的批复中，提出重点保护渤海石油新村和蓝苑小区的要求，使我们深受感动，我们信任你们。"

（3）否决天津农药厂与某房地产公司合资建设的吡虫啉农药项目。在天津农药厂与某房地产公司合资建设的吡虫啉农药项目审批过程中，通过召开公示座谈会，请环保专家、人大代表、政协委员、项目所在地环境保护局共同发表意见，代表们反对该项目建设，天津市环境保护局认真采纳了代表的建议，否决了该项目建设。

（4）天津二建建筑工程有限公司搅拌站迁建工程项目。由于担心粉尘和噪声污染，居民反对天津二建建筑工程有限公司搅拌站迁建工程项目的建设。但是，项目环境影响评价结论认为经落实各项环保措施后，该项目符合环境保护标准和要求。为此，2002年8月，天津市环境保护局主持召开了该项目环保公示座谈会，北辰区政府、区人大代表、政协委员、区环境保护局、天穆镇建管站、柳滩村委会、桃香园小区1至3号楼、小区物业管理、周边企业的代表，环境影响评价单位、建设单位和其主管部门等约40人参加了会议。会上，建设单位对环保措施的安排进行了介绍：封闭搅拌楼，密闭物料输送系统，以控制粉尘对环境的影响；在搅拌站和居民区之间设立长78米、高12.5米的隔声墙，以控制噪声对环境的影响；为美化环境，把工厂离居民较近一侧8 000平方米土地划出来建设一个小花园，供居民休息娱乐等共11项环保措施，环保投资占总投资的20%。居民代表也进行了发言，要求建设单位必须按照承诺落实各项环保措施，使该地区环境得到改善，要求环境保护局监督建设单位，项目经过环保验收合格后才能投入生产使用。同时，代表们充分肯定了天津市环境保护局组织的公示制度，认为通过群众与企业面对面交流，达到了沟通、理解和支持的目的，从根本上消除了桃香园小区居民的疑虑。

4. 建立环境影响评价公众参与网上平台

随着《中华人民共和国环境影响评价法》的颁布实施，公众参与作为一项法律程序被规定下来。2006年3月，国家环境保护总局又颁布实施了《环境影响评价公众参与暂行办法》，对公众参与的程序进一步细化。同年3月18日开始，天津市环境保护局按照《环境影响评价公众参与暂行办法》要求，在天津市行政审批服务网上建立了公众参与平台，公示环境影响报告书受理审批的有关信息。公示期限为10个工作日，公开的有关信息在整个审批期限之内均处于公开状态。公众可以在有关信息公开后，以电子邮件的方式，向建设单位或者其委托的环境影响评价机构、负责审批或者重新审核环境影响报告书的环境保护行政主管部门，提交书面意见。

为了使公众及时了解到环境影响评价公众参与的有关规定，天津市环境保护局当时在《天津日报》专门就公众参与的形式和参与的办法进行了公告，确保公众有序地参与建设项目的审批，对建设项目发表个人的意见和建议。

四、环保社会监督员

1. 天津市聘请环保社会监督员的目的及现状

为落实科学发展观，建立健全依法保护环境的监督制约机制，提高公众对环境保护的参与意识，增强各级政府和环境保护部门及其他有关部门贯彻执行环境保护法律法规的自觉性；增强国家机关和各企事业单位遵守环境保护法律法规的自觉性，落实人大代表、政协委员对环保工作的知情权、参与权和监督权，天津市环境保护局从 1994 年开始在人大代表、政协委员和社会各界聘请热心环保、关心环保的人士作为环保社会监督员。截至 2008 年，天津市共聘请了四届，近百人次环保社会监督员。第四届环保社会监督员 25 名，其中市人大代表 10 名（常委 4 名），市政协委员 10 名（常委 3 名），市政府参事 1 名，市劳动模范 1 名，企业代表 2 名，其他 1 名。此外，全市在各乡镇和街道还有 2 700 多名市民环保监督员。

2. 天津市环保社会监督员的职责与权力

为做好环保社会监督员的聘请工作，天津市环境保护局制定了《天津市环境保护局社会监督员聘请办法》，对监督员的职责和权力作出了明确规定，并建立了天津市环境保护局与社会监督员的联系制度。

（1）环保社会监督员职责。

①对各级政府及其有关部门贯彻国家和地方环境保护法律、法规，落实环境保护目标责任制情况实施监督。

②对环境保护部门及其工作人员履行职责、执行公务和遵纪守法情

况实施监督。

③向环境保护行政主管部门反映违反环境保护法律法规的行为，转递人民群众的举报。

④向环境保护行政主管部门提出和转达人民群众对环境保护工作的意见、建议和要求。

⑤参加天津市环境保护局组织的环境宣传和现场执法等活动。

（2）环保社会监督员权力。

①向环境保护部门了解环境保护法律、法规和有关规章制度的执行情况，了解天津市环境状况和环境保护工作情况。

②要求环境保护部门和工作人员协助其履行环境保护社会监督职责。

③对环境保护部门和工作人员履行职责情况实施监督。

④要求环境保护部门和工作人员对其所反映问题的办理情况给予答复。

⑤参加对环境保护部门的社会评议。

（3）天津市环境保护局与社会监督员联系制度。

①结合实际组织召开社会监督员座谈会，通报全市环境状况和环境保护工作情况。

②采取不同形式，不定期地了解社会监督员对环境保护工作的意见和建议。

③及时将社会监督员反映的情况和提出的意见转交有关部门处理，并反馈办理情况。

④组织社会监督员对环保系统各级管理部门和执法部门进行评议，将评议结果在全系统公开。

⑤与社会监督员所在单位建立联系，及时沟通社会监督员履行职责的情况，争取对环保工作的支持。

3．环保社会监督员参与天津市环境保护工作情况

天津市环境保护局每年召开环保社会监督员座谈会，向他们汇报环保工作的进展情况，听取对全市环境保护工作的意见和建议；组织环保社会监督员参加纪念"六·五"世界环境日等环保宣传活动；邀请环保社会监督员参加环境执法监督工作。2004 年，组织环保社会监督员参与了民主评议行风工作；2005 年，组织环保社会监督员参观了创建国家环境保护模范城市成果；2008 年，组织环保社会监督员参与了天津市环境保护局学习实践科学发展观活动。历届环保社会监督员积极参与环保工作，认真履行监督职责，提出了很多好的意见和建议，2004—2008 年天津市环境保护局办理的市人大、市政协有关环保的议案提案达 152 件，其中环保社会监督员通过"两会"相环保部门提出的议案提案 11 件；通过各种方式向相关部门提出与环境保护有关的议案提案 30 余件次，为做好天津环境保护工作起到了有力的推动作用。

五、环保 NGO

1．环保 NGO 的概况

国际称民间组织为 NGO（Non-Governmental Organization），是指志愿性的以非营利为目的的非政府组织。环保 NGO 是以环境保护为主旨，不以营利为目的，不具有行政权力并为社会提供环境公益性服务的民间组织。

我国环保 NGO 发展经历了起步、发展和壮大 3 个阶段。

第一阶段：1978 年 5 月，我国第一个由政府部门发起成立的环保 NGO——中国环境科学学会的成立，标志着我国环保 NGO 的诞生。1991 年以后，辽宁省盘锦市黑嘴鸥保护协会、北京"自然之友"等民间自发的环保 NGO 相继成立。1995 年，环保 NGO 发起的保护滇金丝

猴和藏羚羊行动,迎来了我国环保 NGO 发展的第一次高潮。

第二阶段:1999 年,"北京地球村"与北京市政府合作,成功进行了绿色社区试点工作,标志着我国环保 NGO 走向了发展阶段,开始进入城市、走进社区,把环保工作向基层延伸。

第三阶段:2003 年和 2005 年的"怒江水电争鸣"和"26 度空调"行动,使多家环保 NGO 开始联合起来,为保护环境和生态、实现环境发展目标而一致行动,标志着我国环保 NGO 步入了壮大阶段,开始由初期的单一组织行动,进入相互联合的合作时代。环保 NGO 活动领域也从早期的环境宣传、特定物种保护等逐步发展到组织公众参与环保、为国家环境事业建言献策、开展社会监督、维护公众环境权益、推动可持续发展等诸多领域。

天津环保 NGO 兴起于 1999 年,同样经历了起步和发展两个阶段。环保 NGO 队伍也不断壮大,据不完全统计,截至 2010 年,天津市有各级各类环保 NGO 共 43 个。其中,由政府部门发起成立并在民政部门注册备案的环保 NGO 有 4 个,如天津市生态道德教育促进会等;由民间自发组成的草根环保 NGO 有 5 个,如天津市老年人体育协会夕阳红骑行队等;学生环保 NGO 有 34 个,包括学校内部的环保社团、南开大学绿色行动小组等 18 所高等院校的 33 个环保 NGO,以及多个学校环保社团联合体即天津市高校环保联盟。10 余年来,天津环保 NGO 利用自身优势,积极参与政府部门组织开展的纪念"六·五"世界环境日、环保下乡、"社区环保课堂"等环境保护活动,自发开展"壳牌美境行动"、"面对环境污染,我们能做什么?"等各种形式的环境保护公益活动,现已成为公众参与环境保护的重要力量。无论是年轻、富有朝气的高等受教育群体——大学生环保志愿者,还是老当益壮的夕阳红组织——老年骑行队,都心系环保,对天津的环境保护事业投入了无限热情,都在从不同侧面、不同层次上,发挥着民间环保组织作用:教育、引导、鼓励社会公众广泛参与环境保护;支持和帮助政府部门推动实施环境保护政策；协助和督促更多企业关注、资助环境保护。

2. 天津市部分环保NGO简介及其公益行动

（1）天津市环境科学学会。

①简介。天津市环境科学学会始建于 1985 年 5 月，是天津市环保系统唯一的科技社团组织，是由天津市环境科技相关的企事业单位、科技实业家、社会各界科技工作者、自愿结成的学术性的非营利的社会团体。天津市环境科学学会除设有理事会、常务理事会、秘书处，下设若干专业委员会及分会。在管理体制上挂靠在天津市环境保护局，天津市环境保护科学研究院为天津市环境科学学会办事机构的承担单位。接受天津市科学技术协会和天津市社会团体管理局的业务指导和监督管理。

天津市环境科学学会的宗旨是遵守国家宪法、法律、法规和国家政策，遵守社会道德风尚；坚持科学发展观，团结和组织广大科技工作者和社会各界广泛开展环境科学领域工作，发挥学科交叉、人才荟萃的优势，积极促进环境科技的繁荣、发展、普及和推广，促进环境科技人才的成长和提高，为推动环境保护事业的发展，加快天津生态城市建设，早日建成最适宜人居住和创业的国际化大都市作贡献。

天津市环境科学学会的主要职能是努力团结和依靠广大学会会员和环保科技工作者，大力开展学术交流，科学普及，技术推广，决策和科技咨询服务，国际交流合作以及其他各项有利于环境保护事业发展的工作和活动。搭建起为学术交流服务、为经济社会发展服务、为环境决策管理服务和为会员服务四大平台。

②环保公益行动。在第四届理事会期间，进行了会员重新登记工作，现有个人会员 1 530 人，具有高级职称的占 70%；具有中级职称的占 23%；具有初级职称的占 7%。其中包括院士、教授、教授级高级工程师、特级教师等一批学术上有造诣、技术上有专长、管理上有经

验、社会上有影响的专家学者，也包括各类专业人才、经营管理人才和社会知名人士。由这些专家学者组成的队伍在传播科学思想，普及科学知识，弘扬科学精神，促进学术繁荣，发现、培养、推荐人才，开展国际国内学术交流，推动环境科学技术发展以及为国家的环保决策管理提供咨询服务等方面，都做了大量卓有成效的工作。团体会员除天津市各区县环境保护局和天津市环境保护局直属单位外，还注重在环保相关的企事业单位和高等院校、科研院所中发展。天津市环境科学学会现已拥有包括 8 所高等院校、10 个大型企业、2 所市级重点中学、8 所大型科研单位在内共计 58 个团体会员单位，涵盖了天津市各行各业。

随着工作内容的逐年增加，同时为满足日益增多的环境教育及科普活动的需要，天津市环境科学学会于 2007 年建立了由 63 人组成的功能齐全的专家库。该专家库在天津市环境科学学会开展的各项活动中发挥了重要作用，已有 24 名专家被推荐进入天津市建设管理委员会的招投标专家库中，在天津市新建项目的招投标中作出了贡献。为了更好地适应环境保护工作新形势的需要，天津市环境科学学会于 2010 年再次对专家库进行了扩容，充实了专家库的力量。

（2）天津绿色之友。

①简介。天津绿色之友是天津首家登记注册成立的民间环保组织。2000 年 11 月 6 日以"天津市环境科学学会绿色教育工作委员会"在天津市民政局登记注册。现有会员数百人，团体会员 21 个，在天津经济技术开发区设有泰达分会。会员包括环保工作者、教师、新闻记者、大学生、工程技术人员、公务员、工人等。10 年间，天津绿色之友理事长、副理事长先后荣获了 2002 年中国环境保护事业的最高荣誉"地球奖"和 2005 年"中国民间环保优秀人物"荣誉称号。

天津绿色之友宗旨是倡导绿色文明、实践绿色行动、追求可持续发展、共建和谐的绿色家园；理念是"平等参与、诚信合作、公开透明、尊重包容"；价值观是"简约生活、崇尚自然、关注未来、承担责任"；使命是"身体力行保护环境，发扬光大绿色文明"。

天津绿色之友的主要职能是以多种形式开展民间活动。宣传环保知识，提高公民环境意识和参与环保热情，开展环境保护方面的国内外合作，不定期就公众关心的环境问题或突发性事件进行调研，向有关部门提出环保合理化建议，收集整理各类环保信息，向社会提供咨询，支持政府、社会组织和个人一切有利环境保护及可持续发展的政策、措施和行动，努力促进经济和社会可持续发展。

②环保公益行动。2001—2011 年，连续 10 年开展天津市青少年美境活动。累计有数百所大中小学校 10 万余名学生在辅导教师指导下，提出了 8 000 多项环保设计方案，评出奖项千余个。

2001 年，与天津市环境保护局共同开展了"天津市民环保金点子"活动，活动历时 1 年，收到市民来稿 1 300 余份；组织开展妇女环境意识培训活动；组织会员参观引滦入津工程；与韩国民间"妇女联带"一行 45 人共同参观海河并就妇女参与环境保护问题进行了交流；组织环保讲座，邀请香港地球村总干事吴方笑薇、世界保护动物专家珍妮·古道尔、北京绿家园汪永晨等人士来津举行讲座；在天津人民广播电台开办"绿色地球村"栏目，邀请环保专家定期参与制作环保专题节目；与北京环境与发展研究所合作，在天津中小学开展可再生能源示范教材推广工作；与世界保护动物组织"根与芽"合作成立 10 个天津"根与芽"小组；与北京绿家园志愿者合作，在天津举办"环境影响评价"记者培训班。

2002 年 6 月 5 日，成立了天津经济技术开发区绿色之友分会。北京自然之友副会长为会员作了"中国通向绿色现代化的通道"主题演讲。

自 2002 年起，连续开展春季植树活动，每年种植"绿色志愿者生态林"。活动规模逐年扩大，包括诺维信（中国）生物技术有限公司、一汽汽车丰田有限公司等外资企业职工在内已有数千名学生、市民、员工参加。

2005 年，承担了南开大学循环经济哲学社会科学创新基地《循环经济》项目子项《民间环保组织与循环经济》课题。论文收入循环经济国际研讨会交流论文集，并获得天津市环境科学学会年度论文二等奖。

2005 年 12 月 20 日，成立了绿色之友环境记者沙龙。

2006—2008 年，与北京天下溪教育咨询中心合作在天津市大港区、七里海举办了 3 届"迁徙的鹤环境教育秋令营"。

2007 年，与北京天下溪教育咨询中心、天津市教育教学研究室（自然与生物教研室）合作，完成了国内首例地方环境教育教材生物教师手册——《天津乡土环境教育教材生物教师手册》，并免费发给全市初中生物教师。《中国环境报》发表了专版文章报道该手册首发式。

2007 年 5—9 月，参与天津人民广播电台滨海频道"绿色滨海挑战行动"。会员余晓勇提交的"滨海湿地与天津的鸟摄影图片展"和"制作滨海绿地图"方案，入围实施后分获一等奖和二等奖。两次活动吸引了社会各界的关注，数百名志愿者积极参与，数十家媒体报道。特别是"滨海湿地与天津的鸟摄影图片展"先后在多所中学、大学、自然博物馆、天津经济技术开发区投资服务中心等场馆展出 15 场，观众万余人。

2007 年 8—11 月，组织开展了"城市乐水行"活动，先后对津河、卫津河、复兴河、蓟县于桥水库、泰达生态河等处进行实地考察 10 次，参加活动的志愿者达 130 多人。

2008 年春，成立了"绿色之友观鸟小组"，当年开展观鸟爱鸟活动 15 次。

2008 年 3 月，与北京天下溪教育咨询中心合作，在七里海举办了"大地艺术交流活动"。包括来自欧洲和美国的艺术家、京津环保志愿者、高等院校师生、摄影爱好者在内的共 70 余人参加了交流活动。

2008 年"五一黄金周"、"十一黄金周"期间，支持"天津大学生绿色营"在团泊洼、大黄堡湿地开展自然体验、培训等自然教育活动。

2009 年，与北京地球村环境教育中心合作，在阿尔斯通基金会的支持下，在学校、超市、社区等开展了保护环境、减少塑料袋污染系列宣传教育活动 19 次。

2009 年 1 月，与天津市教育教学研究室（自然与生物教研室）合作举办了"生物教师手册推广交流会"。

2009 年 3 月，与 OTIS 电梯公司合作，组织员工观鸟自然体验活动。

2009 年 4 月，与《今晚报》经济周刊合作，组织读者踏青自然体验活动。

2009 年 5 月和 7 月，与大学生在武清区大黄堡湿地和蓟县九龙山国家森林公园共同开展了绿色营地活动。

2009 年 6 月，与天津市教育教学研究室在西青区苗圃共同开展了自然观察教学交流活动。

2009 年 8 月，与国际动物保护基金会共同举办了 2009 年动物保护周教师培训班，40 余名教师和志愿者参加活动。

2009 年 10 月，为天津市微山路中学新疆籍学生举办了"校园活动日"自然教育活动。

2009 年 11 月，与北京万通公益基金会、天津经济技术开发区泰达社区服务中心合作，启动了生态社区（有机垃圾生物处理）试点项目。

2009 年 12 月，与中国国际民间组织促进会共同举办了"媒体与天津公益组织发展泰达沙龙"。

2010 年 2 月，在天津经济技术开发区翠亨社区服务中心，举办了"低碳生活，由我做起"家庭碳减排活动志愿者培训，30 余名志愿者参加了培训。

2010 年 3 月，组织 200 余名大学生和市民志愿者开展了考察津河、卫津河"乐水行"活动。

2010 年 4—5 月，举办了 7 期"生态假期绿色出行——新骊威杯拍客大赛"活动，开展京津湿地生态教育和自然体验活动。

2010 年 4 月 22 日，与泰达环保协会共同举办了"合佳-威立雅首届社会责任论坛"，近百家外资企业参加活动；参与天津经济技术开发区国际学校"地球日"活动，组织"测量水质"、"校园拾荒"小组开展活动。

2010 年 5 月，与天津人民广播电台生活频道、泰达环保协会共同举办了"没有水，你能走多远"节水公益宣传活动，百余名志愿者参加。

2010 年 8 月，支持天津财经大学"湿地使者"开展团队湿地调研考察活动，完成了七里海绿地图绘制和当地小学自然教育活动。所绘"七里海绿地图"于 9 月 24—30 日在上海世博会综合馆展出。

2010 年 10 月，与中国国际民间组织促进会合作举办了"法律与 NGO 登记沙龙"，20 余家天津 NGO 和相关方代表出席。

2010 年 12 月，天津经济技术开发区环境保护局主办，天津绿色之友参与策划和推动的"节能减排泰达行动"，在全国 200 多个申报方案中入选"2010 年福特汽车环保奖提名奖"。

（3）天津市生态道德教育促进会。

①简介。天津市生态道德教育促进会于 2007 年 12 月 26 日成立，是在天津市民政局登记注册的天津市第一个市级生态文明建设领域的社团组织。天津市生态道德教育促进会邀请了天津市人大、市政协多位领导担任顾问，同时吸收了社会名人、企业单位、新闻媒体、社区、学校等各界热心环境保护公益事业的会员 130 多个。

天津市生态道德教育促进会的宗旨是以科学发展观为指导，按照国家确定地把天津建设成为"国际港口城市、北方经济中心和生态城市"的城市定位以及滨海新区的功能定位，结合实施《天津生态市建设规划纲要》，开展生态道德教育，普及生态道德研究成果，推动生态道德建设，维护生态安全，促进人与自然和谐共处。

天津市生态道德教育促进会的基本职能是面向社会，组织开展生态道德教育、宣传、培训、研讨、表彰等社会公益活动，加强国内外交流与合作，引导全社会全面、正确地认识和处理人与自然的关系，培育生态道德意识，使科学认识自然、友善对待自然成为全体市民的生活理念和行为习惯。同时搭建参与平台，鼓励热心环保公益事业的企业和个人捐资支持生态道德教育和环境保护公益项目和活动，展示企业环保公益形象。

②环保公益行动。自 2007 年成立以来，在中国生态道德教育促进会、天津市环境保护局、天津市社团管理局和社会各界的关心支持下，紧密围绕天津生态城市建设和服务经济社会发展的中心任务，深入贯彻党的十七大关于"生态文明建设"的要求，搭建社会参与平台，开展形式多样的生态保护宣传和生态文明建设活动，举办了培训、论坛、调研、公益活动、学术理论研究等活动近百次，参与人数过万人。

2008 年 3 月，举办了"天津市生态道德教育促进会企业座谈会"。

2008 年 4—12 月，组织编写并出版了《生态文明建设论》和《生态文化建设论》。

2008 年 8 月，应邀参加了中国环境科学学会举办的"生态文明学术沙龙"，并作了"生态文明社会建设与企业绿色社会责任"的主题发言。

2008 年 12 月，组织召开了绿色学校、绿色社区环境教育座谈会。

2009 年 6 月，参与开展了纪念"六·五"世界环境日大型环境保护公益宣传活动，向市民讲解环保知识，发放"低碳生活"宣传手册。

2009 年 7—9 月，与《今晚报》等单位共同组织开展了"还原一棵树，珍爱绿色家园——拒绝一次性筷子"系列活动，以专题讲座、志愿者宣传、群众签名和绘制环保袋等形式，向市民宣传环境保护理念。

2009 年 9 月，应邀参加了中日环保社团经验交流会，并作了经验交流；应邀参加了 2009 中华环保民间组织可持续发展年会国际（中国）环境基金会培训，以及国际爱护动物基金会教师培训会议等。

2009 年 10 月，应邀参加了"绿色中国与和谐世界"国际研讨会，并作了主题发言。

2009 年 3—12 月,在全市开展了中国环境意识项目地方宣传项目——"面对环境污染,我们能做什么?"环境保护和生态文明建设系列公益宣传活动。其中包括:"面对环境污染,我们能做什么?"大型环保签名活动,"绿色天津,我的家园"青少年环保征文活动,"节能生活小常识"培训,"企业绿色社会责任研讨会",以及"绿色家园,从购物做起"购物袋发放,"使用手帕,保护森林"手帕发放和节能环保警示贴发放等公益宣传活动。

2010 年 11 月,举办了"天津市生态文明社会建设理论与实践建设研讨会"。

2010 年 12 月,联合天津影视艺术学校、天津凹凸唱片文化有限公司共同走进学校、走进社区开展了"环保行天下,低碳进万家"大型环保演出公益系列活动。

(4)环渤海节能减排促进会。

①简介。环渤海节能减排促进会在环渤海地区经济联合市长联席会、天津市经济交流合作办公室指导下,经天津市社团管理局批准于 2009 年 12 月 24 日正式成立。会员单位涉及多方领域,涵盖了可再生能源开发利用的领军企业、电子自动化研发应用方面的带头标兵,与节能减排相关的政府部门,地热资源权威研究部门,还有从事环境检测的服务机构以及多方传媒企业。特别包括了经国务院批复的全国第一家综合性排放权交易机构——天津市排放权交易所。金大地新能源(天津)集团有限公司为首任会长单位。

环渤海节能减排促进会的宗旨是联合、发展、互存、进步。联合,旨在吸纳环渤海地区在节能减排的各个领域拥有卓越成绩的企业加盟,共同为环渤海地区定制整体节能减排规划方案。发展,旨在促进人与自然和谐共存,实现人口、资源、环境的良性循环,为经济的稳定发展提供良好的环境,保持社会经济的可持续发展,打造各地区、企业共同发展的氛围。互存,旨在通过在适当的情况下,将企业组织起来并制定规划，实现企业间的相互开放，相互依存。进步，旨在发挥科学技术对经济发展所起的重要作用，建立高效、合理的体制，推进科技进步并合理利用科技成果，促进经济企业的先进技术推动各地区的发展。

②环保公益行动。作为节能减排大军中的重要一员，环渤海节能减排促进会一直以"宣传、倡导节能减排绿色环保理念"为工作方针，以节能减排新技术、新产品的推广和服务为行之根本，以真正实现资源综合利用为目标，为社会和谐、可持续发展贡献力量。

自成立以来，先后与各地方、政府签署了一系列的战略合作协议，为相关区域设计整体节能减排方案，特别是在环渤海区域内已完成了多个有代表性的节能减排项目。

2010 年 5 月以来，环渤海节能减排促进会积极参加由天津市人民政府合作交流办公室、天津市中小企业发展促进局开展的"天津市异地商会园区行"共同走进 31 个工业区活动，会长多次发表有关节能减排新技术的演讲。目前已有多家商会、园区要与环渤海节能减排促进会形成区域性合作，共同推动节能减排事业的发展。

2011 年，为将"环渤海区域合作"概念进一步推向深入，把环渤海区域用能单位和节能服务公司、节能需求和节能高新技术、金融资本和节能项目等联结在一起，在环渤海地区经济联合市长联席会、中国资源综合利用协会、国家节能中心等政府相关部门的支持下，环渤海节能减排促进会、《渤海早报》联合开展了"节能减排万里行"，共同构建一个节能产业价值链无缝对接的大平台。

同时，积极开展区域性合作。先后与天津市静海县团泊新城、山东省利津县、高青县，就地热资源的开发利用方面展开合作，充分利用当地现有的可再生能源供热技术，解决当地实际的供热问题，并成为可再生能源利用的示范工程，最终在更多领域推广，惠及百姓。

3. 天津市其他环保 NGO 公益行动

（1）其他高等院校环保 NGO、志愿者环保公益行动。2001 年 8 月，由南开大学、天津大学、天津师范大学热爱和关心环境保护的学生组成的长江源环保考察团在天津市环境保护局举行了出发仪式，走一路宣传一路，并在《今晚报》特刊上进行连续报道，用行动影响了周围的人。

2002 年，天津大学、南开大学、天津理工学院、天津体育学院等全市 18 所大学近千名大学生环保志愿者参加了"六·五"环境宣传周、津沽环保行、打捞津河、卫津河垃圾、爱绿护绿、环保进社区、环保下乡等环保公益宣传活动。

2003 年，天津市环境保护宣传教育中心与大学生环保志愿者举办了"共补蓝天，保护臭氧层"、"让地球充满生机，万尾鱼苗回归自然"、"今日一展环保风采，明日共享碧水蓝天"等环保宣传活动。

2004 年，为配合首届中国环境文化节，天津市环境保护宣传教育中心与部分高等院校环保 NGO、大学生志愿者共同开展了"弘扬环境文化，倡导生态文明"为主题的"当代青年的绿色使命"环保论坛、"校园环境文化之我见"大讨论、"环境文化与可持续发展"专题讲座等一系列环保宣传活动。

2005 年，在国家环境保护总局倡导的第二个环保公益日，天津市环境保护宣传教育中心组织南开大学、天津师范大学等 14 所大学近千名大学生环保志愿者，开展了"保护环境、爱护母亲河"活动。同年 11—12 月，为配合国家环境保护总局等七部委联合主办的"2005 中国环境文化节"活动，组织各高等院校开展了"我的地盘我环保·2005 大学生绿色荧屏电影节"、"第四届天津高校环保辩论赛"、"天津高校环保知识百题竞赛"、"创模成果巡展"等一系列环境宣传教育活动。天津电视台对此进行了连续报道。

2006 年，天津市环境保护宣传教育中心与天津旅游管理干部学院、天津音乐学院、天津师范大学等大学生环保社团、环保志愿者联合开展了环保作品设计大赛、"共创和谐校园，携手绿色明天"大学生环保主题宣传月活动。同年 11 月，天津市环境保护宣传教育中心与天津师范大学团委、天津海得润滋企业联合举办了"穿越津门，传播绿意"师大学子城市生态行宣传活动，天津师范大学学生环境与生态保护协会和天津海得润滋企业 150 余名大学生和环保志愿者从天津师范大学起程，途经天津市南京路、南门外大街、古文化街、五大道等繁华商业街，以骑行和步行的方式，进行环保宣传。

2007 年，天津市环境保护宣传教育中心在天津工业大学举办了大学生生态环保知识讲座；在天津师范大学启动了第四届大学生环保宣传月；在南开大学举办了内地、香港大学生"公众参与环境保护的理论与实践"学术交流活动；在天津大学开展了"走出校门、捡拾垃圾"活动；在天津海运学院举行了环保时装表演等各类环境宣传活动。同年"四·二二"地球日期间，天津市环境保护局与天津大学、天津师范大学等 18 所高等院校环保社团以"节约资源，保护环境，善待地球"为主题，在全市开展了"共建生态天津"环保图片展、"建生态城市，迎绿色奥运"大型签名活动、"环保进社区"知识讲座等一系列主题纪念活动。

2008 年，天津市环境保护宣传教育中心与中国人民大学等 10 余所高等院校联合开展了"爱护动物，关爱环境"环保主题宣传月、"速战塑绝"环保行动、大学生环保辩论赛等活动。

（2）老年环保 NGO、志愿者环保公益行动。2002 年，天津市夕阳红老年自行车宣传队和老年时报自行车宣传队环保志愿者，自觉加入环境保护和创模宣传活动中来，利用天津市环境保护局为他们印制的创模宣传授带和宣传车框、刀旗，骑行宣传环境保护，举报环境违法行为。

2006 年，天津市环境保护宣传教育中心组织天津市划车俱乐部会员、老年骑行队队员参加"迎绿色奥运，海河环保行"、"崇尚绿色生活，拒绝白色污染"等活动。

2008 年，天津市环境保护宣传教育中心组织天津市老年时报骑行队、天津市夕阳红骑行队开展老年环保志愿者骑行宣传。特别在奥运会期间，通过老年环保志愿者打捞津河漂浮物等活动，影响和带动了更多的社会公众自觉保护环境。

六、热心环境保护公益事业企业

1. 天津市企业参与环境保护公益事业概况

企业是环境保护事业发展的重要力量，开展环境保护宣传教育是企业履行其社会责任的一种重要途径和方式。随着环境保护事业的发展和人们环境意识的逐步提高，"十五"以来，天津市更加注重引导和鼓励企业参与环境保护的宣传和教育。针对环境宣传教育具有公益性、科普性和广泛性的特点，结合不同性质、不同规模企业的具体情况和需求，不断拓宽渠道，广泛搭建平台，引导企业参与环境保护公益事业。天津众多知名企业在做大、做强自身事业的同时，也情系环保，积极投身公益事业，用实际行动回报社会。2011 年，"六·五"世界环境日期间，天津市环境保护局授予了天津自然博物馆、安利（中国）日用品有限公司天津分公司、天津市读库文化发展有限公司、百胜餐饮集团必胜客 4 家单位为天津市环保公益活动先进单位。

从天津市的环境宣传教育活动情况看，企业参与环境宣传教育活动形式主要有以下几种类型。

（1）合作型。这种形式是由企业出资，环保部门牵头共同组织的。如 2005 年在迎接国家对天津市创建国家环境保护模范城市检查验收期间，全市开展的"关注环保，参与创模"活动，就是由天津红星美凯龙国际家具广场出资，天津市环境保护局主办，武警天津市总队政治部文工团协作开展的。

（2）委托型。企业策划一种活动，委托某单位实施。如"壳牌美境行动"由企业委托，天津环保 NGO 绿色之友实施。

（3）赞助型。由企业向开展环境保护宣传教育活动的单位或组织无偿提供活动资金，不挂名，不参与。如天津市部分学校开展的海河水质监测、潘家口水库水质考察等活动就是由企业提供活动资金。

（4）独立型。知名企业根据自身需要或利用重要环保纪念日等开展的环境宣传教育。如天津市读库文化发展有限公司从 2008 年开始在天津近 800 个社区设立的 LED 电子屏，对社区环境宣传教育发挥了极大的推动作用。

（5）项目型。企业以设立环境宣传教育专题项目的形式参与环境保护的宣传和教育。例如，摩托罗拉（中国）电子有限公司于 2004 年推出的"绿色中国计划"环境教育项目，在致力于绿色制造，推出绿色服务的同时，在全国范围内开展面向学校和社区的环保宣传活动，提高公众环保意识。

2．天津市热心环保公益事业企业公益行动

（1）安利（中国）日用品有限公司天津分公司（以下简称安利天津分公司）环保公益行动。2002 年 6 月，为配合"登峰造极促环保"活动，安利（中国）发起以"健康生活，绿色旅游"为主题的"清扫名山大川"环保活动，为北京长城、南京紫金山、成都青城山、新疆红山、哈尔滨太阳岛、太原滨河公园、西安桥山、天津津河、嵩山少林寺、辽宁千山、广东中山烟墩山、海口海滩、杭州西湖、武汉东湖等十几处名山大川清扫垃圾、清洁环境。其中，天津志愿者发起了打捞津河行动，清理母亲河，为家乡的环境建设添砖加瓦。

2009 年 3 月，在第 30 个植树节和开展全民义务植树运动 27 年来临之际，安利天津分公司在共青团天津市委员会的号召下，积极响应总公司的倡议，组织志愿者开展了共植"天津青年火炬林"活动。

2009 年 4—6 月，为了保护现有森林资源，安利天津分公司联合今晚传媒集团、天津市环境保护局、天津市林业局、天津市卫生局、天津市商务委员会、天津市消费者协会、天津市烹饪协会、天津餐饮行业协会、天津绿色之友等单位，开展了"还原一棵树 珍爱绿色家园——拒绝一次性筷子"大型环保公益活动。呼吁市民进行环保购物袋 DIY；组织志愿者深入百个社区张贴环保宣传海报；组织万名市民和百家餐饮企业，开展"拒绝一次性筷子"宣誓活动；邀请环保专家开展主题讲座；组织志愿者搜集遗弃的一次性筷子制作成"环保树"等活动。

2009 年"六·五"世界环境日期间，安利环保公益基金启动全国首个环保教育主题乐园——"安利环保嘉年华"，在全国 10 个城市巡回举办。2010 年首次在天津举办，得到了很好的社会效应。2011 年，除继续在天津市区结合本地特色活动隆重开展外，还成功地覆盖了滨海新区，让天津经济技术开发区的市民们也能在欢快的气氛中接受环境教育。环保嘉年华连续两年登陆天津，得到了天津市及天津经济技术开发区各级政府的大力支持，成为了天津环境宣传教育的品牌活动。

2011 年 3—4 月，安利天津分公司与天津市环境保护局共同启动了"盲童的环保世界"活动。结合视障学生特点，开展了盲校"绿色银行"、"环保征文、演讲、歌曲创作系列比赛"；在植树节期间，带领绿色学校学生与视障学校学生共同植树，践行环保；带领视障学校学生到天津地标建筑体验，聘请专业摄影师进行拍摄，并制作纪念画册；在全市中小学开展"我环保·我友爱"系列环保宣传教育活动，制作天津地标及有地方特色建筑的模型作为视障学校教具。

（2）天津市读库文化发展有限公司环保公益行动。2008 年，为贯彻落实天津市第九次党代会精神，推动生态市建设，进一步加大天津生态市宣传力度，营造"同在一方热土，共建美好家园"的良好氛围，天津市读库文化发展有限公司与天津市环境保护宣传教育中心共同在全市社区（居民小区）内免费设置生态市建设公益宣传栏。每天利用 LED

电子屏滚动播放生态市建设和环境保护知识、环境空气质量以及环保纪念日宣传口号等公益信息，并根据政府要求及时更新信息内容。同时利用宣传橱窗安装环保宣传画，宣传天津市生态市建设，普及生态知识，提高社会公众的环境意识。截至 2010 年，天津市完成了近 800 个社区生态市建设公益宣传栏的安装，覆盖了天津市 18 个区县的 76 万户 240 万居民。

（3）百胜餐饮集团必胜客环保公益行动。百胜餐饮集团旗下的必胜客品牌将保护环境作为企业社会责任的重点领域，积极扶持绿色先锋——大学环保社团。2010 年开始，必胜客品牌与中华环境保护基金会联手为大学生量身定制了实践平台——"必胜客绿色小超人成长记"项目，共同推动高等院校环保社团发展壮大，提高小学生的环境意识。该项目最大的特色是"大手牵小手"，一个项目惠及两代人，并且计划长期、持续开展。在项目实施过程中，必胜客给予全国 17 个城市的高等院校环保社团以适当资金帮助、人员指导和能力培训，组织和引导大学生志愿者依照《必胜客绿色小超人成长记》游戏手册，用 1 年时间按图索骥、层层递进地培养小学三年级、四年级学生依次完成 6 阶段环保游戏课程，最终使小学生们成为掌握低碳生活知识、自觉宣传绿色家园生活理念、拥有环保创意的"必胜客绿色小超人"。2011 年 4 月，第一批 1 700 多名"必胜客绿色小超人"光荣毕业诞生。全国第二批超过 10 000 名"必胜客绿色小超人"正在 84 所高等院校环保社团数千名大学生志愿者帮助下，兴致勃勃地展开他们的"绿色成长历程"。

"必胜客绿色小超人成长记"项目天津地区活动于 2010 年 6 月启动，2011 年 4 月，第一期天津大学附属小学四年级的 100 名"绿色小超人"在天津大学北洋环保协会、南开大学绿色行动小组和天津师范大学学生环境与生态保护协会的共同培育下，顺利毕业。大学生志愿者通过邀请嘉宾讲课、情景剧授课、视频教学、赴中新生态城参观风力垃圾处理系统等形式，向小学生们介绍最新的环保知识，从小培养他们低碳生活的好习惯。在项目实施过程中，三所高等院校环保社团的近百名志愿者累计贡献 5 000 多个小时，根据必胜客绿色小超人成长记游戏手册《绿色小厨师》《绿色小管家》《绿色小记者》《绿色小博士》《绿色设计师》《绿色发明家》依次从健康饮食、节水护水、环保宣传、新能源应用、碳排放、垃圾回收与分类等不同侧面向小学生循序渐进地介绍环保知识、培养环保习惯。通过参与该项目，高等院校环保社团的环境宣传教育能力、社团管理能力、社会实践能力都有了长足的进步，10 名大学生获得了中华环境保护基金会颁发的最佳实践者称号，4 名大学生成为环境保护部的青年环境友好使者。同时，百胜餐饮集团必胜客品牌也因该项目在环境保护宣传教育方面的创新性、专业性和可普及性，2011 年被授予天津市环保公益活动先进单位。

2011 年 9 月启动的第二期"必胜客绿色小超人成长记"项目天津地区活动，在天津市环境保护局和天津市环境保护宣传教育中心的支持、协助下，参与项目的高等院校环保社团数量已由 3 个增加至 12 个，小学生数量也由 100 名增加至 900 名。必胜客在实践中探索，不断通过建立可持续发展的、可复制的管理模式，让更多的高等院校环保社团、更多的小学生参与其中，并以此带动更多的社会公众从中受益。

3. 其他企业参与的环境保护公益活动

2001 年，天津市环境保护局与绿岛新技术发展公司、广东名人服装有限公司联合开展了以"保护环境、珍惜资源、环保有我"为主题的环保宣传活动。

2002 年，天津市环境保护局与名人服饰公司联合开展了"收集废旧电池，减少环境污染"为主题的社会公益活动；与完美（中国）日用品有限公司天津分公司在津河改造后，共同开展了捐赠垃圾箱活动。

2003 年，天津市环境保护局与中国农业机械华北集团共同组织了以"探访引黄济津之路，提高全民环保意识"为主题的天津市民探访"引黄"之路宣传活动。

2004 年，天津市环境保护局与安利天津分公司联合开展了"环保科技小发明"活动；与中国农业机械华北公司联合开展了"环保志愿者滦河植树汽车行"环保公益宣传活动；与天津力神电池股份有限公司、摩托罗拉（中国）电子有限公司共同开展了青年志愿者环保社会服务活动和"绿色巴士"行动。

2005 年 5 月，天津市环境保护局与《今晚报》联合开展了创建国家环境保护模范城市环保知识竞赛活动，竞赛内容分 10 期共 100 题介绍天津市创建国家环境保护模范城市成果及环境保护相关知识。同年 8 月，天津市环境保护局联合天津红星美凯龙国际家居广场和武警天津市总队政治部文工团，先后在河西、红桥等市内六区开展了"参与创模 关注环保"为主题的创模文艺巡回演出和环保咨询等群众性创模宣传活动。

2006 年，天津市环境保护局与中国移动通信集团天津有限公司共同开展了"感受生态环境绿色环保行"，组织高等院校大学生环保志愿者、天津市及中央驻津媒体记者，参观天津市蓟县中上元古界国家自然保护区，了解保护生物多样性知识；与联合国工业发展组织、中国环境文化促进会、环渤海媒体联席会、今晚传媒集团等联合举办了由 32 个城市参与的首届环渤海节能环保产业创新活动，组织大学生环保志愿者将载着环保寄语的漂流瓶投向环渤海，呼吁人们关注海洋，保护水环境；与天津合佳奥绿思环保有限公司（天津危险废物处理处置中心）联合开展了废旧电池回收活动，同时向居民发放以废旧报纸为原材料制作的铅笔等环保纪念品；与天津海得润滋企业、天津师范大学团委联合举办了"穿越津门，传播绿意"师大学子城市生态行宣传活动。

2007 年，天津市环境保护局与诺维信（中国）生物技术有限公司共同开展了"全市中小学、幼儿园环保绘画比赛活动"。

2008 年，天津市环境保护局、天津市教育委员会与中国移动通信集团天津有限公司共同开展了《绿色奥运中学生环境教育读本》进校园活动。

2009年，天津市环境保护局与远洋地产（天津）有限公司合作启动了"老社区，新绿色"环保公益行动第一批天津环保改造项目和"酷中国"全民低碳行动项目——家庭碳排放调查环保公益行动项目；与百胜餐饮集团必胜客开展了"我助社区创绿色——大学生与绿色社区结对子"活动；与天津海信广场举办了"关爱海河"环保公益活动。

2010年，天津市环境保护局与远洋地产（天津）有限公司共同开展了"低碳生活从我做起"活动；与可口可乐大中华区、天津高校环保联盟共同发起"留住一桶水，一起去世博"活动，大学生通过社会实践，提出"社区水资源优化使用调研与实施"方案，并参与网络互动平台的"做节水达人，赢世博门票"活动；与三星集团及在津13家企业在卫津河畔开展了以"青草有了'挡践牌'，洗衣可用'山寨皂'"为主题的环保公益活动，向过往行人免费发放环保购物袋和用食堂废油加工而成的环保肥皂，为卫津河沿岸的草地设立防践踏爱心提示牌，打捞河面漂浮的水草和杂物等；与华润万家超市共同启动了"亲爱一家·自然派"华润万家第二届环保节能季活动，首次推出"绿色生活——环保节能故事、方法征集"活动，对优秀作品进行表彰、宣传和推广；与天津松下汽车电子开发有限公司达成了长期合作意向，从2010年起，天津松下汽车电子开发有限公司出资，每年在天津市一个区县开展中小学"环保小卫士"环境主题教育活动，最终实现全市中小学环境教育的全覆盖。

第五节　政府信息公开

一、天津市环境保护局政府信息公开工作机构和人员配备

2008年《政府信息公开条例》正式施行后，天津市环境保护局成立

了"以局长为组长，局政府信息公开工作牵头部门办公室分管副局长为副组长，5 个相关处室为成员"的政务公开、政府信息公开领导小组，并下设政府信息公开领导小组办公室（常设于局办公室），负责处理全局政府信息公开日常事务。2011 年，天津市环境保护局政府信息公开领导小组办公室有工作人员 7 名，联络员 1 名。局各处室、各直属单位也均确定了 1 名人员作为政府信息公开工作联络员，形成了一支人员稳定的政府信息公开工作队伍。

二、天津市环境保护局政府信息公开工作制度建设及历史沿革

2007 年 4 月，国家环境保护总局制定发布《环境信息公开办法（试行）》后，同年 8 月，天津市环境保护局下发了《关于印发〈天津市环保局深化政务公开工作实施方案〉的通知》，为全局政务公开工作的开展打下基础。

2008 年 5 月 1 日《中华人民共和国信息公开条例》正式实施后，同年 6 月，天津市环境保护局下发了《关于印发〈市环保局政府信息公开工作方案〉的通知》，进一步完善了天津市环境保护局政务公开工作制度，并确定将天津市环境保护局官方网站作为政府信息公开的主要平台。

2010 年 8 月，天津市环境保护局下发了《关于印发〈市环保局政府信息公开工作方案（试行）〉的通知》，对 2008 年的方案进行了修改完善。原方案公开范围为 10 个方面，新方案则将《天津市政府信息公开规定》与环境保护部《环境信息公开办法》确定的公开范围相结合，将全局主动公开范围扩大到 19 大类、108 个子项。同时，进一步完善了天津市环境保护局信息公开目录，对全局办事服务事项和与社会公众密切相关的政府信息进行了系统梳理，形成了有 50 多个子项（原有 26 个子项），内容涵盖环境执法、环保统计、环境应急、行政许可等涉及环保

领域全部内容的政府信息公开细目，使方案更具操作性，也为提升全局政府信息公开数量打下了坚实基础。

进一步完善相关配套制度建设，2011 年天津市环境保护局下发了《关于进一步做好政府信息公开工作的通知》，要求：一是建立天津市环境保护局发文审核公开制度。每月对全部局发文件进行汇总，通过天津市环境保护局办公室初审、党组办保密审查、业务处室复审、分管局领导审签 4 个环节，确定符合公开条件的文件予以公开，提高局发文件公开量。二是坚持政府信息月报制度。天津市环境保护局各处室、直属单位每月填报《市环保局政府信息公开统计表》，将本处室、单位其他类别政府信息及是否公开等情况上报天津市环境保护局办公室，由局办公室、党组办和天津市环境保护科技信息中心组织对拟公开政府信息的审核与发布。三是实行政府信息公开工作联络会制度。由天津市环境保护局办公室牵头，每月至少召开一次有天津市环境保护局各处室、直属单位政府信息公开联络员参加的工作会议，对各处室、单位在工作中遇到的问题予以研究解决。四是坚持定期检查通报制度。每月对天津市环境保护局各处室、直属单位公开的政府信息数量，特别是公开的"红头文件"数量，以"政府信息公开工作专刊"形式进行通报。目前，天津市环境保护局已形成了以《天津市环保局政府信息公开工作方案》为基础，以《天津市环保局政府信息公开个性化细目》为指南，以局发文审核公开、政府信息月报、政府信息公开工作联络会、定期检查通报等制度为保障的政府信息公开制度体系。

三、天津市环境保护局政府信息公开工作开展情况

1. 主动公开情况

从 2008 年 5 月 1 日《中华人民共和国信息公开条例》正式实施至 2011 年 6 月，天津市环境保护局共公开政府信息 718 条，其中 2008 年

公开 30 条，2009 年公开 33 条，2010 年公开 418 条，2011 年上半年公开 300 条。范围涉及机构职能、人事任免、政府规章、政府工作报告、财政报告、行政许可、环保公共卫生等。先后公开了《申请危险废物转移联单的程序》《天津市环境保护局内设机构》《关于核发进京机动车环保标志服务工作的通告》等一批与公众生产生活密切相关的政府信息。2011 年，天津市环境保护局被评为天津市 2010 年度政府信息公开优秀工作单位，并在天津市政府信息公开办公室对 2010 年政府信息公开年度报告评审结果中获得优秀等次。2011 年在市政府办公厅组织的政府系统网站绩效评估中，市环保局政府网站"信息公开"单项得分位列 47 个委办局的第九名。

2．依申请公开工作情况

2008 年 5 月—2011 年 6 月，天津市环境保护局共受理公众申请政府信息 20 件，其中 2008 年 1 件，2009 年 4 件，2010 年 10 件，2011 年上半年 5 件。申请内容涉及建设项目环保验收、危险废物经营许可、环境空气质量状况、环境违法企业处罚、辐射范围测定等方面。

3．所属环保公共企事业单位信息公开工作情况

天津市环境保护局所属环保公共企事业单位在局信息公开办公室的领导下开展信息公开工作，《市环保局政府信息公开工作方案》及其配套制度同样适用于所属环保企事业单位。目前，天津市环境保护局所属环保公共企事业单位凡需主动公开的政府信息均需交局信息公开办公室，经规定程序审核后发布。

四、天津环境保护行政许可服务中心窗口建设情况

2004 年 9 月，按照市政府要求，天津市环境保护局进驻天津市行政许可服务中心设立的环保审批窗口，由 1 名局领导专门负责，并设立了

首席代表。该窗口除负责接收、处理全市环保审批事项外，也负责环保审批方面政府信息的主动公开和依申请公开工作。此外，该窗口也是天津市 3 个市级公开查阅点之一，负责提供信息纸质文本工作。

五、天津市环境保护局门户网站建设情况

天津市环境保护局门户网站为 www.tjhb.gov.cn，按照环境保护部信息中心有关要求，目前设有政务信息、机构职责、办事大厅等 11 个大项、74 个栏目。网站刊登内容由天津市环境保护局各处室负责提供，并经天津市环境保护局政府信息公开办公室组织审核后发布。网站日常维护工作由天津市环境保护科技信息中心负责。截至 2011 年 10 月 15 日，网站访问量达 34 万人次。